Erwin Mayer

Synchronisation in kooperativen Systemen

Erwin Mayer

Synchronisation in kooperativen Systemen

Der Verlag Vieweg ist ein Unternehmen der Verlagsgruppe Bertelsmann International.

Gedruckt auf säurefreiem Papier

ISBN-13: 978-3-322-86820-6   e-ISBN-13: 978-3-322-86819-0
DOI: 10.1007/978-3-322-86819-0

Vorwort

Kooperative Systeme sind verteilte Systeme, die einer Gruppe interaktiver Benutzer die Zusammenarbeit über räumliche Entfernungen hinweg ermöglichen. Ihre Bedeutung hat mit der Verfügbarkeit von hochleistungsfähigen Arbeitsplatzrechnern und ihrer flächendeckenden Vernetzung ständig zugenommen. Eine neue Klasse von *kooperativen Anwendungen*, die von allen Mitgliedern eines Teams gemeinsam und zeitgleich benutzt werden können, ist im Entstehen. *Joint Design, Joint Editing* oder *Desktop Conferencing*, sind nur einige Beispiele für diese, auch als *Groupware* bezeichneten Anwendungstypen.

Das vorliegende Buch soll in Konzepte des *Computer Supported Cooperative Work (CSCW)* einführen und zu einem tieferen Verständnis dieses hochaktuellen Themengebiets der Informatik beitragen. Gleichzeitig unterstützt es den Systementwickler und -planer durch Methoden und Werkzeuge zur effizienten Entwicklung von kooperativen Anwendungen. Dabei wird im besonderen auf das technisch herausfordernde Problem der *Synchronisation* in kooperativen Systemen eingegangen. Der Einsatz unterschiedlicher Synchronisationsverfahren, z.B. aus dem Datenbank- und Kommunikationsbereich, wird analysiert und im Hinblick auf Funktions- und Leistungsverhalten verglichen.

Wie die vorliegende Arbeit zeigt, sind die Synchronisationsanforderungen kooperativer Anwendungen besonders effizient auf Ebene des Kommunikationssystems erfüllbar. Eine zentrale Rolle spielen dabei *Ordnungssemantiken*, welche die Auslieferungsreihenfolge von gleichzeitig übertragenen Nachrichten so einschränken, daß die *Konsistenz* der kooperativen Anwendung erhalten bleibt. Als Ergebnis werden parallele Operationen, die zueinander in Konflikt stehen, auf allen beteiligten Knoten in derselben Reihenfolge ausgeführt. Zur effizienten Realisierung der Kommunikation werden *Multicast*-Dienste eingesetzt, wie sie in modernen Netzwerken zur Verfügung stehen.

Die in diesem Buch vorgestellten Ergebnisse entstanden in den Jahren 1990 bis 1993 während meiner Tätigkeit am *IBM European Networking Center (ENC)* in Heidelberg. Der Inhalt geht zurück auf meine von der Fakultät für Mathematik und Informatik der Universität Mannheim genehmigte Dissertation gleichen Titels.

Ich möchte mich an dieser Stelle herzlich bei Prof. Dr. W. Effelsberg von der Universität Mannheim bedanken, der bereit war, mich als externen Doktoranden zu betreuen, und mich mit vielen Hinweisen und Anregungen unterstützt hat. Ebenso danke ich Prof. Dr. G. Krüger von der Universität Karlsruhe für die Übernahme der Zweitbetreuung und für seine sehr hilfreichen Anregungen.

Mein besonderer Dank gilt Herrn Dr. Martin Bever vom IBM European Networking Center für zahlreiche Ratschläge und Anregungen sowie für seine fortlaufende Unterstützung, die es mir ermöglichte, neben der täglichen *industriellen* Projektarbeit am Projekt *Promotion* zu arbeiten.

Meinen Kollegen am ENC, insbesondere Herbert Eberle, Gabriela Gahse, Dr. W. Johannsen, Ulrich Schäffer und Claus Schottmüller danke ich für viele anregende Diskussionen und für nützliche Hinweise zu früheren Versionen dieses Manuskripts.

Weiterer Dank gebührt allen studentischen Mitarbeitern für ihren engagierten Einsatz in unterschiedlichen Teilprojekten: Michael Claßen, Markus Gauger, Stefan Gumbrich, Oliver Loose, Thomas Müller-Haberstock, Markus Rossmann und Petra Schricke.

Schließlich gilt mein herzlichster Dank meinen Freunden, meinen Eltern, und vor allem Susanne für die vor allem in schwierigen Phasen unschätzbare moralische Unterstützung.

Heidelberg, im Dezember 1993   Erwin Mayer

Inhaltsverzeichnis

1 Einleitung

1.1 Motivation

Die *Lösung im Team* ist eine in der heutigen Zeit unverzichtbare Arbeitsmethode, um komplexes Expertenwissen zur Behandlung vielschichtiger Problemstellungen effizient einzusetzen. Beispiele hierfür sind die Zusammenarbeit bei der Softwareentwicklung, beim Entwurf und bei der Konstruktion von Automobilen oder bei der Abwicklung von Verwaltungsvorgängen durch verschiedene Behörden.

Die Mitglieder eines Teams arbeiten nicht unbedingt in räumlicher Nähe zueinander, wie etwa in einem gemeinsamen Büro. Häufig liegen ihre Arbeitsplätze geographisch weit auseinander, z.B. an verschiedenen Standorten eines größeren Unternehmens. Traditionell kooperieren solche *verteilten Teams* über Telefon, Fax und dadurch, daß sie zu Arbeitstreffen an vereinbarte Orte reisen.

In vielen Fällen erweist sich jedoch die informelle Kommunikation als fehleranfällig und die Reisetätigkeit von Mitarbeitern im Hinblick auf Kosten und Arbeitszeit als ineffizient. Darüber hinaus fehlen bei dieser Art der Zusammenarbeit die vom eigenen Arbeitsplatz gewohnten rechnergestützten Anwendungen und elektronisch gespeicherten Dokumente.

Im Bereich des *Computer Supported Cooperative Work (CSCW)* wird daher untersucht, wie Computer die Arbeit räumlich verteilter Teams unterstützen können [106] [76] [98]. *Kooperative Systeme* umfassen Hard- und Softwarekomponenten, die zwei oder mehr interaktiven Benutzern die rechnergestützte Lösung einer gemeinsamen Aufgabe über räumliche Entfernungen hinweg ermöglichen [58]. Ausgangspunkt ist dabei eine Umgebung, in der jeder Benutzer mit einem leistungsfähigen Arbeitsplatzrechner ausgestattet ist und über ein lokales Netz oder ein Weitverkehrsnetz mit anderen Benutzern kommunizieren kann.

Zu den zentralen Komponenten eines kooperativen Systems gehören *kooperative Anwendungen (engl. Groupware)*. Sie sind Träger anwendungsspezifischer Funktionalität, unterstützen gleichzeitig mehrere interaktive Benutzer und koordinieren die gemeinsame Arbeit in einer verteilten Umgebung. Besonders verbreitet sind die als *Arbeitsplatz-Konferenzsysteme (engl. Workstation Conferencing Systems)* bezeichneten kooperativen Anwendungen. Sie ersetzen traditionelle Lösungen wie Telefonkonferenzschaltungen oder Videokonferenzräume [129] und erlauben es mehreren räumlich verteilten Benutzern, zur selben Zeit von ihrem jeweiligen Arbeitsplatz aus mit gemeinsamen Anwendungen und Dokumenten zu arbeiten.

Ein Beispiel für ein Arbeitsplatz-Konferenzsystem ist das *Distributed Sketchpad* [164], ein verteilter graphischer Editor, der die Erzeugung, Manipulation und Darstellung von graphischen Objekten durch eine Gruppe von Benutzern unterstützt. Das System wird unter anderem eingesetzt, um einem über mehrere Unternehmensstandorte verteilten Design-Team in der Automobilindustrie die Diskussion über alternative Designvorschläge zu erleichtern. Zu diesem Zweck wird die Darstellung eines CAD-Objektmodells an alle beteiligten Arbeitsplatzrechner übertragen und auf deren Bildschirmen als Hintergrundbild dargestellt. Jeder Teilnehmer verfügt über eine Menge graphischer Operationen, mit denen er dieses gemeinsame Hintergrundbild weiter bearbeiten kann. Dazu gehören das Erzeugen, Verschieben und Löschen von geometrischen Objekten (Kreisen, Quadraten, Freihandlinien, etc.) sowie die Annotation des Bildes mit Textkommentaren.

Benutzer sind jederzeit in der Lage, Eingaben zu erzeugen; die Ausgaben des kooperativen Editors werden unmittelbar in Form einer Modifikation des gemeinsamen Hintergrundbildes auf den Bildschirmen aller Konferenzteilnehmer dargestellt. Gleichzeitig bietet das *Distributed Sketchpad* die Möglichkeit, graphische Objekte unterschiedlichen Ebenen (*Layers*) zuzuordnen. Die am Bildschirm sichtbare Gesamtskizze entspricht den wie eine Menge von Klarsichtfolien übereinandergelegten Ebenen auf dem gemeinsamen Hintergrundbild.

Das *Distributed Sketchpad* verfügt über eine *replizierte* Systemarchitektur: Auf jedem der von den Konferenzteilnehmern genutzten Arbeitsplatzrechner (Knoten), wird eine Kopie des graphischen Editors ausgeführt. Jede Kopie verwaltet den gesamten Anwendungszustand des Editors, insbesondere alle graphischen Objekte, die von beliebigen Benutzern erzeugt wurden. Jede graphische Operation muß dementsprechend an alle beteiligten Knoten verteilt werden, um die Änderungen in jeder Kopie des Anwendungszustands zu realisieren (Abbildung 1 auf Seite 3).

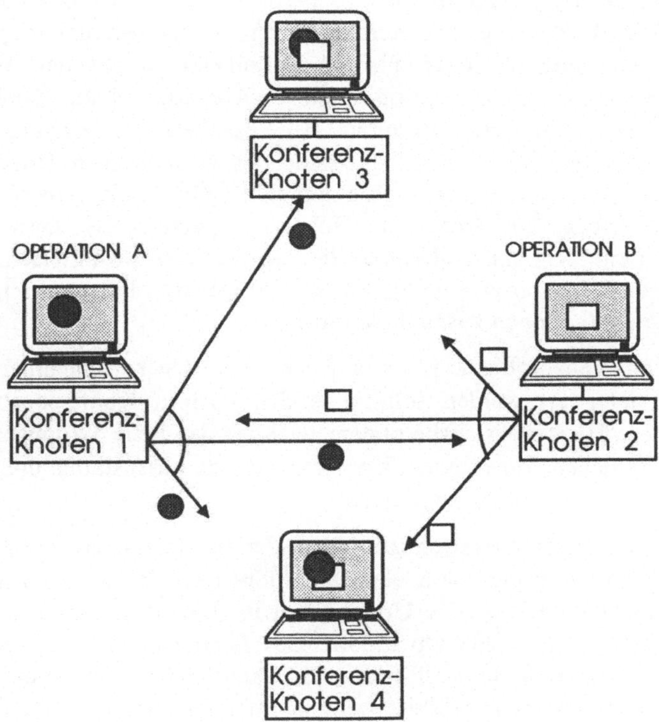

Abbildung 1. **Kooperativer graphischer Editor**

Wird eine neue Operation erst dann angestoßen, wenn die vorhergehende durch alle Kopien einer kooperativen Anwendung realisiert wurde, so spricht man von *serieller* Operationsausführung. Bei *paralleler* Operationsausführung kann bereits eine neue Operation durch einen Benutzer initiiert werden, selbst wenn eine frühere Operation (möglicherweise die eines anderen Benutzers) noch nicht durch alle Komponenten ausgeführt worden ist. Die parallele Operationsausführung ist eine natürliche Anforderung kooperativer Systeme: Die Initiatoren einer Operation befinden sich in der Regel an mehreren räumlich verteilten Orten und wollen ohne gegenseitige Abstimmung auf den Anwendungszustand Einfluß nehmen.

Parallele Operationsausführung in replizierten Systemarchitekturen kann zu *inkonsistenten* Zuständen einer kooperativen Anwendung führen. So ist es bei einem verteilten graphischen Editor wichtig, daß alle Benutzer dieselben graphischen Objekte sehen und diese in derselben relativen Anordnung auf dem gemeinsamen Hintergrundbild positioniert sind. Diese Konsistenzbedingung, die auch als WYSIWIS-Eigenschaft ("What You See Is What I See") bezeichnet wird, kann verletzt werden, wenn die Kopien des graphischen Editors Operationen in unterschiedlicher Reihenfolge auf den einzelnen Knoten ausführen. Die Bildschirminhalte in Abbildung 1 auf Seite 3 beschreiben ein mögliches Resultat bei paralleler Erzeugung zweier geometrischer Objekte an derselben Stelle des gemeinsamen Hintergrundbildes. Benutzer 1 erzeugt ein graphisches Objekt Kreis (Operation A), gleichzeitig erzeugt Benutzer 2 ein Quadrat (Operation B). Zwei beliebig herausgegriffene Knoten realisieren die Operationen in unterschiedlicher Reihenfolge ($A \rightarrow B$, *bzw.* $B \rightarrow A$), was zur Folge hat, daß unterschiedliche Überdeckungssituationen zustande kommen.

Weitere Konsistenzprobleme treten auf, wenn ein neuer Teilnehmer in eine Konferenz integriert werden soll, ohne den übrigen Konferenzablauf zu unterbrechen. Hier ist es insbesondere wichtig, das neue Gruppenmitglied mit einem aktuellen, konsistenten Konferenzzustand auszustatten und nahtlos in den Konferenzablauf zu integrieren.

Allgemein resultieren Konsistenzprobleme der beschriebenen Art aus einer *ungeordneten* Ausführung paralleler Operationen durch die Instanzen einer kooperativen Anwendung. Die Ursache hierfür liegt in der verteilten Natur kooperativer Systeme: Jede Operation eines Benutzers muß auf einer bestimmten Ebene der Systemarchitektur auf Nachrichten eines unterliegenden *Kommunikationssystems* abgebildet werden. Im Falle des *Distributed Sketchpad* wird z.B. die Erzeugung eines Kreisobjektes als Nachricht N_1, die Erzeugung eines Quadrats als Nachricht N_2, usw. vom jeweils initiierenden Knoten an den Rest der Teilnehmer übertragen (Abbildung 2 auf Seite 5). Das Versenden einer einzelnen Nachricht von einem als *Sender* ausgezeichneten Knoten an eine Gruppe von *Empfängern* wird als *Multicast* bezeichnet [107].

Aufgrund der in verteilten Systemen prinzipiell vorhandenen Verzögerung von Nachrichten durch das physikalische Netzwerk trifft eine Multicast-Nachricht in der Regel zu verschiedenen, zum Teil weit auseinanderliegenden Zeitpunkten bei den unterschiedlichen Empfängern ein. Als Effekt dieser ungleichen Netzwerkverzögerung werden Multicast-Nachrichten, die annähernd zur gleichen Zeit versandt wurden, - im folgenden als *nebenläufige Multicasts* bezeichnet - , von unterschiedlichen Knoten in nicht vorherbestimmbarer Zeitbeziehung und Ordnung empfangen.

Während einem Empfänger Nachrichten z.B. in der Reihenfolge $N_1 \rightarrow N_2$ ausgeliefert werden, kann es sein, daß ein anderer die Auslieferungsfolge $N_2 \rightarrow N_1$ erhält (Abbildung 2).

Um die Konsistenzanforderungen replizierter kooperativer Anwendungen zu befriedigen, ist daher eine *Synchronisation* der Auslieferung nebenläufiger Multicast-Nachrichten erforderlich. Die Auslieferung aller Nachrichten muß einer gemeinsamen *Ordnungssemantik* unterliegen und z.B. die Auslieferung von Nachricht N_1 vor Nachricht N_2 bei allen Empfängern gewährleisten. Protokolle zur Realisierung von Ordnungssemantiken für Multicast-basierte Kommunikationsdienste werden als *Multicast-Synchronisationsprotokolle* bezeichnet.

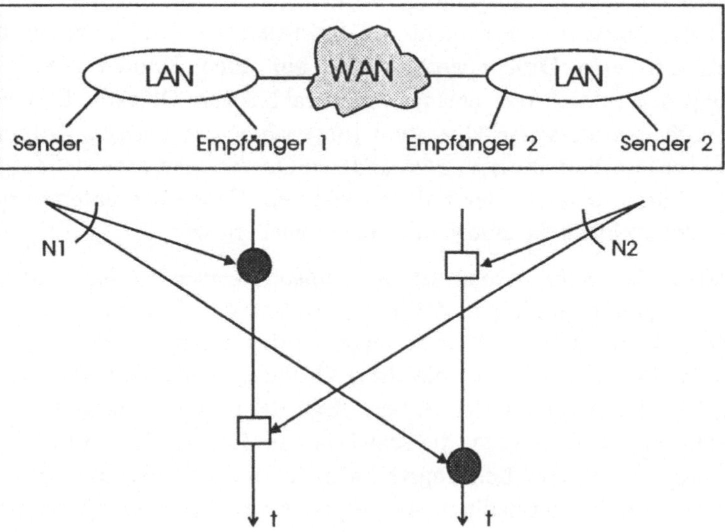

Abbildung 2. Ungeordnete Auslieferung

1.2 Problemstellung

Existierende Lösungen zur Synchronisation von nebenläufigen Multicast-Nachrichten verfügen nur über eingeschränkte Möglichkeiten zur Spezifikation einer Ordnungssemantik. So erlauben die Mehrzahl der heutigen Synchronisationsdienste [126] [103] [78] lediglich eine Unterscheidung zwischen *ungeordneter* und *totalgeordneter* Auslieferung aller im System befindlichen Nachrichten. Diese Ordnungssemantiken, ebenso wie Ansätze zur Beschränkung auf kausal geordnete Nachrichtenauslieferung [19] [149], sind unzureichend zur Befriedigung der Synchronisationsanforderungen kooperativer Anwendungen.

Kooperative Anwendungen sind interaktive Anwendungen und verlangen als solche insbesondere ein gutes Antwortzeitverhalten für interaktive Eingaben. Aus diesem Grund sind existierende Totalordnungsprotokolle für den allgemeinen Einsatz nicht geeignet [82] [119]. Gleichzeitig ist bei kooperativen Anwendungen nicht in jedem Fall die Totalordnung aller Nachrichten erforderlich. Eine feinere, von der Anwendung spezifizierte Ordnungsbedingung ist oft ausreichend zur Realisierung eines konsistenten Anwendungszustands. Beispielsweise müssen im *Distributed Sketchpad* graphische Operationen, die unterschiedliche graphische Objekte auf disjunkten Bildschirmebenen betreffen, *nicht* geordnet ausgeführt werden. Die zugehörigen Multicast-Nachrichten müssen daher nicht synchronisiert werden. Dagegen betrifft beispielsweise eine Druckoperation, die auf allen Knoten eine aktuelle *Hardcopy* des Bildschirms erzeugt, alle graphischen Objekte. Dementsprechend muß eine derartige Operation (ungeachtet der übrigen Ordnungsanforderungen) im Verhältnis zu *allen* anderen Operationen geordnet ausgeführt werden. Wäre dies nicht der Fall, so könnten *Hardcopies* unterschiedlicher Knoten unterschiedliche Bildschirminhalte wiedergeben.

Ziel der vorliegenden Arbeit ist es, *Ordnungssemantiken* für nebenläufige Multicast-Kommunikation zu definieren, welche den Synchronisationsanforderungen kooperativer Anwendungen entsprechen, und *Synchronisationsprotokolle* zu entwickeln, die diese Ordnungssemantiken effizient realisieren. Der Schwerpunkt der Arbeit liegt darin, Ordnungssemantiken zu definieren und zu realisieren, die schwächer sind als die Totalordnung, aber gleichzeitig ein besseres Leistungsverhalten aufweisen, insbesondere eine geringere synchronisationsbedingte Verzögerung von Benutzernachrichten (Abbildung 3).

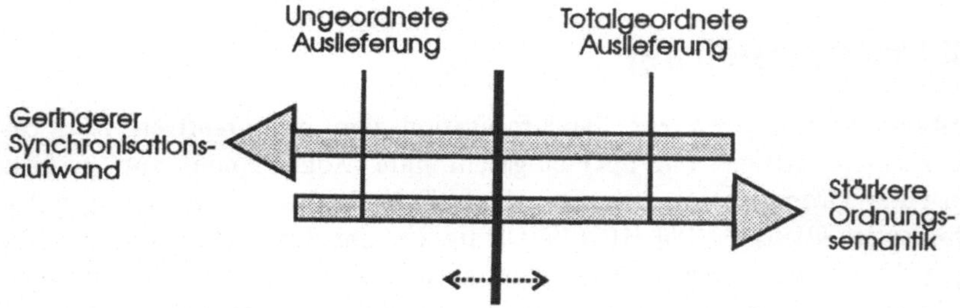

Abbildung 3.   Ordnungssemantik und Synchronisationsaufwand

Durch geeignete Dienstelemente soll eine Anwendung in der Lage sein, die in der Abbildung dargestellte Linie horizontal über die beiden Koordinatenachsen *Ordnungssemantik* und *Synchronisationsaufwand* zu verschieben. Eine Abschwächung der Ordnungssemantik (Verschiebung nach links) soll den Synchronisationsaufwand, insbesondere die Synchronisationsverzögerung für Benutzernachrichten und die Anzahl der für die Synchronisation notwendigen Nachrichten, reduzieren.

1.3 Vorgehensweise

In Kapitel 2 wird zunächst ein Modell replizierter kooperativer Anwendungen entwickelt, das insbesondere einen Konsistenzbegriff für die parallele Operationsausführung mehrerer räumlich verteilter Benutzer definiert. Anhand konkreter Szenarien werden im Anschluß daran Synchronisationsanforderungen kooperativer Anwendungen abgeleitet und mit den Mitteln des Modells beschrieben.

In Kapitel 3 wird analysiert, welche grundsätzlichen Ansatzmöglichkeiten zur Befriedigung der Synchronisationsanforderungen kooperativer Anwendungen, etwa aus dem Datenbankbereich, existieren. Kapitel 4 zeigt, daß es vorteilhaft ist, eine Kommunikationslösung zur Synchronisation kooperativer Anwendungen einzusetzen, und beschreibt die Grundbegriffe der Synchronisation nebenläufiger Multicast-Nachrichten. Dabei werden die in Kapitel 2 abgeleiteten Synchronisationsanforderungen auf eine Reihe von Multicast-Ordnungssemantiken abgebildet.

Auf dem Wege zu einer Realisierung der beschriebenen Ordnungssemantiken werden in Kapitel 5 zunächst Architekturalternativen für Multicast-Synchronisationsprotokolle erarbeitet. Kern des Kapitels ist der Entwurf eines Architekturreferenzmodells und die Ableitung eines neuartigen Leistungsbewertungsschemas, das den Vergleich unterschiedlicher Synchronisationsprotokolle für eine gegebene Ordnungssemantik ermöglicht. Ein spezifisches Verzögerungsmaß, das von Netzwerkeinflüssen abstrahiert und ausschließlich den Synchronisationsanteil mißt, ist dabei eine zentrale Komponente. In Kapitel 6 werden existierende Multicast-Synchronisationsprotokolle beschrieben und anhand des Bewertungsschemas verglichen.

Kapitel 7 und 8 beschreiben neu entwickelte Synchronisationsprotokolle (*CCAST* bzw. *ATCAST*), die unterschiedliche Anforderungen kooperativer Anwendungen befriedigen. Beide Protokolle realisieren abgeschwächte Ordnungssemantiken, wie sie in Kapitel 4 hergeleitet wurden, und erzeugen einen geringeren Synchronisationsaufwand als herkömmliche Totalordnungsprotokolle. Eine vergleichende analytische Leistungsbewertung ermittelt in beiden Fällen das genaue Leistungsverhalten unter verschiedenen Bedingungen.

In Kapitel 9 wird eine Erweiterung des ATCAST-Protokolls hergeleitet, das dynamische Veränderungen in der Zusammensetzung von Multicast-Gruppen berücksichtigt. Eine derartige Erweiterung wird erforderlich, wenn innerhalb einer Arbeitsplatz-Konferenz einzelne Teilnehmer die gemeinsame Sitzung verlassen oder neue Teilnehmer hinzukommen. Kapitel 10 beschreibt eine Implementierung des ATCAST-Protokolls am Europäischen Zentrum für Netzwerkforschung der IBM.

2 Kooperative Systeme

2.1 Einführung und Beispiele

Kooperative Systeme unterstützen eine Gruppe interaktiver Benutzer, die als Organisationseinheit an der Lösung einer gemeinsamen Aufgabe arbeiten. In diesem Kapitel soll anhand von Beispielen aufgezeigt werden, worin diese gemeinsame Arbeit bestehen kann. Gleichzeitig soll eine Basisklassifizierung kooperativer Anwendungen in *synchrone* und *asynchrone* Anwendungen stattfinden.

Synchrone kooperative Anwendungen sind dadurch gekennzeichnet, daß die an der Kooperation beteiligten Benutzer gleichzeitig an einer Aufgabe arbeiten. Deshalb werden sie auch häufig unter dem Begriff *Realzeitkooperation (Realtime cooperation)* [58] [9] zusammengefaßt. Asynchrone kooperative Anwendungen verlangen keine gleichzeitige Anwesenheit der Benutzer, sondern unterstützen eine inkrementelle Arbeitsweise, bei der Benutzer zu unterschiedlichen, nicht aufeinander abgestimmten Zeiten eine Teilaufgabe zur Erreichung des gemeinsamen Ziels erledigen.

Typische Beispiele für asynchrone kooperative Anwendungen sind elektronische Briefkastensysteme [112] [141] [185] [46] oder Systeme zur Bearbeitung von Bürovorgängen (z.B. [38] [155] [74]). In beiden Fällen setzt sich die Problemlösung zusammen aus einer Abfolge von Einzelaktivitäten, beispielsweise der Erstellung von Anfragen und deren Beantwortung. Eine Einzelaktivität kann von einem beteiligten Benutzer unabhängig vom zeitlichen Verhalten anderer Benutzer durchgeführt werden. Die kooperative Anwendung hat die Aufgabe, die Aktivitäten der einzelnen Benutzer zu koordinieren [146], indem sie beispielsweise eine Anfrage an den dafür zuständigen Spezialisten innerhalb einer Organisationseinheit weiterleitet. Weitere Beispiele asynchroner kooperativer Anwendungen sind in [18] [31] [96] [113] [114] [175] [183] beschrieben.

Ein typisches Beispiel für synchrone kooperative Anwendungen sind Arbeitsplatz-Konferenzsysteme [129] [167] [85] [161] [148] [178] [152]. Alle Gruppenmitglieder befinden sich zur selben Zeit an ihren Arbeitsplatzrechnern, und für die Konferenz relevante Aktionen eines Teilnehmers werden anderen Teilnehmern unmittelbar bekanntgemacht.

Kooperative Systeme mit synchronen kooperativen Anwendungen umfassen häufig *Multimedia*-Komponenten [50] [68] [188]. Idealerweise sind alle teilnehmenden Benutzer durch einen Bild- und Tonkanal gekoppelt, der die gemeinsame Arbeit durch visuelle und verbale Kommunikation unterstützt. Beispielsweise kann mittels einer *Audio*-Komponente vor oder nach der Ausführung von Operationen über die weitere Vorgehensweise diskutiert werden. Eine *Video*-Komponente kann eine Bewegtbilddarstellung der teilnehmenden Benutzer auf der Benutzeroberfläche erzeugen, welche die Rückkopplung durch Gestik und Mimik (*Face-to-Face*) erleichtert.

Synchrone kooperative Anwendungen realisieren die gemeinsame Arbeit von Benutzern in Form von *Sitzungen (Sessions)* [59]. Eine Sitzung wird in der Regel von einem einzelnen Benutzer initiiert, indem dieser eine definierte Gruppe von Benutzern an die Anwendung bindet. Weitere Benutzer können, z.B. weil es die Problemlösung so erfordert, auch im Laufe der Sitzung integriert werden. Ebenso ist es möglich, daß einzelne Benutzer die Sitzung vorzeitig verlassen. Im Falle von Konferenzsystemen ist eine *Konferenzverwaltungskomponente (Conference Management)* als generischer Bestandteil kooperativer Systeme für die Verwaltung von Sitzungen zuständig. Ihre Aufgabe ist es auch, eine zu jeder Sitzung assoziierte Menge von Attributen zu verwalten. Dazu gehören Systemeinstellungen wie die Werkzeugmenge, die allen Benutzern zur Verfügung steht, und die Zuordnung von *Rollen* [76] [15] zu den teilnehmenden Benutzern. Die Rolle eines Benutzers umfaßt eine Liste von Rechten und Verantwortlichkeiten, über welche dieser verfügt. Ein Beispiel für eine Rolle ist die des Diskussionsleiters (*Chairperson*) in kooperativen Konferenzanwendungen [5]. Ein Benutzer kann gleichzeitig mehr als eine Rolle innehaben, und Rollen können während einer Sitzung ausgetauscht werden. Eine initiale Rollenverteilung existiert als Attribut jeder Sitzung und wird beim Beginn der Zusammenarbeit durch die kooperative Anwendung bekanntgemacht.

Kooperative Anwendungen zum gemeinsamen Editieren von Textdokumenten (*Joint Editing* [100] [109] [82]) zeigen, daß zur Erledigung einer gegebenen Aufgabe sowohl synchrone als auch asynchrone Lösungen denkbar sind. So repräsentiert das System *Quilt* [109] eine asynchrone Anwendung zum gemeinsamen Erstellen und Modifizieren eines Textes. Ein Benutzer kann z.B. Textstellen annotieren, um einen anderen Benutzer, der den Text später weiterbearbeitet, auf inhaltliche Probleme hinzuweisen. Genauso werden Zugriffsrechte für Subkomponenten des Dokuments vergeben, die steuern, welche Teile des Dokuments ein Benutzer prinzipiell sehen bzw. modifizieren darf. Benachrichtigungsmechanismen auf der Basis asynchroner Nachrichten (*Electronic Mail*) teilen einem Benutzer mit, wenn Textkomponenten modifiziert wurden, die für ihn von Interesse sind. Es wird nicht ausgeschlossen, daß mehrere Benutzer gleichzeitig an demselben Dokument arbeiten, doch existieren keine besonderen Mechanismen, um dies zu unterstützen. Insbesondere wird davon ausgegangen, daß die zur Verfügung stehenden Mechanismen zur Zugriffsverwaltung ausreichen, um Inkonsistenzen durch konkurrierende Modifikationen zu vermeiden.

Demgegenüber stellt der *Grove*-Texteditor [58] eine kooperative Anwendung dar, welche das synchrone, d.h. zeitgleiche Editieren eines Textdokuments unterstützt. Alle Benutzer haben dieselben Zugriffsrechte und sehen auf ihren Bildschirmen denselben Dokumentenausschnitt. Jede Modifikation eines einzelnen Benutzers wird unmittelbar auf den Bildschirmen aller anderen Benutzer angezeigt. Editorspezifische Synchronisationsmechanismen, die in einer *Synchronisations*-Komponente zur Verfügung gestellt werden, sorgen dafür, daß konkurrierende Modifikationen nicht zu unterschiedlichen Sichten auf das Dokument führen.

Da der Gegenstand der vorliegenden Arbeit die Untersuchung kooperativer Systeme im Hinblick auf Synchronisationsverfahren für konkurrierende Benutzeraktionen ist, schränkt dies den Untersuchungsbereich auf synchrone kooperative Anwendungen ein. Im folgenden wird daher der Begriff *kooperative Anwendung*, sofern nicht anders angegeben, gleichbedeutend mit dem Begriff *synchrone kooperative Anwendung* verwendet.

2.2 Architektur kooperativer Systeme

2.2.1 Grundelemente

Kooperative Systeme umfassen eine für das jeweilige Einsatzgebiet spezifische Menge kooperativer Anwendungen und eine diese Anwendungen unterstützende i.d.R. anwendungsunabhängige Plattform von Hard- und Software-Komponenten. Kooperative Anwendungen können dabei durch vier Elemente charakterisiert werden, die gleichzeitig die Architektur eines kooperativen Systems festlegen.

I. Kooperative Anwendungen sind *interaktive* Anwendungen, d.h. sie verfügen über eine *Mensch-Maschine-Schnittstelle* [157], über die ein menschlicher Benutzer Eingaben erzeugt und Ausgaben entgegennimmt. Die Mächtigkeit der Operationen, die einer Anwendung zum Betreiben dieser *Benutzeroberfläche* zur Verfügung stehen, ist unterschiedlich. Während früher zeichenorientierte Benutzeroberflächen dominierten, die über Terminalprotokolle betrieben wurden, sind heute graphische Fensteroberflächen Stand der Technik [162]. Letztere verfügen über komplexe Operationen, um graphische Objekte darzustellen, Fensterattribute zu realisieren und zusätzliche Eingabegeräte (z.B. die Maus) zu betreiben. Die von der Anwendung benutzte Systemkomponente zur Realisierung der Benutzeroberfläche soll als *User Interface Manager (UIM)* bezeichnet werden (Abbildung 4). In vielen Fällen [178] [4] [5] [68] dient das X-Window-System [162] als UIM-Komponente eines kooperativen Systems.

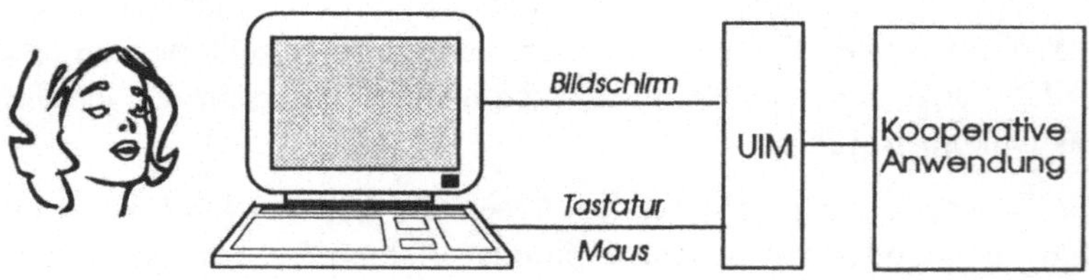

Abbildung 4.   Interaktive kooperative Anwendung

Kooperative Anwendungen unterscheiden sich von traditionellen interaktiven Anwendungen weiterhin häufig durch den Einsatz von Multimedia-Komponenten zur digitalen Übertragung von Bild und Ton [106]. Während die Realisierung dieser Komponenten ebenfalls durch eine UIM-Komponente zu unterstützen ist, soll im Rahmen dieser Arbeit auf die hierfür benötigten zusätzlichen Architekturkomponenten von kooperativen Systemen nicht näher eingegangen werden (siehe dafür z.B. [188] [136] [35]).

II. Kooperative Anwendungen sind *Mehrbenutzeranwendungen.* Dies bedeutet, daß mehrere für die Anwendung unterscheidbare Benutzer (identifiziert durch eine Kennung) in der Lage sind, über eine jeweils getrennte Benutzeroberfläche mit der Anwendung zu kommunizieren. Pro Benutzer existiert eine UIM-Komponente, die ausschließlich Ein- und Ausgaben dieses Benutzers für die gegebene Anwendung verarbeitet (Abbildung 5).

III. Kooperative Anwendungen sind *aktiv* in dem Sinne, daß die Eingabe eines Benutzers die Anwendung dazu veranlassen kann, eine Ausgabe an einen anderen Benutzer zu erzeugen, ohne daß dieser selbst aktiv wurde (Abbildung 5). Dies unterscheidet sie von traditionellen Mehrbenutzeranwendungen, z.B. aus dem Datenbankbereich, wo die gegenseitige Isolierung der Benutzer bezüglich ihrer Aktionen im Vordergrund steht.

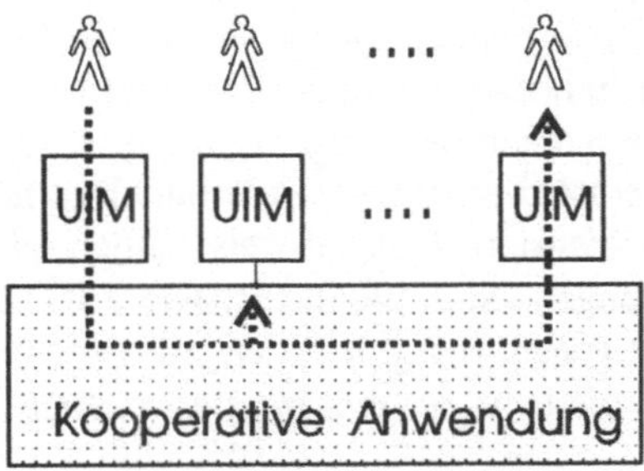

Abbildung 5.   Aktive Mehrbenutzeranwendung

IV. Kooperative Anwendungen sind in der Regel *verteilte* Anwendungen [59] [145] [146], d.h. sie umfassen Komponenten, die an räumlich getrennten Orten innerhalb eigenständiger Knotenrechner ablaufen und durch Austausch von Nachrichten über ein gemeinsames Netzwerk kooperieren, um die spezifizierte Gesamtfunktionalität zu erbringen [115]. Dabei repräsentieren die UIM-Komponenten die Endpunkte der Verteilung. Sie bedienen direkt die physikalische Ein-/Ausgabeschnittstelle und müssen daher - zumindest in Teilen - direkt am Ort des Benutzers realisiert sein. Kooperative Systeme sind daher in jedem Fall *verteilte Systeme.*

2.2.2 Modell des Kooperationszustands

Der Zustand einer kooperativen Anwendung soll als *Kooperationszustand* bezeichnet werden und ist Gegenstand dieses Kapitels. Durch Verfeinerung sollen kooperative Zustandskomponenten klassifiziert und ein Modell des Kooperationszustands gewonnen werden.

Komponenten des Kooperationszustands lassen sich zunächst in *persistente* und *temporäre* Zustandsvariablen einteilen. Persistente Zustandsvariablen bewahren ihren Wert über die Dauer der Anwendungsausführung hinaus. Beispiele hierfür sind der Text eines gemeinsam editierten Dokuments [100] oder die modifizierten Modelldaten eines CAD-Entwurfs [26]. Temporäre Zustandsvariablen haben nur während des Ablaufs einer Sitzung Bedeutung.

Die Position eines gemeinsamen Zeigeinstruments (*shared pointer* [128]) oder die Menge der zu einem bestimmten Zeitpunkt geöffneten Dokumente sind Beispiele hierfür.

Zustandsvariablen einer kooperativen Anwendung können weiterhin danach klassifiziert werden, ob sie nur einem einzelnen Benutzer *privat* oder allen Benutzern *global* zugeordnet sind. Private Zustandsanteile können nur von dem jeweiligen Benutzer verändert werden, alle anderen Benutzer können über ihre interaktive Schnittstelle weder lesend noch schreibend auf diese zugreifen. Globale Zustandsanteile einer kooperativen Anwendung sind dagegen allen Benutzern gemeinsam zugeordnet und sind von diesen in der Regel gleichermaßen einsehbar und veränderbar. Der Inhalt eines kooperativ editierten Textes repräsentiert beispielsweise einen globalen Zustand von *Joint-Editing*-Anwendungen. Sind Benutzer, wie z.B. bei *Quilt* [109], in der Lage, den Text mit eigenen Kommentaren zu versehen, die allen anderen Benutzern verborgen bleiben, so repräsentieren diese *Annotationen* private Zustandsanteile.

Das *Verarbeitungsmodell* kooperativer Anwendungen kann anhand des Ablaufs von Operationen auf privaten und globalen Zuständen deutlich gemacht werden. Abbildung 6 beschreibt dies am Beispiel.

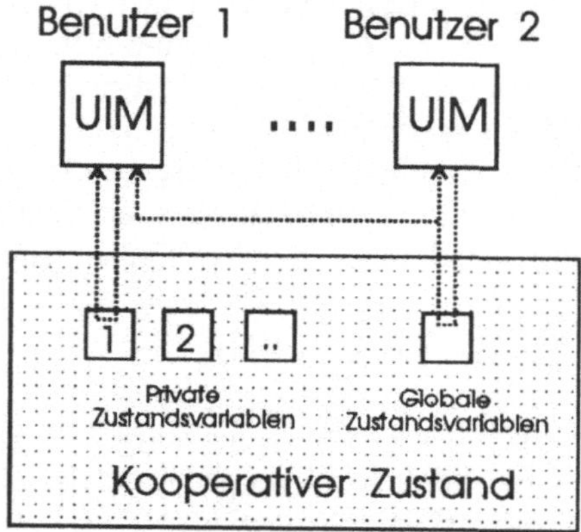

Abbildung 6.   Operationen auf dem Kooperationszustand

Benutzer 1 modifiziert eine private Zustandsvariable, indem er beispielsweise einen gemeinsam editierten Text mit einer persönlichen Annotation versieht. Nur er selbst erhält eine Anzeige des um seine Kommentare erweiterten Textdokuments. Benutzer 2 modifiziert eine globale Zustandsvariable, indem

er z.B. Text in das gemeinsame Dokument einfügt. Arbeiten die anderen
Benutzer am gleichen Textausschnitt, so wird allen die aktualisierte Version
des Dokuments angezeigt.

Eine *Darstellungssicht (View [138] [76])* ist eine kooperative Zustandsvariable speziellen Typs. Durch den jeweils aktuellen Wert dieser Zustandsvariablen wird eine Transformationsfunktion auf den Werten der übrigen
globalen Zustandsvariablen definiert (Abbildung 7).

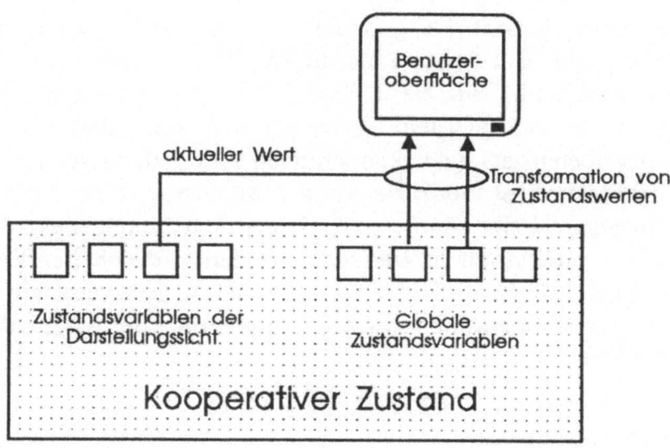

Abbildung 7.   Darstellungssicht

Die Transformation bestimmt, welcher Teil des globalen Zustandes auf welche Weise an der Benutzeroberfläche dargestellt wird. Die Darstellungssicht
definiert beispielsweise, welche Sätze einer gemeinsam editierten Datei in
einem Editierfenster zu einem bestimmten Zeitpunkt angezeigt werden.
Ebenso kann sie definieren, in welchem Fenster einer fensterorientierten
Oberfläche die Ausgabe stattfindet und wo dieses Fenster am Bildschirm
positioniert ist.

Wie die übrigen Zustandsvariablen einer kooperativen Anwendung kann die
Darstellungssicht private und globale Komponenten umfassen. Beispielsweise
kann die Zustandsvariable, welche die Position eines Ausgabefensters auf dem
Bildschirm bestimmt, privat sein, während der angezeigte Textausschnitt eines
gemeinsam editierten Dokuments zur gemeinsamen Sicht gehört. Die Position des Ausgabefensters kann in einem solchen Fall von jedem Benutzer frei
verändert werden, während eine Scroll-Operation die Darstellung eines anderen Textausschnittes für alle Benutzer nach sich zieht.

Neben der Darstellungssicht kann es in einer kooperativen Anwendung noch weitere logische Sichten geben. Beispielsweise definiert eine *Rollenverteilung* innerhalb der Benutzergruppe eine gemeinsame Sicht, die bestimmt, welcher Benutzer welche Operationen auf die gemeinsamen Zustandsvariablen ausführen darf.

Je nach Ausprägung der Anteile gemeinsamer und privater Komponenten der Darstellungssicht ergeben sich unterschiedliche Typen kooperativer Anwendungen. Verfügt die Darstellungssicht über keine privaten Komponenten, so spricht man von (strengen) *WYSIWIS*-Anwendungen (WYSIWIS = What You See Is What I See) [167]. Jeder Benutzer sieht genau denselben Kooperationszustand. Ein Beispiel hierfür ist eine gemeinsame elektronische Tafel (*shared blackboard*), wie sie in COLAB [167] [65] zum Brainstorming verwendet wird. In den meisten Fällen gehören zumindest Position und Größe des Ausgabefensters einer kooperativen Anwendung zu den privaten, von jedem Benutzer selbst modifizierbaren Zustandsvariablen. Eine *schwache WYSIWIS-Kopplung* [168] könnte außerdem jedem Benutzer erlauben, den Ausschnitt eines gemeinsam editierten Dokuments (durch Scrolling) individuell zu wählen. Allgemein verschiebt sich die Arbeitsweise hin zu einer Form asynchroner Kooperation (Kapitel 2.1), je größer der private Anteil der Darstellungssicht ist.

2.2.3 Verteilungsarchitektur

2.2.3.1 Zentrale Architektur

Kooperative Anwendungen sind verteilte Anwendungen. In diesem und dem nächsten Kapitel soll geklärt werden, wie das im vorhergehenden Kapitel entwickelte Verarbeitungsmodell einer kooperativen Anwendung abgebildet werden kann auf eine verteilte Umgebung, in der alle Benutzer an unterschiedlichen Orten arbeiten.

Im einfachsten Fall sind lediglich die UIM-Komponenten eines kooperativen Systems verteilt. Für jeden interaktiven Benutzer existiert eine UIM-Server-Komponente am Ort der Ein-/Ausgabe. Diese kommuniziert über ein Netzwerk mit einer korrespondierenden UIM-Client-Komponente am Ort der zentralen Anwendung (Abbildung 8). Für die Anwendung selbst ist die Verteilung transparent, d.h. sie braucht in der Bedienung der Benutzeroberfläche nicht zu unterscheiden zwischen lokalen Benutzern und Benutzern, die über das Netzwerk erreichbar sind. Eine Unterscheidung zwischen Operationen, die den privaten und globalen Kooperationszustand betreffen, ist von Seiten der UIM-Clients nicht notwendig. Die kooperative Anwendung muß im Falle von privaten Operationen an denjenigen UIM eine Ausgabe erzeugen, welcher die korrespondierende Eingabe erzeugt hat, im Falle globaler Operationen an alle UIMs (Abbildung 8).

In [178] [4] [5] [68] finden sich Beispiele für kooperative Systeme mit dieser Verteilungsvariante. In allen Fällen wird das X-Window-System [162] eingesetzt, um die UIM-Komponenten (XClient, XServer) über das standardisierte X-Protokoll zu realisieren.

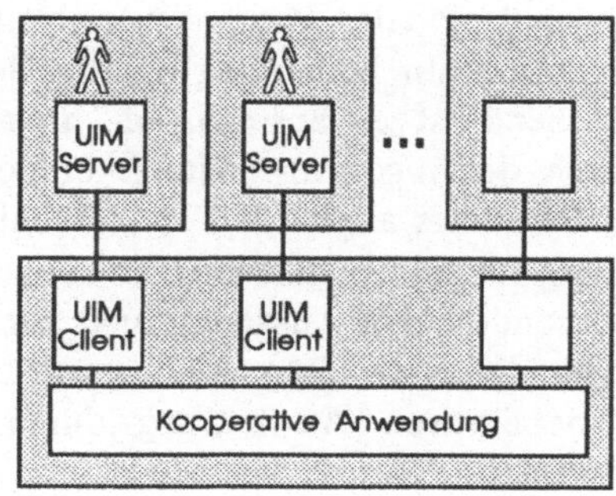

Abbildung 8.   Zentrale Architektur

2.2.3.2 Replizierte Architektur

Neben einer Verteilung auf der Ebene der UIM-Komponenten ist eine Verteilung auf Anwendungsebene die zweite wichtige Architekturvariante für kooperative Systeme. Jeder Ort, an dem ein Kooperationsbenutzer arbeitet, umfaßt in diesem Fall eine Instanz der Anwendung. Die UIM-Komponenten führen ihre Funktion nur lokal aus, während die Anwendungskomponenten direkt über ein Netzwerk kommunizieren (Abbildung 9).

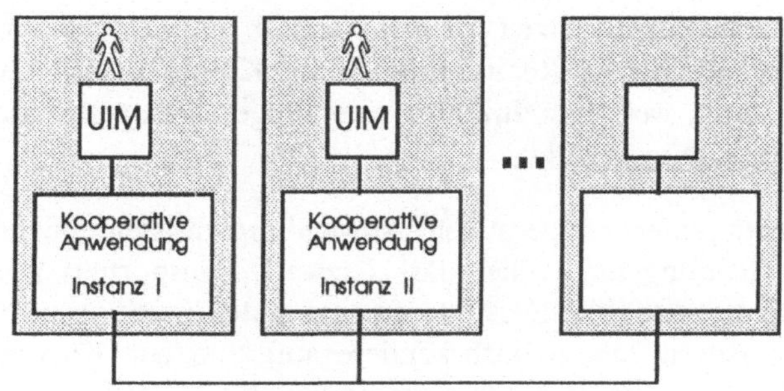

Abbildung 9.   Replizierte Architektur

Da jedem Benutzer einer kooperativen Anwendung dieselbe Funktionalität angeboten werden soll, sind die Anwendungskomponenten der einzelnen Knoten in der Regel identisch, d.h. sie realisieren denselben Zustandsautomaten. Aus diesem Grund wird eine Anwendung, die auf dieser Architektur beruht, auch als *replizierte kooperative Anwendung* bezeichnet [50] [4] [130].

Der Replizierung auf Ebene der Anwendungsinstanzen entspricht zur Laufzeit eine Replizierung des Kooperationszustands. Dabei ist eine Unterscheidung zwischen privaten und globalen Zustandsvariablen notwendig. Erstere haben gemäß ihrer Definition nur Bedeutung für den Benutzer, dem sie zugeordnet sind. Entsprechend ist es ausreichend, private Zustandskomponenten jeweils nur durch diejenige Anwendungskomponente verwalten zu lassen, die am Ort des Benutzers angesiedelt ist. Globale Zustandsvariablen dagegen haben Bedeutung für alle Benutzer einer kooperativen Anwendung und repräsentieren insbesondere den Ausgangspunkt zur Realisierung der jeweiligen Darstellungssicht. (Kapitel 2.2.2). Aus diesem Grund muß der globale Zustand einer kooperativen Anwendung durch *alle* Anwendungskomponenten realisiert sein.

Die Replizierung des globalen Zustands und damit der kooperativen Anwendung ist gekoppelt an eine Reihe von Vor- und Nachteilen: Der Hauptnachteil einer replizierten Architektur ist die erhöhte Systemkomplexität, da jede Ein-/Ausgabe auf mehreren Zustandsexemplaren realisiert werden muß [50]. Dies erschwert gleichzeitig die Verifikation einer solchen Lösung. Dem stehen jedoch mehrere signifikante Vorteile gegenüber:

- Operationen auf privaten Zustandsvariablen, wie beispielsweise das Blättern in einem gemeinsamen Dokument, können unmittelbar und ohne Kommunikation mit einem anderen Knoten realisiert werden.

- Globale Operationen können durch Anwendung auf das lokale Replikat mit einer kurzen Antwortzeit *für den Initiator* realisiert werden (für entfernte Replikate ist die Realisierung durch Kommunikation verzögert). Dies ist wichtig, wenn ein Initiator eine Folge aufeinander aufbauender Operationen erzeugen will.

- Ausgabedaten einer kooperativen Anwendung müssen bei einer replizierten Anwendung nicht über das Netzwerk transportiert werden (Abbildung 9 auf Seite 17). Dies ist für ein gutes Leistungsverhalten von Vorteil, da Ausgabedaten, insbesondere aufgrund der Verwendung von Bitmaps durch das Fenstersystem, voluminös sein können [5].

- Eine replizierte Architektur verringert die Gefahr, daß ein einzelner Knoten zum Leistungs- und Verfügbarkeitsengpaß wird. Die Dynamik kooperativer Systeme, insbesondere das jederzeitige Verlassen einer Sitzung durch die teilnehmenden Benutzer, erschweren die Bestimmung einer einzelnen, immer verfügbaren zentralen Instanz.

Was eine Replizierung des globalen Zustands im strengen Sinn, insbesondere im Hinblick auf Konsistenzkonzepte, bedeutet, wird in Kapitel 2.3.4 im Zusammenhang mit Überlegungen zur Parallelität in kooperativen Systemen definiert werden. Für die Beschreibung der kooperativen Architektur soll im folgenden die Replizierung des globalen Zustands gleichgesetzt werden mit einer Identität der Werte aller beteiligten globalen Zustandsvariablen.

2.2.4 Operationsgranularität

Eingaben eines Benutzers an eine kooperative Anwendung sollen als *Aktionen* bezeichnet werden. Beispiele für Aktionen sind die Anwahl eines Menüpunktes durch Betätigung einer Maustaste oder die Erzeugung einer Textannotation durch Anschlag der Tastatur. Nicht jede Aktion eines Benutzers ist gleichbedeutend mit einer globalen Operation. Wie Kapitel 2.2.2 gezeigt hat, betreffen beispielsweise *Scroll*-Aktionen, die lediglich die Darstellungssicht verändern, nur private Zustandsanteile und haben keine globalen Auswirkungen. Desweiteren ist es möglich, daß erst eine längere Sequenz einzelner Aktionen eine globale Operation erzeugt. Die *Operationsgranularität* einer kooperativen Anwendung definiert, welche Aktionen eines Benutzers zu globalen Operationen führen und wie sich diese Operationen aus den Einzelaktionen zusammensetzen.

In [50] [2] sind globale Operationen gleichbedeutend mit Ereignissen an der Fensteroberfläche, d.h. Eingaben an die UIM-Komponente. Die Operationsgranularität des Mehrbenutzereditors *Grove* [58] wird durch Einzelzeichenoperationen (*Character Operations*) beschrieben. Während beispielsweise die Bewegung eines Cursors an eine Einfügestelle und die Umschaltung auf Einfügemodus noch keine globalen Operationen darstellen, ist dies für die Eingabe jedes einzelnen Zeichens mit Hilfe der Tastatur der Fall. Der Mehrbenutzereditor *Distedit* [100] arbeitet im Gegensatz dazu mit der Operationsgranularität von Zeichenketten. Die globalen Operationen haben die Form *Insert_String*, *Delete_String, etc.* Die *P2P-Chalkboard*-Anwendung von IBM [133] faßt alle Aktionen, die zur Erzeugung einfacher graphischer Objekte notwendig sind, zu *einer* globalen Operation zusammen. So wird ein Kreisobjekt erst dann Teil des globalen Zustands, wenn die Sequenz *Mouse Click, Mouse Move, Mouse Release*, beendet ist, die den Mittelpunkt und den Radius des Kreises festlegt.

Im Falle replizierter kooperativer Anwendungen muß jede globale Operation auf sämtlichen verteilten Knoten realisiert werden. Die Operationsgranularität kooperativer Anwendungen ist daher gleichbedeutend mit der Granularität der Verteilung: Jede Aktion, die zu einer globalen Operation führt, löst eine Übertragung der Operationsparameter an alle entfernten Knoten aus.

2.2.5 Einbringung von Einbenutzeranwendungen

Viele existierende Anwendungen wurden zur Unterstützung eines einzelnen Benutzers entwickelt und sind deshalb nicht kooperativ. Häufig besteht jedoch der Wunsch, im Laufe einer kooperativen Sitzung, beispielsweise während einer Computerkonferenz, auch solche Anwendungen einsetzen zu können. Dies hat mehrere Gründe:

- Für viele dedizierte Probleme existieren *Off-the-Shelf*-Lösungen als Einbenutzeranwendungen. Demgegenüber ist die bisher verfügbare Anzahl von Anwendungen, die als kooperative Anwendungen entwickelt wurden, gering.

- Anwender sind an die Benutzerschnittstelle existierender Werkzeuge gewöhnt und wollen dieselbe Schnittstelle auch innerhalb einer Konferenz wiederfinden.

- Häufig kommen Computerkonferenzen zustande, nachdem ein einzelner Benutzer bei der Arbeit mit einer Einbenutzeranwendung auf Probleme stößt, die er mit Experten besprechen und gemeinsam lösen will. Die Anwendung muß zu diesem Zweck in eine Konferenz eingebracht werden können und von der Gruppe gemeinsam bedienbar sein.

Aus diesen Gründen gibt es kooperative Systeme, die es erlauben, Einbenutzeranwendungen für eine Kooperation verfügbar zu machen [50] [4] [5] [75]. Sie beruhen alle auf dem gleichen Prinzip, nämlich einer Auftrennung der Ein-/Ausgabeschnittstelle zwischen Anwendung und Fenstersystem (Abbildung 10 auf Seite 21). Die umschließende kooperative Anwendung (*Kooperationsschale*) stellt Mechanismen zur Verfügung, um jedem Benutzer die Eingabe an eine, als *Gastanwendung* bezeichnete Einbenutzeranwendung zu ermöglichen. Darüber hinaus leitet sie die Ausgaben dieser Gastanwendung weiter an die Bildschirme (UIM) aller Benutzer.

Auf diese Weise kann beispielsweise ein Text gemeinschaftlich, mit Hilfe eines existierenden Einbenutzereditors erstellt werden: Über einen multimedialen Tonkanal sprechen sich die Benutzer ab, wer als nächstes

Eingaben an den Gasteditor erzeugt, und es ist sichergestellt, daß alle dieselbe Ausgabe sehen.

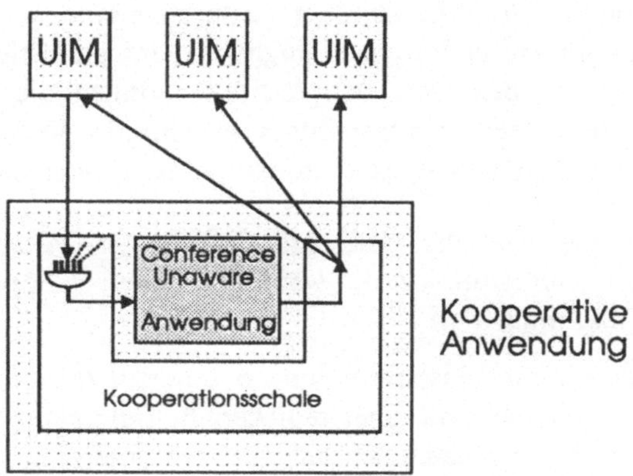

Abbildung 10.   Einbindung von Einbenutzeranwendungen

In der Literatur wird für Gastanwendungen im Bereich Konferenzsysteme auch häufig der Begriff *conference-unaware* [50] verwendet. Er beschreibt die Tatsache, daß diese Anwendungen nicht im Hinblick auf ihre Verwendung in einer Konferenz entwickelt wurden. Sie verfügen lediglich über eine einzelne Ein-/Ausgabeschnittstelle und kennen keine Gruppenkonzepte (z.B. Rollen). *Conference-Unaware*-Anwendungen sind weiterhin dadurch charakterisiert, daß sie über keinen privaten Zustandsanteil verfügen. Jede Eingabe verändert den globalen Zustand der Gastanwendung. Die Operationsgranularität (Kapitel 2.2.4) ist daher identisch mit der Aktionsgranularität. Weiterhin ist für die umschließende kooperative Anwendung der globale Zustand einer Gastanwendung nicht direkt zugreifbar. Dieser ist in anwendungsspezifischen internen Datenstrukturen verborgen und kann nur indirekt, in Form der erzeugten Ausgaben, erschlossen werden.

Allgemeine kooperative Anwendungen, welche die in Kapitel 2.2.1 hergeleiteten Bestandteile aufweisen, sind dagegen *conference-aware*. Sie müssen - da sie gleichzeitig mehrere Benutzer unterstützen - eigens entwickelt werden, weisen jedoch eine Reihe von Vorteilen auf:

• Conference-Aware-Anwendungen können für alle Benutzer private Zustandsanteile verwalten. Dies macht es z.B. möglich, daß ein Mehrbenutzereditor jedem Benutzer einen anderen, frei wählbaren Ausschnitt des Textdokuments an dessen Bildschirm präsentiert.

- Da für diese Anwendungen mehrere Benutzer unterscheidbar sind, können die Eingaben dieser Benutzer auch unterschiedlich behandelt werden. So erlaubt der Mehrbenutzereditor *Quilt* [109] z.B. nur Inhabern einer bestimmten Rolle die Modifikation aller Textbestandteile.
- Conference-Aware-Anwendungen ermöglichen eine parallele Arbeitsweise der kooperierenden Benutzer. Beispielsweise können die Benutzer bei Verwendung eines Mehrbenutzereditors gleichzeitig Veränderungen an unterschiedlichen Kapiteln eines Textdokuments vornehmen.

Beachtenswert ist die Tatsache, daß eine Einbenutzer-Gastanwendung als *conference-unaware* eingestuft wird, während deren Kooperationsschale *conference-aware* sein muß.

Kooperative Systeme, die Gastanwendungen unterstützen, können sowohl mit einer zentralen als auch mit einer replizierten Architektur realisiert werden. Die jeweiligen Konferenzschalen haben dabei unterschiedliche Ausprägungen. Im zentralen Fall sammelt eine Kooperationsschale alle UIM-Eingaben an die Gastanwendung und leitet deren Ausgaben zurück an alle entfernt ablaufenden Knoten. Dies entspricht der Darstellung in Abbildung 10 auf Seite 21. Im replizierten Fall wird neben der Gastanwendung auch die Kooperationsschale repliziert ausgeführt. Jede Instanz einer Kooperationsschale verteilt alle Eingaben an alle anderen Kooperationsschalen, bevor sie der Gastanwendung übergeben werden. Demgegenüber werden die Ausgaben einer Gastanwendung nur lokal verarbeitet, indem sie direkt der UIM-Komponente übergeben werden (Abbildung 11).

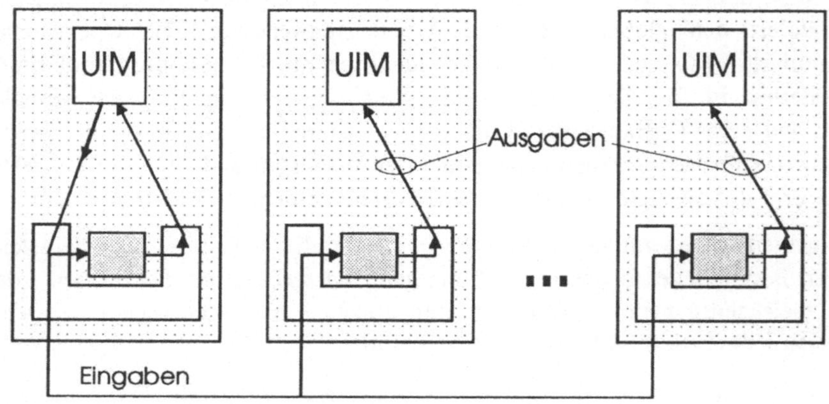

Abbildung 11. Replizierte Einbenutzeranwendungen

Voraussetzung für die Korrektheit der replizierten Realisierung sind zwei Bedingungen:

- Die Gastanwendung muß deterministisch sein, d.h. sie muß für dieselbe Eingabesequenz in jedem Falle dieselbe Ausgabesequenz erzeugen.

- Der Initialzustand einer Gastanwendung muß auf allen beteiligten Knoten übereinstimmen (dies umschließt beispielsweise Umgebungsvariablen der Anwendung).

Da die Kooperationsschale über keinen direkten Zugriff auf den Zustand einer Gastanwendung verfügt, sind diese Bedingungen notwendige Voraussetzungen für die Konsistenz des globalen Zustands im replizierten Fall. Wie in Kapitel 2.3 gezeigt wird, sind sie jedoch nicht hinreichend, falls mehrere Benutzer gleichzeitig Eingaben erzeugen.

Existierende Beispiele für Kooperationsschalen basieren in ihrer Mehrzahl auf dem *X*-Fenstersystem als UIM [178] [4] [68]. Dies ist deswegen der Fall, weil das standardisierte *X-Protokoll* eine natürliche Schnittstelle repräsentiert, an der die Kooperationsschale die Ein-/Ausgabe einer Einzelbenutzeranwendung umlenken kann. Die zentrale Architektur ist beispielsweise in den Systemen [5] [75] [4] realisiert, eine replizierte Architektur wird in [2] [50] beschrieben. Als Gastanwendung sind in [5] beispielsweise der Standard-Vi-Editor oder der DBX-Quellcode-Debugger für die gemeinsame Softwareentwicklung im Einsatz.

2.2.6 Zusammenfassung

Abbildung 12 auf Seite 24   gibt eine Zusammenfassung des Kapitels in Form einer Klassifikation existierender kooperativer Systeme. Dabei wird unterschieden, ob Benutzer zu derselben oder zu unterschiedlichen Zeiten an demselben oder an unterschiedlichen Orten unterstützt werden. Kooperative Systeme werden weiterhin nach ihrer Architektur unterschieden und danach, ob die unterstützte Anwendung *conference-aware* oder *conference-unaware* ist. Die Abbildung enthält außerdem Beispiele für jede der Klassen.

Der schraffierte Teil der Abbildung verdeutlicht noch einmal in graphischer Form die im folgenden betrachteten Anwendungsklassen, nämlich synchrone, verteilte Anwendungen mit einer replizierten Systemarchitektur. Die in der Abbildung verwendete Begriffsterminologie stammt aus den Kapiteln 2.2.3 bzw. 2.2.5.

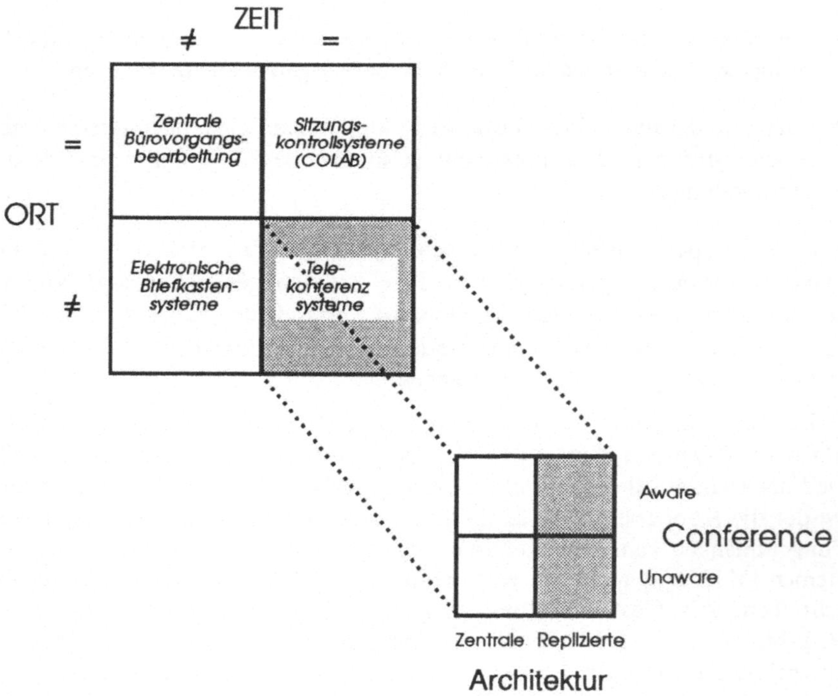

Abbildung 12.   Taxonomie kooperativer Systeme

2.3 Parallelität in kooperativen Systemen

Wie im letzten Kapitel beschrieben, wird der Anwendungszustand einer kooperativen Anwendung definiert durch die Kombination eines globalen und eines (für jeden Benutzer unterschiedlichen) lokalen Kooperationszustands. Aktionen an der Benutzeroberfläche werden auf Operationen, die den lokalen, den globalen oder beide Zustandsanteile verändern, abgebildet. Kapitel 2.2.4 hat gezeigt, daß sich dabei die Granularität der Aktionsausführung unterscheiden kann von der Granularität der Operationen auf dem globalen Zustand.

Kooperative Systeme sind dadurch gekennzeichnet, daß mehrere Benutzer interaktiv mit einer solchen kooperativen Anwendung arbeiten können. Dies impliziert die Möglichkeit der *parallelen* Arbeitsweise auf dem gemeinsamen globalen Zustand, d.h. der unabhängigen und gleichzeitigen Erzeugung von

Eingaben durch mehrere Benutzer. In diesem Kapitel soll die Rolle von Parallelität in kooperativen Systemen geklärt werden. Desweiteren ist es Ziel dieses Kapitels, die Ausprägungen der Parallelität zu untersuchen, um Anforderungen an unterstützende Mechanismen abzuleiten.

2.3.1 Parallelitätsvermeidung

Ansätze wie [5] [50] [178] [100] verhindern die gleichzeitige Operationsausführung, indem sie eine Systemkomponente zur Verfügung stellen, die sicherstellt, daß zu jedem Zeitpunkt nur ein einzelner ausgezeichneter Benutzer globale Operationen erzeugen kann. Der Grund für diese *Parallelitätsvermeidung* kann unterschiedlicher Natur sein:

- Im Falle von [5] [50] handelt es sich um kooperative Anwendungen, die existierende Einbenutzeranwendungen für die Kooperation verfügbar machen (Kooperationsschalen; Kapitel 2.2.5). Die Semantik von Ein- und Ausgaben ebenso wie der interne Anwendungszustand einer Einbenutzeranwendung sind für die umschließende kooperative Anwendung transparent. Die Granularität der globalen Operationen ist daher gleichzusetzen mit (externen) Ereignissen der Fensteroberfläche (z. B. *Mouse Click*). Da es auf dieser Ebene eine komplexe Aufgabe darstellt, gleichzeitige Operationen mehrerer Benutzer zu synchronisieren [100] (beispielsweise dürfen die Operationen *Mouse Click/Mouse Release* nicht unterbrochen werden), verzichten viele Ansätze dieser Art darauf, in irgendeiner Form gleichzeitige Operationen zuzulassen.

- Im kooperativen Editor *Distedit* [100] existiert zu jedem Zeitpunkt ein einzelner *Master*, während alle anderen Teilnehmer eine *Observer*-Rolle einnehmen. Während der Master ein editiertes Dokument verändern kann, dürfen Observer lediglich lokale Editoroperationen, wie *Scrolling*, durchführen, die den globalen Zustand nicht berühren. Ist durch die Anwendungssemantik - beispielsweise aufgrund organisatorischer Randbedingungen - ein solches Rollengerüst festgelegt, so ist die gleichzeitige Ausführung globaler Operationen nicht notwendig.

Sehr häufig liegt der Grund für den Ausschluß gleichzeitiger Operationsausführung in existierenden kooperativen Systemen jedoch weniger in Anforderungen der Anwendung, als vielmehr am Fehlen der geeigneten Synchronisationsmittel: So wird in [100] eine Erweiterung des soeben diskutierten kooperativen Editors *Distedit* vorgeschlagen, welche die gleichzeitige Arbeit mehrerer Benutzer an demselben Dokument erlaubt. Die Notwendigkeit zusätzlicher Synchronisationsmechanismen wird aufgezeigt.

2.3.2 Vorteile von Parallelität

Grundsätzlich kann ein Ansatz, der die gleichzeitige Operationsausführung verhindert, Parallelarbeit von Benutzern nicht ausnutzen und beschränkt dadurch die Effizienz der kooperativen Arbeit. Ellis [58] führt aus, daß ein System, das nur einen aktiven Benutzer zuläßt, den freien und natürlichen Fluß von Information zwischen den beteiligten Benutzern behindert. Hagsand [82] argumentiert aus dem gleichen Grund für ein kooperatives Editieren in *free style*, da dieses dem Äquivalent von Team-Arbeit in einer realen Umgebung am nächsten kommt.

Für bestimmte Typen kooperativer Anwendungen ist die gleichzeitige Arbeit mehrerer Benutzer Voraussetzung für deren Einsetzbarkeit. So repräsentieren die Benutzer in dem von Berglund und Cheriton [10] vorgestellten Computerspiel AMAZE zwei Spieler, die sich in einem Labyrinth verfolgen. Die globalen Operationen zur Veränderung der Positionen auf der Bildschirmoberfläche sind damit zeitgleich. Das System kann als Beispiel dienen für verteilte kooperative Systeme mit kontinuierlicher Zustandsänderung. Ein anderes Beispiel ([10]) ist die kooperative Steuerung mehrerer physikalischer Roboter (z.B. beim Zusammenbau eines Automobils).

Ein weiteres Argument für die Unterstützung gleichzeitiger globaler Operationen betrifft weniger die erzielbare Parallelität, als vielmehr die Dynamik der Anwendung. Beispielsweise stellt Stefik als Teil seines COLAB-Konferenzsystems [167] eine Komponente COGNOTER vor, die Brainstorming auf einer virtuellen elektronischen Tafel erlaubt. Müßte ein Benutzer vor jeder Eingabe erst explizit das Eingaberecht anfordern (und möglicherweise bei Konkurrenz längere Zeit warten), so würde dies die Wirksamkeit der Brainstorming-Methode beeinträchtigen.

2.3.3 Parallelität bei externer Serialisierung

Als *interne Serialisierung* wird eine Parallelitätsvermeidung bezeichnet, die durch das kooperative System erzwungen wird (siehe auch Kapitel 3.2). Als *externe Serialisierung* soll eine Einschränkung der Parallelität bezeichnet werden, die durch die Benutzer selbst, auf informellem Wege realisiert wird. Beispielsweise kann sich eine Benutzergruppe über einen Audio-Kanal verbal darüber einigen, wer als nächstes exklusiv die kooperative Anwendung bedienen soll. Ellis [58] bezeichnet dies als *externes Protokoll*, Stefik [167] verwendet den Begriff *Voice Lock*. Die externe Serialisierung tritt in vielen Typen kooperativer Anwendungen auf, in denen ein gemeinsamer Fokus (*Shared Focus* [167]) von Bedeutung ist, d.h. die Verfolgung eines einzelnen Aktivitätsfadens durch alle beteiligten Benutzer. Kennzeichen der externen

Serialisierung ist die Tatsache, daß zu jedem Zeitpunkt ein *Primärbenutzer* existiert, der die Mehrzahl der globalen Operationen erzeugt.

Obwohl die externe Serialisierung zur Eingabesteuerung für viele Anwendungen prinzipiell sinnvoll und ausreichend erscheint, erfordert sie weiterhin die Behandlung gleichzeitiger globaler Operationen:

- Mißverständnisse bei der informellen Absprache können dazu führen, daß mehrere Benutzer gleichzeitig globale Operationen erzeugen.
- Die Serialisierung kann von Benutzern bewußt unterbrochen werden, weil eine parallele Arbeitsweise für kurze Phasen sinnvoll erscheint.
- Während der informellen Übergabe des Eingaberechts können Operationen des alten und des neuen Benutzers überlappen.

Trotz der externen Serialisierung ist es daher notwendig, die Gleichzeitigkeit globaler Operationen zu unterstützen. Ein Unterstützungsmechanismus kann allerdings die Tatsache der externen Serialisierung zur Optimierung seines Leistungsverhaltens ausnutzen.

2.3.4 Konsistenz in kooperativen Anwendungen

In diesem Kapitel soll eine Verfeinerung des in Kapitel 2.2.2 hergeleiteten Verarbeitungsmodells für kooperative Anwendungen im Hinblick auf die parallele Ausführung globaler Operationen stattfinden.

Globale Operationen haben Auswirkungen auf die replizierten globalen Zustände aller beteiligten Instanzen. Gleichzeitige globale Operationen sind deswegen von kritischer Bedeutung, weil sie die Konsistenz der Zustandsreplikate beeinträchtigen können.

Zur Konkretisierung dieser Beziehung muß der Begriff der *Konsistenz* für globale Zustandsreplikate eingeführt werden. Es liegt nahe, zu diesem Zweck zunächst Konzepte der Datenbanktechnologie und replizierten Datenhaltung auf ihre Verwendbarkeit zu untersuchen.

2.3.4.1 Traditionelle Konsistenzbegriffe

Zentraler Konsistenzbegriff in der traditionellen Datenbanktechnologie ist der Begriff der Serialisierbarkeit [61] als Korrektheitskriterium des Transaktionskonzeptes. Eine Transaktion besteht aus einer Folge von Operationen; zwei gleichzeitig ausgeführte Transaktionen T_1 und T_2 heißen *serialisierbar*, wenn das Ergebnis ihrer Ausführung dem Ergebnis einer seriellen Ausführung von T_1 und T_2 in einer beliebigen Ordnung (d.h. $T_1 \rightarrow T_2$ oder $T_2 \rightarrow T_1$) entspricht [39].

Der Grund, warum eine beliebige gleichzeitige Ausführung von Transaktionen nicht immer serialisierbar ist, liegt in der Existenz von Konflikten zwischen diesen Transaktionen. Zwei Operationen stehen *im Konflikt* [13], wenn je nach Reihenfolge ihrer Ausführung auf eine gegebene Datenbasis unterschiedliche Endzustände realisiert werden. In der traditionellen Datenbanktheorie sind zwei Operationen im Konflikt, wenn beide dasselbe Datenbankelement betreffen und eine von beiden eine Schreiboperation darstellt (*Read/Write-* oder *Write/Write*-Konflikt).

Der Serialisierbarkeitsbegriff für nichtreplizierte Datenbanken wurde von Bernstein und Goodman [14] durch die *One-Copy-Serializability* für replizierte Datenbanken verallgemeinert. Die gleichzeitige Ausführung einer Menge von Transaktionen auf einer Gruppe von Replikaten ist *One-Copy-Serializable*, wenn ihr Resultat äquivalent ist zu einer seriellen Ausführung der Transaktionen auf einem einzelnen Replikat. Genauer läßt sich dieser Konsistenzbegriff in zwei Anteile zerlegen [132]:

- Die Ausführung ist bezüglich jedes einzelnen Replikats (traditionell) serialisierbar.

- Zwei Operationen, die in Konflikt stehen, werden auf allen Replikaten in derselben relativen Reihenfolge ausgeführt.

Äquivalent zu dem operationalen Konsistenzbegriff der *One-Copy-Serializability* für replizierte Daten ist der von Thomas [172] geprägte denotationale Konsistenzbegriff der *Mutual Consistency*. Er verlangt, daß alle Replikate eines Datums identisch sind oder zum gleichen Zustand konvergieren, sofern ab einem bestimmten Zeitpunkt keine neuen Schreiboperationen initiiert werden. Garcia-Molina [67] verwendet für denselben Sachverhalt den Begriff *end consistency*.

2.3.4.2 Konsistenzbegriff für kooperative Anwendungen

Es soll nun untersucht werden, ob bzw. mit welchen Modifikationen diese Konsistenzbegriffe für kooperative Anwendungen eingesetzt werden können.

- Konsistenzkonzepte in Datenbanken beziehen sich traditionell auf persistente Daten, die im Sekundärspeicher von Rechnern verwaltet werden und über die Laufzeit einer Anwendung hinaus Bedeutung haben. Dagegen beinhaltet der globale Zustand einer kooperativen Anwendung sehr viele Komponenten ohne persistenten Charakter. Beispielsweise repräsentiert die Position eines gemeinsamen Zeigeinstrumentes (*Shared Pointer*) oder der augenblickliche Ausschnitt eines gemeinsam editierten Textes ein globales Zustandselement, das von flüchtiger Art ist und nach Beendigung der kooperativen Anwendung keine Bedeutung mehr hat.

- Teile des globalen Zustands einer kooperativen Anwendung betreffen die Ablaufkontrolle und sind nur mit Schwierigkeiten als replizierte *Daten* zu modellieren. Zu dieser Klasse von Zustandsvariablen kann der Dialogzustand [157] einer interaktiven kooperativen Anwendung gehören. Beispielsweise kann es sein, daß der Eingabetyp, der gerade von den Benutzern erwartet wird, durch *den* Programmteil der Anwendung bestimmt ist, in dem sich der verarbeitende Prozeß aktuell befindet (z.B. im Programmteil, der ein globales Voting durchführt). Es kann für kooperative Anwendungen durchaus wichtig sein, daß dieser Zustandsanteil bei allen Teilnehmern identisch ist. Eine Modellierung als repliziertes Datum ist deswegen schwierig, weil dies erfordern würde, den Ort der Programmkontrolle (z.B. den Programmzähler) als Datum mit spezifischen Operationen zu definieren.

- Konsistenzkonzepte in Datenbanken sind traditionell eingebettet in Transaktionskonzepte [73]. Diese bieten in der Regel ein mächtiges Instrumentarium, welches das Konsistenzkonzept koppelt mit Konzepten zur Isolierung von Benutzern und zur Gewährleistung der Atomarität mehrerer aufeinanderfolgender Operationen im Fehlerfall. In kooperativen Anwendungen steht dagegen die effiziente Verwaltung eines konsistenten globalen Zustands zur Laufzeit im Vordergrund [76], während Konzepte zur Fehlerbehandlung und zur Benutzerisolierung untergeordnete Bedeutung haben. [76] [127]. Konsistenzkonzepte aus dem Bereich Datenbanken können deshalb nur unter der Maßgabe verwendet werden, daß sie entkoppelt sind von den nicht verwendbaren Eigenschaften traditioneller Transaktionen.

- Bei kooperativen Anwendungen ist eine Trennung in Lese- und Schreiboperationen auf eine festdefinierte Menge von Datenelementen nicht mehr einfach möglich. Beispielsweise ist eine *Scroll*-Operation, welche eine neue Textseite in ein gemeinsames Editierfenster lädt, aus Sicht des Dateisystems eine Leseoperation. Aus der Perspektive der kooperativen Anwendung stellt sie jedoch eine Modifikation der Darstellungssicht dar. Hat die Darstellungssicht keine privaten Anteile (d.h. die kooperative Anwendung ist streng WYSIWIS; siehe Kapitel 2.2.2.), so bewirkt die

Scroll-Operation eines Benutzers das Schreiben der Textseite auf alle Bildschirme.

Während die Operationen einer Transaktion traditionell als Lese- oder Schreiboperationen auf persistenten Daten klassifiziert werden [13], soll für kooperative Anwendungen der Begriff der *globalen Operation* auf alle diejenigen Operationen erweitert werden, die Zustandsübergänge im globalen Zustand einer kooperativen Anwendung bewirken. Analog zu traditionellen Datenbankbegriffen seien zwei globale Operationen demnach *im Konflikt*, wenn je nach Reihenfolge ihrer Ausführung unterschiedliche Endzustände des globalen Zustandes eintreten. (Beispielsweise steht eine *Scroll*-Operation im Konflikt zu einer Einfügeoperation in einem Textdokument.)

Globale Operationen sind in kooperativen Anwendungen nicht Teil einer Transaktion, d.h. sie sind nicht mit anderen globalen Operationen zu einer Einheit gebündelt. Der Serialisierbarkeitsbegriff ist damit nicht mehr direkt anwendbar. Der Konsistenzbegriff der *One-Copy-Serializability* läßt sich jedoch auf kooperative Anwendungen abbilden, indem lediglich ihre zweite definierende Bedingung verwendet wird:

- Zwei globale Operationen, die in Konflikt stehen, werden auf allen Replikaten des globalen Zustands in derselben relativen Reihenfolge ausgeführt.

Der Konsistenzbegriff für kooperative Anwendungen wird dadurch zurückgeführt auf den Ordnungsbegriff für die Operationsausführung auf global replizierten Daten.

Der so eingeführte Konsistenzbegriff repräsentiert eine *indefinite Ordnung*: Die Ausführung zweier in Konflikt stehender, globaler Operationen O_1 und O_2 ist konsistent, gleichgültig in welcher Reihenfolge die Operationen ausgeführt werden, vorausgesetzt die Reihenfolge ist auf allen Replikaten dieselbe.

Ravindran [149] erweitert diesen Konsistenzbegriff für kooperative Anwendungen um eine *definite* Ordnungskomponente in Form der *Kausalkonsistenz*. Sie schreibt vor, daß die Ausführung globaler Operationen die kausale Abhängigkeit dieser Operationen berücksichtigt. Genauer: Zwei Operationen O_1 und O_2 müssen auf allen Replikaten in der Reihenfolge $O_1 \rightarrow O_2$ ausgeführt werden, wenn O_2 kausal abhängig ist von O_1. Der Begriff der Kausalität entspricht dabei der üblichen Definition in verteilten Systemen [105].

Ein Beispiel für Kausalkonsistenz ist die Annotation von Textelementen im Rahmen des Joint-Editing [109]. Das Einfügen von Text (= Basistext) durch einen Benutzer veranlaßt einen anderen Benutzer, eine Annotation (= Metatext) anzubringen. Die Annotation ist kausal abhängig von dem Text, den sie betrifft, und muß gemäß der Kausalkonsistenz auf allen Zustandsreplikaten *nach* dem Basistext realisiert werden.

2.4 Synchronisationsanforderungen kooperativer Anwendungen

Nach der im vorhergehenden Kapitel gewählten Konsistenzdefinition schränken Konflikte die Reihenfolge ein, in der Operationen auf die einzelnen Replikate angewandt werden dürfen. Eine Einschränkung der Reihenfolge von Ereignissen in einem System gemäß einer Menge von Regeln ist aber nach Andrews und Schneider [7] die Definition für den Begriff der *Synchronisation*. Danach sind zwei Operationen *synchronisiert*, wenn sie auf allen Replikaten in derselben relativen Reihenfolge angewendet werden. In diesem Kapitel sollen Synchronisationsanforderungen kooperativer Anwendungen abgeleitet werden, indem die Konflikte analysiert werden, die zwischen globalen Operationen in kooperativen Systemen auftreten. Beispiele aus praktischen Anwendungen sollen die Analyse stützen.

2.4.1 Operationsklassen

Nicht alle globalen Operationen stehen paarweise in Konflikt zueinander. Häufig beinhaltet eine kooperative Anwendung das Arbeiten mit mehreren unterschiedlichen *Kooperationsobjekten*, wovon jedes möglicherweise sogar durch ein eigenes Fenster an der Benutzeroberfläche repräsentiert ist. So unterscheidet das System P2P [133] eine Menge von unabhängigen *Chalkboards* (gemeinsame elektronische Kreidetafeln), die das parallele Annotieren mehrerer Hintergrundbilder erlauben. Sofern zwei Operationen unterschiedliche Chalkboards betreffen, müssen sie nicht synchronisiert werden, d.h. ihre relative Ausführungsreihenfolge ist beliebig.

Das System CoAction [22] realisiert eine einzelne graphische Oberfläche zum gemeinsamen Zeichnen (*Joint Sketching*). Die Oberfläche enthält graphische Kooperationsobjekte, die von den Benutzern parallel modifiziert werden können. Nur Operationen, die dasselbe graphische Objekt betreffen, stehen in Konflikt zueinander, erfordern also die synchronisierte Ausführung.

Weitere Typen von Kooperationsobjekten sind beispielsweise gemeinsame Zeigeinstrumente (*Shared Pointer* [128]) oder die einzelnen Knoten eines Hypertextdokuments [76].

In allen beschriebenen Fällen lassen sich *Operationsklassen* unterscheiden. Operationsklassen sind Mengen von Operationen, deren Elemente auf demselben kooperativen Objekt arbeiten und paarweise in Konflikt zueinander stehen. Elemente unterschiedlicher Operationsklassen betreffen unterschiedliche Kooperationsobjekte und sind daher konfliktfrei. Abbildung 13 verdeutlicht dies graphisch. Elemente der Operationsklasse 1 sind z.B. alle Schreiboperationen innerhalb eines gemeinsames Editierfensters (Kooperationsobjekt 1), während Elemente der Operationsklasse 2 Einfügeoperationen in ein *Shared Blackboard* (Kooperationsobjekt 2) darstellen, das gleichzeitig, z.B. zum Brainstorming, verwendet wird.

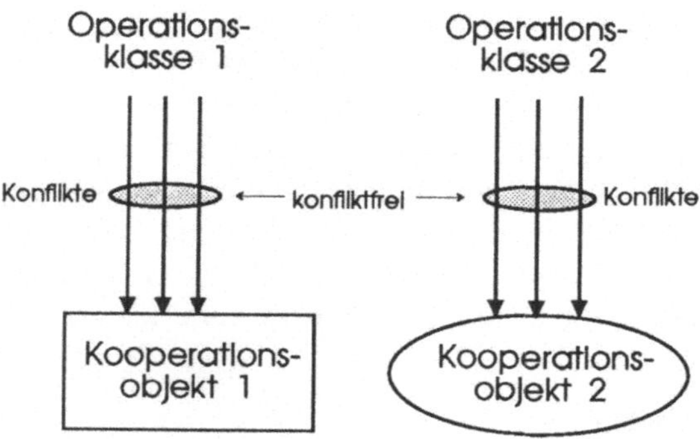

Abbildung 13. Operationsklassen

2.4.2 Starke Checkpoint-Operationen

Globale Operationen, die mit allen anderen globalen Operationen beliebiger Benutzer in Konflikt stehen, sollen als *(starke) Checkpoint*-Operationen bezeichnet werden [118]. Eine starke Checkpoint-Operation O muß mit allen anderen globalen Operationen synchronisiert werden.

Eine Checkpoint-Operation innerhalb einer kooperativen Anwendung ist beispielsweise das Sichern der Zustände aller Kooperationsobjekte in ein repliziertes Sicherungsobjekt. Eine solche Sicherung kann notwendig sein, um Rücksetzpunkte für das kooperative Arbeiten definieren zu können [118]. Wird eine globale Operation Op auf ein Kooperationsobjekt K nicht mit einer Sicherungsoperation SO synchronisiert, so kann eine Situation wie die in Abbildung 14 beschriebene entstehen.

Ein Sicherungsobjekt enthält den Zustand von K *vor* Ausführung von Op und das andere Sicherungsobjekt *nach* dessen Ausführung. Die Wiederherstellung

des globalen Zustands aus der Menge der Sicherungsobjekte hätte damit eine
Verletzung der *Mutual Consistency* zur Folge.

Abbildung 14. Starke Checkpoint-Operationen

Das Distributed Sketchpad von [164] ist ein Beispiel für eine kooperative
Anwendung, in dem Checkpoint-Operationen die einzigen Operationen darstellen, die Konflikte verursachen. Innerhalb dieser Anwendung ist jedem
Benutzer eine eigene Schicht oberhalb eines gemeinsamen Hintergrundbildes
zugeordnet. Graphische Operationen eines Benutzers, z.B. die Erzeugung
eines graphischen Objektes, werden immer innerhalb der ihm zugeordneten
Schicht ausgeführt. Dies hat zur Folge, daß Operationen unterschiedlicher
Benutzer automatisch kommutativ sind und in beliebiger Reihenfolge zueinander ausgeführt werden können. Lediglich in dem Moment, in dem auf allen
Knoten eine Sicherung der graphischen Oberfläche stattfinden soll, müssen
die Operationen der einzelnen Benutzer mit dieser Sicherungsoperation synchronisiert werden.

2.4.3 Schwache Checkpoint-Operationen

Starke Checkpoint-Operationen werden mit allen anderen Operationen synchronisiert. Dies ist nicht unbedingt erforderlich, sofern die Operation nicht
alle Kooperationsobjekte betrifft. Sollen beispielsweise zwei graphische Objekte auf einer gemeinsamen Zeichenoberfläche (CoAction [22]) kombiniert
werden, so muß die Operation des Kombinierens zwar synchronisiert werden
mit allen weiteren Operationen auf diesen beiden Objekten, aber nicht mit
Operationen auf einem dritten Kooperationsobjekt.

Operationen dieser Art sollen als *schwache Checkpoint-Operationen* bezeichnet
werden. Ihre exakte Definition basiert auf dem Konzept der Operationsklassen (Kapitel 2.4.1). Schwache Checkpoint-Operationen stehen in Konflikt zu

allen Operationen einer bezeichneten Menge von Operationsklassen. Sie sind konfliktfrei zu allen Operationen der Restmenge der Operationsklassen.

Hagsand [136] benutzt das Äquivalent zu schwachen Checkpoint-Operationen, um den Aktivitätswechsel zwischen unterschiedlichen Benutzerfenstern zu unterstützen. Das Verschieben eines gemeinsamen Cursors von einem Fenster in ein anderes löst eine schwache Checkpoint-Operation aus, die sicherstellt, daß alle Benutzer identische Fensterinhalte haben, wenn der Cursor in diesem Fenster erscheint.

Ein weiteres Beispiel für den Einsatz schwacher Checkpoint-Operationen sind Kopieroperationen zwischen Kooperationsobjekten. Soll beispielsweise der Inhalt eines graphischen Kooperationsfensters in ein weiteres Kooperationsfenster übernommen werden, so hat diese Operation die Semantik einer schwachen Checkpoint-Operation. Wäre eine solche Operation nicht synchronisiert zu den Operationen beider Kooperationsfenster, so könnte der Kopiervorgang für die einzelnen Replikate unterschiedliche Fensterinhalte erzeugen und dadurch die WYSIWIS-Bedingung als spezielle Ausprägung der *Mutual Consistency* verletzen.

2.4.4 Leistungsanforderungen

Kooperative Anwendungen sind in hohem Maß interaktive Anwendungen [58], d.h. Operationen auf dem globalen Zustand werden von Benutzern durch Eingaben innerhalb einer graphischen Benutzeroberfläche ausgelöst und bewirken meist eine direkte Ausgabe in Form einer Visualisierung des neuen globalen Zustands. Führt ein Benutzer beispielsweise eine Scroll-Operation auf einem gemeinsamen Fenster eines Joint-Editing-Systems (z.B. [100]) durch, so bewirkt diese Operation (falls die Position in der Datei Teil des globalen Zustands ist) die Anzeige eines veränderten Textausschnittes bei allen beteiligten Benutzern.

Einer der wesentlichen Parameter des Leistungsverhaltens interaktiver Anwendungen ist die *Antwortzeit*, d.h. die Dauer zwischen der Übermittlung einer Teilaufgabe an den Rechner und dem Empfang einer eventuell noch unvollständigen Antwort [157]. Kurze Antwortzeiten, insbesondere für einfache Operationen, sind Voraussetzung für die Akzeptanz eines interaktiven Werkzeugs [58].

Im Falle kooperativer interaktiver Anwendungen muß der Begriff der Antwortzeit differenziert werden, da eine Eingabe Ausgaben an mehreren Orten erzeugen kann. Ellis [58] definiert den Begriff *Response Time* für die Zeitdauer, die zwischen der Initiierung der Operation durch einen Benutzer und ihrer Ausführung *am Ort des Benutzers* vergeht. Demgegenüber steht die

Notification Time, welche die Zeitdauer bis zur Ausführung derselben Operation bei einem anderen als dem initiierenden Benutzer beschreibt. Von den beiden Werten ist die Response Time besonders entscheidend, weil sie die Geschwindigkeit angibt, mit der ein einzelner Benutzer eine Folge von Aktivitäten, die aufeinander aufbauen, durchführen kann. In [50] wird eine Response Time gefordert, die einer Ausführung der Anwendung im Einbenutzermodus (*stand alone*) entspricht.

Eine wichtige Leistungsanforderung an die Realisierung kooperativer Anwendungen besteht deshalb in einer Minimierung der Response Time für interaktive Eingaben. Da die Realisierung globaler Operationen die Einhaltung von Konsistenzbedingungen (Kapitel 2.3.4) erfordert, ist dies gleichzeitig eine Leistungsanforderung an den Synchronisationsmechanismus, der diese Konsistenz gewährleistet: Ein Synchronisationsverfahren sollte eine Verzögerung globaler Operationen für den Ort minimieren, an dem diese Operationen generiert wurden.

3 Traditionelle Synchronisationsansätze

In den vorausgehenden Kapiteln wurde dargelegt, daß eine wichtige Anforderung an kooperative Systeme darin besteht, die Konsistenz eines globalen Zustands angesichts paralleler Operationen unterschiedlicher Benutzer in einer verteilten Umgebung zu gewährleisten. In diesem Kapitel werden traditionelle Ansätze zur Lösung dieses Problems diskutiert und auf ihre Verwendbarkeit für kooperative Systeme untersucht.

3.1 Synchronisation auf Anwendungsebene

Operationen auf dem globalen Zustand einer kooperativen Anwendung können durch die Anwendung selbst synchronisiert werden. Eine solche Vorgehensweise hat den Vorteil, daß Wissen über die Eigenschaften globaler Operationen für die Konfliktlösung verfügbar ist. Dies gestattet flexiblere, auf die Belange der Anwendung angepaßte Synchronisationsmechanismen.

Exemplarisch für die Synchronisation auf Anwendungsebene soll in diesem Kapitel das von Ellis für den Mehrbenutzereditor *Grove* [58] entworfene Synchronisationsverfahren beschrieben werden. *Grove* erlaubt mehreren Benutzern das parallele Arbeiten an demselben Textdokument. Aktionen an der Benutzerschnittstelle umfassen einfache Editieroperationen wie Einfügen, Löschen und Ersetzen einzelner Zeichen in einem Text. Ziel des Editors ist eine Realisierung der WYSIWIS-Eigenschaft (Kapitel 2.2.2) für alle beteiligten Benutzer. Dies geschieht auf der Basis einer replizierten Anwendungsarchitektur. Jeder Knoten verfügt über eine Kopie des Textdokuments und führt die Operationen aller Benutzer aus. Charakteristisch für das Synchronisationsverfahren von *Grove* ist ein optimistischer Ansatz zur Konfliktbehandlung. Anstatt Konsistenzverletzungen des replizierten globalen Zustands zu vermeiden (*Konfliktvermeidung*), existiert eine Methode zur *Konflikterkennung* und *-auflösung* [158].

Jede Operation eines Benutzers wird - entsprechend dem optimistischen Ansatz - sofort auf die lokale Kopie des Textdokuments angewandt und deren

Resultat auf dem Bildschirm dargestellt. Gleichzeitig wird die Operation an alle anderen Knoten versandt und dort ebenfalls realisiert. Konflikte treten auf, wenn z.B. zwei Benutzer dieselbe Textzeile editieren, wie im Beispiel in Abbildung 15 beschrieben. Benutzer 1 fügt an Position 2 das Zeichen 'n', Benutzer 2 an Position 9 gleichzeitig das Zeichen 'e' ein, um die editierte Zeile zu vervollständigen. Nach Realisierung der Operation auf den jeweils lokalen Replikaten sehen beide Benutzer das Ergebnis ihrer Eingaben. Ohne weitere Vorkehrungen treten im beschriebenen Fall jedoch Inkonsistenzen bei der entfernten Realisierung der jeweiligen Operationen auf: Die Einfügeoperation von Benutzer 2 wird am Ort von Benutzer 1 erst nach dessen eigener Einfügeoperation durchgeführt. Dies hat zur Konsequenz, daß die Einfügeposition (9) eine andere Stelle im Text bezeichnet, als am Ort von Benutzer 2. Dies verletzt die WYSIWIS-Bedingung (siehe Abbildung).

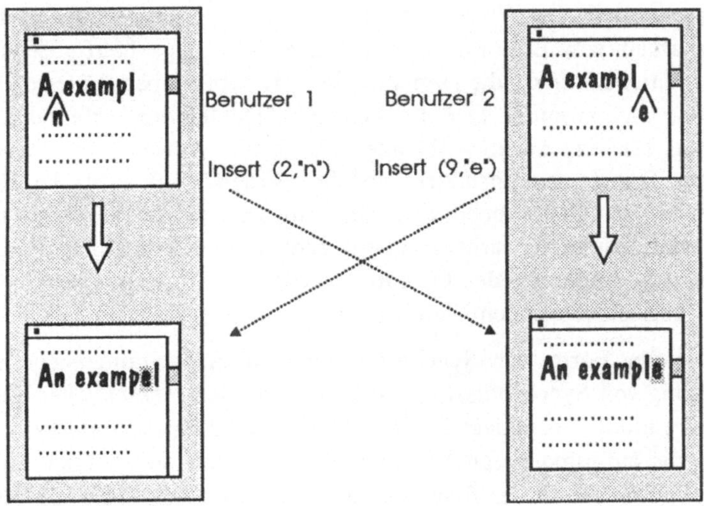

Abbildung 15. Konflikte im Grove-Editor

Das Synchronisationsverfahren von Ellis verwendet *Zustandsvektoren*, um Konflikte der beschriebenen Art zu erkennen. Jeder Knoten verwaltet einen Zustandsvektor, dessen Komponenten beschreiben, wieviele Operationen von jedem anderen Knoten bereits lokal ausgeführt worden sind. Alle Operationen werden zusammen mit diesem Zustandsvektor versandt. Ein empfangender Knoten E kann durch Vergleich des mitgeführten Zustandsvektors mit dem lokal verwalteten Zustandsvektor erkennen, ob die Operation in Konflikt steht zu einer eigenen Operation. Dies ist dann der Fall, wenn der

Zustandsvektor von E in einer Komponente einen größeren Wert hat als die entsprechende Komponente des mitgeführten Vektors.

Der Konflikterkennung durch Zustandsvektoren folgt in *Grove* die Konfliktauflösung mit Hilfe einer Transformationsmatrix und einer Liste bereits ausgeführter Operationen (*Request Log*). Die Idee des Verfahrens besteht darin, eintreffende Operationen, für die ein Konflikt erkannt wurde, so zu transformieren, daß ihre Ausführung denselben Zustand wie bei serieller Benutzereingabe erzeugt. Dies soll an obigem Beispiel verdeutlicht werden. Beim Eintreffen der Operation *Insert (9, 'e')* am Ort von Benutzer 1 erkennt *Grove*, daß diese Operation in Konflikt steht zur vorhergehenden Operation *Insert (2, 'n')*. Eine "Rückrechnung" ergibt, daß die angegebene Position 9 in der aktuellen Version der Textposition 10 entspricht. Das Resultat ist die transformierte Operation *Insert (10, 'e')*.

Der Hauptvorteil des *Grove*-Verfahrens besteht in der schnellen lokalen Ausführbarkeit von Editoroperationen. Die Grundlage hierfür schafft die Transformationsmatrix, die semantisches Wissens über unterschiedliche Operationstypen ausnutzt. Der entscheidende Nachteil des Verfahrens besteht darin, daß für jede zu entwickelnde kooperative Anwendung eine eigene, dedizierte Transformationsmatrix erstellt werden muß. Mit Anzahl und Komplexität der Operationen wird der Entwurf und die Verifikation einer Transformationsmatrix darüber hinaus schnell unübersichtlich. Außerdem erfordert jede Änderung der Operationsmenge unmittelbar eine Überarbeitung der zugrundeliegenden Matrix.

Eine spezielle Form der Synchronisation auf Anwendungsebene ist die Übertragung von Synchronisationsfunktionen an den menschlichen Benutzer einer Anwendung. So schlägt Greif [76] vor, den Abgleich (*Merge*) von Replikaten, die aufgrund paralleler Operationen inkonsistent wurden, der Problemlösungskompetenz des Benutzer zu überlassen. Stefik [167] diskutiert in ähnlicher Weise die Möglichkeit, manuelle Interventionen zuzulassen, wenn Inkonsistenzen auftreten, die durch die Synchronisationsfunktionalität des Systems nicht abgedeckt werden. Der Nachteil eines solchen Vorgehens ist in beiden Fällen darin zu sehen, daß anwendungskritische Daten durch fehlerhafte Benutzereingriffe zerstört werden können.

Insgesamt erscheint eine Synchronisation auf Anwendungsebene zwar möglich und kann im Einzelfall aufgrund der Ausnutzbarkeit semantischen Wissens sehr effizient sein; im allgemeinen ist die dedizierte Realisierung von Synchronisationsfunktionalität für einzelne kooperative Anwendungen aus dem Blickwinkel der Softwareentwicklung jedoch unökonomisch.

3.2 Synchronisation durch Floorpassing

Eine besonders einfache Form der Synchronisation in kooperativen Systemen wird durch das *Floorpassing* [5] [50] [178] [100] erzielt. Eine *Floorpassing*-Komponente als Teil eines kooperativen Systems stellt sicher, daß zu jedem Zeitpunkt nur ein einziger Benutzer Aktionen bezüglich der gemeinsamen kooperativen Anwendungen durchführen kann. Dieser Benutzer hat den *Floor* (engl. *floor* = Rednerpult im Parlament) und behält diesen in der Regel für mehrere Einzeloperationen, die er hintereinander ausführt. Ein Ziel der strengen Eingabesequentialisierung ist die Serialisierung der Operationen auf globalen Zuständen und die daraus resultierende konsistente Realisierung von Operationen, die in Konflikt stehen; es ist offensichtlich, daß eine serielle Ausführung aller Einzeloperationen dem Korrektheitskriterium der Serialisierbarkeit genügt.

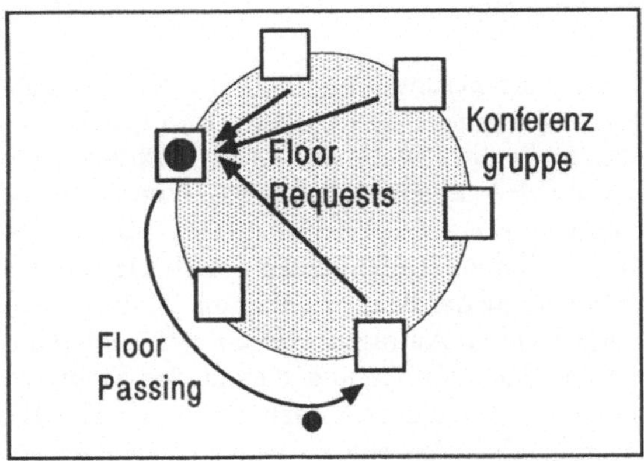

Abbildung 16. Floorpassing

Im Laufe einer Sitzung wird der Floor nach einem vorgegebenen Protokoll zwischen den Benutzern einer kooperativen Anwendung weitergegeben (Abbildung 16). Das auch als *Floorpassing* bezeichnete Protokoll wird durch eine eigene Komponente unterstützt und kann in vier Phasen unterteilt werden:

1. Anforderung

Ein inaktiver Benutzer, der nicht im Besitz des *Floors* ist und den globalen Zustand der kooperativen Anwendung verändern möchte, erzeugt eine Anforderung (*Floor Request*). Dies geschieht entweder *explizit*, beispielsweise durch Auswählen eines Menüpunktes auf der Benutzeroberfläche, oder *implizit*, z.B. vor dem Ausführen einer Operation auf einem Kooperations-objekt. Der genaue Zeitpunkt, zu dem die Flooranforderung stattfindet, wird im impliziten Fall durch die kooperative Anwendung selbst festgelegt. Bei-spielsweise kann jede Benutzung eines Eingabewerkzeugs (z.B. eine Bewegung der Maus) bereits zu einer impliziten Flooranforderung führen.

2. Verarbeitung

Zwei Verarbeitungsmodi für Flooranforderungen sind denkbar: Eine *ge-dächtnislose* Floorverwaltung verwirft alle Anforderungen, solange der Floor durch einen anderen Benutzer besetzt ist. Ein Benutzer muß in diesem Fall selbsttätig Flooranforderungen wiederholen. Eine *gedächtnisbehaftete* Floor-verwaltung registriert Flooranforderungen und befriedigt sie zu einem späteren Zeitpunkt. Gegebenenfalls impliziert die Registrierung auch eine Benachrichtigung des aktuellen *Floorholders* oder aller Kooperationsteilneh-mer über aktuelle Anforderungen.

3. Zuteilung

Ähnlich wie für die Anforderung lassen sich auch für die Zuteilung die bei-den Modi *explizit* und *implizit* unterscheiden. Im expliziten Fall entscheidet einer der interaktiven Benutzer darüber, wer als nächstes den Floor erhalten soll [178]. Dies kann der aktuelle Inhaber des Floors sein oder ein ausge-zeichneter Benutzer mit einer speziellen Rolle, z.B. der Konferenzleiter (*Chairperson*). Bei der impliziten Zuteilung entscheidet die kooperative An-wendung ohne Mitwirkung der Benutzer über die Weitergabe des Floors. Aus der Menge der gespeicherten Anfragen wird über eine Zuteilungsfunktion der jeweils nächste Kandidat ermittelt und diesem der Floor zugeordnet. Bei-spielsweise kann eine solche Funktion den Floor gemäß FIFO-Reihenfolge der Anforderungen zuteilen. Im allgemeinen Fall werden jedoch zusätzlich zu der Reihenfolge der Flooranforderungen auch Rollen und Prioritäten der anfordernden Benutzer berücksichtigt. Zum Beispiel kann die Anfrage eines Konferenzleiters grundsätzlich vorrangig behandelt werden. Die Zuteilungs-funktion kann in der Regel während des Ablaufs einer Sitzung durch die Benutzer geändert werden.

4. Freigabe

Bei der *expliziten* Freigabe behält ein Benutzer den Floor, bis er ihn selbst durch eine entsprechende Eingabe zur Zuteilung an andere Benutzer freigibt. Im *impliziten* Fall verliert er den Floor ohne eigene Einflußnahme. Dies kann dadurch geschehen, daß er für eine bestimmte Zeit nicht auf gemeinsamen Objekten gearbeitet hat, oder dadurch, daß ein Benutzer mit höherer Priori-tät, z.B. der Konferenzleiter, eine Anforderung an die Floorverwaltung stellt.

Die in den Phasen Anforderung, Verarbeitung, Zuteilung und Freigabe aufgezeigten Alternativen können zum größten Teil orthogonal kombiniert werden. Beispielsweise realisieren Abdel-Wahab et al. [5] ein Floorpassing-Verfahren, welches die explizite Anforderung des Floors zuläßt, alle Anforderungen speichert und diese in FIFO-Reihenfolge befriedigt. Die Freigabe kann in diesem Ansatz sowohl explizit erfolgen als auch implizit nach Auslaufen einer bestimmten Benutzungszeit durch den Floorinhaber.

Der Vorteil des Floorpassing-Verfahrens liegt in seiner einfachen Realisierbarkeit unabhängig von Typ und Ausprägung des globalen Zustands einer kooperativen Anwendung. Demgegenüber steht der Nachteil, daß eine Effizienzsteigerung der kooperativen Zusammenarbeit, wie sie durch parallele Arbeitsweise ermöglicht wird, mit diesem Verfahren grundsätzlich nicht realisierbar ist.

Beachtenswert ist die Tatsache, daß auch der Einsatz einer Floorpassing-Komponente das Zustandekommen paralleler globaler Operationen nicht in jedem Falle vermeiden kann. Dies ist insbesondere der Fall, wenn der Benutzer in der Lage ist, Aktionen *asynchron* auszuführen, d.h. Aktionen anzustoßen, ohne auf ihre Beendigung zu warten. Ohne zusätzliche Mechanismen kann es in einem solchen Fall geschehen, daß die *letzten* Aktionen eines Floorholders zu globalen Operationen führen, die sich überschneiden mit den *ersten* Operationen eines neuen Floorholders. Eine Beschränkung auf synchrone Aktionen löst dieses Problem, schränkt die Effizienz der gemeinsamen Arbeit jedoch weiter ein.

3.3 Synchronisation durch Datenbanken

3.3.1 Ansatz

Die parallele Ausführung von in Konflikt stehenden Operationen durch mehrere Benutzer ist ein aus dem Datenbankbereich bekannter Vorgang. Es liegt deshalb nahe, Mechanismen aus diesem Bereich für kooperative Systeme einzusetzen. Diesem Vorgehen liegt der in Abbildung 17 auf Seite 42 dargestellte Architekturansatz zugrunde.

Der globale Zustand wird in Form eines oder mehrerer *globaler Objekte* einer verteilten Datenbank modelliert, auf die über eine anwendungsunabhängige Schnittstelle zugegriffen werden kann. Verteilungstransparenz und Kopientransparenz [107] für die auf diese Weise verwalteten globalen Zustände liegen im Verantwortungsbereich des Datenverwaltungssystems, sind also für die Anwendung Teil der zur Verfügung stehenden Funktionalität. Die Synchronisationsanforderungen kooperativer Anwendungen werden dadurch auf Anforderungen an die Nebenläufigkeitskontrolle (*Concurrency Control*) eines Datenbanksystems abgebildet.

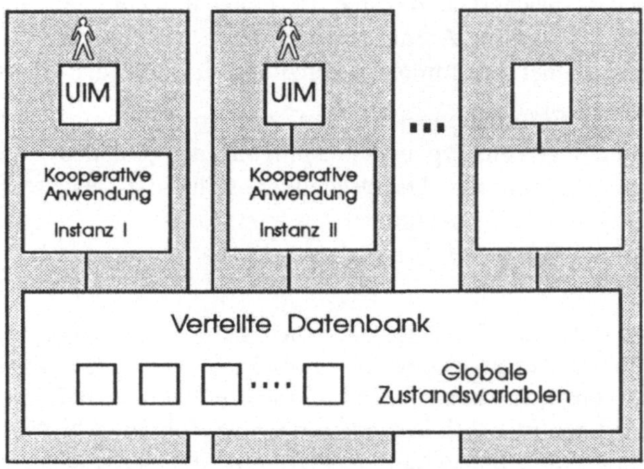

Abbildung 17. Synchronisation durch Datenbanken

Grundsätzlich hat ein solcher Ansatz den Vorteil der Funktionstrennung zwischen Anwendung und unterstützender Plattform. Synchronisationsverfahren und kooperative Anwendung können unabhängig voneinander entworfen werden, solange erstere nur hinreichend allgemeine Funktionen zur Unterstützung bereitstellen. Desweiteren erscheint ein solcher Ansatz attraktiv, weil er den Rückgriff auf eine Vielzahl bereits existierender Lösungen aus dem Bereich verteilter Datenbanken ermöglicht. Im folgenden soll daher untersucht werden, inwieweit sich Datenbanklösungen für die Unterstützung kooperativer Anwendungen eignen.

3.3.2 Notwendigkeit aktiver Komponenten

Traditionelle Datenbanksysteme sind nicht in der Lage, die Modifikation globaler Objekte an passive Anwendungskomponenten zu melden. Dies erschwert einer kooperativen Anwendung die *aktive* Benachrichtigung der Benutzer (gemäß Kapitel 2.2.1) im Falle globaler Operationen. Soll beispielsweise eine gemeinsame WYSIWIS-Zeichenoberfläche realisiert werden, so kann eine Anwendungskomponente nur durch periodisches Lesen der Datenbank in kurzen Zeitabständen (*Polling*) dem zugeordneten Benutzer jederzeit einen aktuellen Zustand der auf seiner Benutzeroberfläche dargestellten

Objekte garantieren. Neben der induzierten Verzögerung der Darstellung (die im Mittel der Hälfte des Polling-Intervalls entsprechen würde) wäre eine solche Vorgehensweise außerdem ineffizient bezüglich der Ausnutzung von Betriebsmitteln (Prozessorzeit).

Die Benachrichtigung von passiven Anwendungskomponenten über Veränderungen im Datenbestand - wie sie zur kontinuierlichen Aktualisierung der Benutzeroberfläche notwendig ist - kann ebenfalls durch *aktive Datenbanken* gelöst werden [83]. Dabei spezifiziert die Anwendungskomponente einen *Filter* in Form eines Prädikats, das darüber bestimmt, welche Ereignisse innerhalb der Datenbank an die Anwendung gemeldet werden. Im Falle kooperativer Anwendungen könnte ein Filter beispielsweise alle diejenigen Operationen auf globalen Objekten melden, die sich innerhalb der Darstellungssicht des jeweiligen Benutzers befinden. Der Nachteil einer Lösung mit Hilfe aktiver Datenbanken besteht in dem nicht unerheblichen Aufwand zur Prädikatauswertung für jede Datenbankoperation.

Eine ähnliche Funktion wie die oben beschriebenen Filterprädikate haben die von Greif [76] vorgeschlagenen *Notify-Locks*. Eine Anwendungskomponente sperrt globale Objekte, die in ihre Darstellungssicht eingehen, mit einem Notify-Lock und wird durch das Datenverwaltungssystem über jeden Schreibzugriff auf dieses Objekt informiert.

3.3.3 Transaktionsmechanismen

Konsistenzmechanismen in Datenbanken sind traditionell eingebettet in *Transaktionskonzepte* [73]. Diese bieten in der Regel ein mächtiges Instrumentarium, welches das Konsistenzkonzept koppelt mit Konzepten zur Isolierung von Benutzern und zur Gewährleistung der Atomarität mehrerer aufeinanderfolgender Operationen im Fehlerfall. In diesem Kapitel soll hergeleitet werden, warum diese Kopplung für kooperative Systeme nicht sinnvoll erscheint.

Während die effiziente Verwaltung eines konsistenten globalen Zustands *zur Laufzeit* für kooperative Anwendungen einen sehr wichtigen Funktionsbestandteil darstellt, haben Mechanismen, die Ausfälle von Systemkomponenten behandeln, für sehr viele Anwendungstypen untergeordnete Bedeutung [76][127]. Gleichzeitig sind Mechanismen wie die Herstellung von Atomarität bei beliebigem Ausfallverhalten durch ein hohes Maß an Komplexität und Ausführungsdauer gekennzeichnet [58] [82]. Zur Terminierung von Transaktionen werden beispielsweise Zwei- und Dreiphasenprotokolle [39] eingesetzt, die einen nicht zu vernachlässigenden Einfluß auf die Ausführungszeit vor allem kurzer Transaktionen aufweisen.

Da Operationen in kooperativen Anwendungen durch harte Anforderungen bezüglich des Antwortzeitverhaltens gekennzeichnet sind (Kapitel 2.4.4), erscheint es aus obigen Gründen nicht sinnvoll, allgemeine Atomaritätskonzepte in eine Verwaltung globaler Kooperationsobjekte einzubeziehen.

Eine weitere Eigenschaft traditioneller Transaktionen ist die Isolierung der durch einen Benutzer initiierten Operationen von nebenläufigen Operationen anderer Benutzer. Sperrprotokolle verhindern beispielsweise, daß ein Benutzer Daten liest oder verändert, die ein anderer Benutzer noch im Zugriff hat. Diese in traditionellen Datenbankanwendungen nützliche Eigenschaft führt bei einer kooperativen Anwendung dazu, daß der Informationsfluß zwischen den Benutzern behindert wird.

Beispielsweise wäre die Realisierung einer WYSIWIS-Zeichenoberfläche bei strenger Isolierung der Benutzer überhaupt nicht möglich: Ist die dargestellte Zeichenoberfläche für alle Benutzer durch eine Lesesperre auf der gesamten Datenbasis abgesichert, so scheitert jede modifizierende Operation (Schreib-Lese-Konflikt).

Neske [127] diskutiert ein modifiziertes Transaktionskonzept, in dem die Isolation zwischen Transaktionen unterschiedlicher Benutzer nur noch in abgeschwächter Form existiert. Angelehnt an das Konzept der geschachtelten Transaktionen [123] wird eine Kooperation nach außen nur noch als eine einzelne Transaktion gesehen. Alle Operationen kooperierender Benutzer werden Subtransaktionen zugeordnet, die untereinander einen benutzerdefinierbaren Grad an Isolation aufweisen. Beispielsweise können Daten, die ein Benutzer schreibend verändert, von anderen Benutzern sofort gelesen werden. Konsistenzverletzungen, die durch die fehlende Zugriffssynchronisation auftreten, werden durch Benutzereingriff gelöst. Zu diesem Zweck können die Benutzer anwendungsabhängige Konsistenzbedingungen definieren, deren Verletzung am Ende einer Kooperation angezeigt wird. Die Auflösung solcher Konflikte (z.B. durch kompensierende Aktionen) liegt in der Verantwortung der Benutzer.

Die bereits erwähnten *Notify-Locks* [76] haben ähnliche Bedeutung: Sie repräsentieren Lesesperren, die gebrochen werden können, indem weitere Benutzer schreibend auf das gesperrte Objekt zugreifen. Das System garantiert, daß der Inhaber der Lesesperre über Schreibzugriffe informiert wird. Die mit der Sperre assoziierte Benachrichtigungsfunktion erlaubt dem Sperrinhaber, seine Aktionen dem neuesten Stand der veränderten Kooperationsobjekte anzupassen.

Tickle-Locks [79] verhindern längere Wartezeiten auf die Freigabe gesperrter Objekte, indem alle Sperren einem Timeout unterliegen. Wird die Sperre innerhalb einer bestimmten Zeitdauer nicht benutzt, beispielsweise weil der anfordernde Benutzer den Arbeitsplatz verlassen hat, so wird sie durch das System automatisch freigegeben.

Isolationskonzepte spiegeln nach Ellis [58] einen grundsätzlichen Unterschied im Ansatz zwischen Datenbanksystemen und kooperativen Systemen wider: Das Ziel von Datenbanksystemen, einen Benutzer durch Isolationsmechanismen vor Zwischenzuständen eines anderen Benutzers abzuschirmen, läuft dem Ziel von kooperativen Systemen entgegen, wonach die Aktionen jedes Benutzers möglichst unmittelbar allen anderen Benutzern sichtbar gemacht werden sollen. Die Isolationskomponente traditioneller Transaktionen sind daher nur mit erheblichen Modifikationen zur Realisierung kooperativer Systeme geeignet.

3.3.4 Replikationskontrollverfahren

Die Verwaltung replizierter Datenbestände ist eine Aufgabe, die als Forschungsbestandteil im Bereich verteilte Datenhaltung angesiedelt ist und mehrere Typen von Lösungen hervorgebracht hat. In diesem Kapitel sollen Konzepte zur Replikationskontrolle (*Replica Control* [67]), insbesondere Verfahren zur Gewährleistung von Replikationskonsistenz bei paralleler Operationsausführung, auf ihre Eignung für kooperative Systeme untersucht werden.

Ausgangspunkt ist die Annahme, daß globale Objekte als Replikat innerhalb einer verteilten Datenbank am Ort jedes Benutzers existieren. Ziel ist es, globale Operationen auf allen Replikaten unter Wahrung von Konsistenzbedingungen - insbesondere der *Mutual Consistency* (Kapitel 2.3.4.1) - auszuführen. Der Schwerpunkt der Untersuchung soll dabei auf der Effizienz der Nebenläufigkeitskontrolle liegen. Andere Aspekte von Replikationskontrollverfahren, wie die Behandlung von Knotenausfällen und Partitionen im unterliegenden Netzwerk, haben für kooperative Systeme dagegen untergeordnete Bedeutung [76].

Read-One-Write-All-Protokolle

Die einfachste Realisierung von Replikationskonsistenz geschieht über *Sperrprotokolle.* In dem von Bernstein [13] vorgestellten Replikationsprotokoll liest eine Anwendungskomponente jeweils von der nächstliegenden Kopie eines replizierten Datums; Schreiboperationen werden auf *allen* Kopien realisiert. Zur Nebenläufigkeitskontrolle wird das betroffene Datenobjekt bei Leseoperationen auf dem lokalen Knoten und bei der Ausführung von Schreiboperationen auf allen Knoten gesperrt. Dies gewährleistet dieselbe

Ausführungsreihenfolge auf allen Knoten und somit (Kapitel 2.3.4.1) die *Mutual Consistency* aller Kopien.

Da die Anforderung von mehreren Sperren für nebenläufige Schreiboperationen bei den unterschiedlichen Knoten in verschiedener Reihenfolge erfolgen kann, besteht die Gefahr von Verklemmungen. Der beschriebene Ansatz sieht vor, diese durch Abbruch von Schreiboperationen aufzulösen. Da ein solches Vorgehen nicht vermeiden kann, daß bei Wiederholung der Schreiboperationen erneut Verklemmungen auftreten (*Livelock*), ist dieses Verfahren nur für Anwendungen sinnvoll, die eine sehr geringe Konfliktwahrscheinlichkeit aufweisen. Die Verklemmungsentdeckung repräsentiert zudem einen substantiellen Aufwand auch für den verklemmungsfreien Betrieb.

Primärkopie-Verfahren

Im Protokoll von Alsberg/Day [3] werden Verklemmungen vermieden, indem Schreiboperationen an eine ausgezeichnete Primärkopie (*Primary Copy*) verschickt werden. Diese versendet die Operation erst an alle anderen (Sekundär-)Kopien, nachdem sie lokal angewandt wurde. Gleichzeitig verzögert sie alle weiteren Schreiboperationen, bis die Sekundärkopien die Ausführung durch eine Quittung bestätigt haben. Schreiboperationen werden durch diese streng sequentielle Abarbeitung auf allen Knoten in derselben Weise serialisiert.

Garcia-Molina [67] schlägt Optimierungen des Primärkopieverfahrens vor, die auf eine Vergrößerung des Grades von Nebenläufigkeit und gleichzeitig auf eine Reduzierung der Last des Primärknotens abzielen. So wird in seinem modifizierten Protokoll auf Quittungen der Sekundärkopien verzichtet und stattdessen über Sequenznummern die identische Reihenfolge der Operationsausführung erreicht. Gleichzeitig schlägt er vor, nicht die Schreiboperation selbst, sondern lediglich die Anforderung einer Schreibsperre an die Primärkopie zu versenden. Diese bekommt dadurch die Funktion einer zentralen Sperrverwaltung und wird von der Funktion entlastet, Schreiboperationen an die Sekundärkopien weiterzuversenden.

Voting-Verfahren

Thomas stellt in [173] ein Replikationskontrollverfahren vor, das auf einem Abstimmungsverfahren zur Nebenläufigkeitskontrolle basiert (*Majority Voting*). Eine Schreibtransaktion kann nur erfolgreich abgeschlossen werden, wenn sie von einer einfachen Mehrheit aller beteiligten Knoten die Zustimmung erhalten hat. Ein Knoten stimmt zu, wenn die Transaktion sich auf aktuelle Daten bezieht und nicht in Konflikt steht mit anderen zur Ausführung anstehenden Transaktionen. Kritisch für das Antwortzeitverhalten des

Verfahrens ist die Art und Weise, wie für eine Transaktion Stimmen gesammelt werden. Thomas sieht zwei Varianten vor:

- Im *Daisy-Chaining*-Verfahren geschieht die Abstimmung entlang einer Kette, die alle beteiligten Knoten umfaßt. Jeder einzelne Knoten stimmt ab und übergibt das Ergebnis zusammen mit allen vorangegangenen Stimmen an den jeweils nächsten Knoten. Entdeckt ein Knoten, daß eine Mehrheit zustandegekommen ist, so informiert er alle anderen Knoten. Erst zu diesem Zeitpunkt wird die Transaktion ausgeführt.

- Im *Broadcasting*-Verfahren wird eine Transaktion gleichzeitig allen Knoten zur Abstimmung vorgelegt. Der Initiator sammelt die Stimmen, wertet sie aus und verschickt im Falle einer Mehrheit die Ausführungsanweisung.

Das Daisy-Chaining-Verfahren ist charakterisiert durch eine hohe Verzögerungszeit für die Ausführung von Transaktionen, da für eine Entscheidung mehr als die Hälfte aller Knoten nacheinander beteiligt werden muß. Das Broadcasting-Verfahren ist diesbezüglich effizienter und weist durch die zweiphasige Realisierung dasselbe Verzögerungsverhalten auf wie das Primary-Copy-Verfahren.

3.3.5 Bewertung

Wie in den vorhergehenden Kapiteln diskutiert, sind traditionelle Mechanismen aus dem Datenbankbereich nicht direkt einsetzbar für die Realisierung kooperativer Systeme. Es fehlen in der Regel aktive Komponenten, um jede Veränderung der Datenbasis allen Benutzern unmittelbar anzeigen zu können (Kapitel 2.2.1). Weiterhin beinhalten traditionelle Transaktionsmechanismen Konzepte, die für kooperative Anwendungen nicht zwingend benötigt werden (Atomarität, Isolation), gleichzeitig aber ihre Realisierung ineffizient werden lassen und teilweise sogar der Zielsetzung kooperativer Anwendungen widersprechen.

Synchrone kooperative Anwendungen sind häufig gekennzeichnet durch *einfache* Operationen (z.B. eine Cursorbewegung) ohne erkennbare Einbindung in transaktionsähnliche Strukturen [58]. Allenfalls kann jede Operation für sich als Transaktion auf einer Menge von Replikaten angesehen werden. Existierende Replikationskontrollverfahren sind dagegen für ihre Verwendung in Transaktionen vorgesehen, die mehrere, unter Umständen komplexe Benutzeroperationen auf persistenten Daten umfassen. Ihr Einsatz für die typischen Operationen kooperativer Anwendungen ist daher unter Effizienzgesichtspunkten nicht optimal. Beispielsweise sind Sperrverfahren zur Replikationskontrolle häufig für den Fall optimiert, daß eine erworbene

Sperre mehrmals für Schreib- und Leseoperationen innerhalb einer Transaktion verwendet wird. Der Erwerb einer Sperre ist deshalb eine eigenständige Operation, die zunächst komplett ausgeführt wird, bevor die initiierende Anwendungskomponente beginnt, Lese- oder Schreiboperationen auszuführen [13] [3]. Bei der Verwendung in kooperativen Systemen würde dies implizieren, daß jeder globalen Operation eine Sperroperation vorausgehen müßte. Dies widerspricht der Leistungsanforderung nach kurzen Antwortzeiten.

Ausgangspunkt der Überlegungen, Datenbankmechanismen in kooperativen Systemen zu verwenden, war die Modellierbarkeit globaler Kooperationszustände als globale Objekte einer verteilten Datenbank. Die Einsetzbarkeit von Datenbankmechanismen scheitert häufig schon daran, daß eine solche Abbildbarkeit nicht gegeben ist. Umschließt eine kooperative Anwendung beispielsweise existierende Einbenutzeranwendungen (Kapitel 2.2.5), so besteht keine Zugriffsmöglichkeit auf den globalen Zustand einer solchen Komponente, da die interne Datenstruktur der Einbenutzeranwendung unbekannt ist. Folglich besteht auch keine Möglichkeit, den Zustand in Form eines Datenbankobjektes zu speichern und zu modifizieren. Die Konsistenz des globalen Zustands einer solchen Anwendung kann nur durch eine gleiche Reihenfolge der globalen Operationen auf allen replizierten Instanzen gewährleistet werden.

4 Synchronisation auf Kommunikationsebene

Die Ursache für Konsistenzverletzungen, insbesondere Verletzungen der *Mutual Consistency* (Kapitel 2.3.4.2) in replizierten kooperativen Anwendungen liegt in der verteilten Natur kooperativer Systeme. Jede Operation auf globalen Zuständen muß auf einer bestimmten Ebene der Systemarchitektur auf den Transport von Nachrichten über ein *Kommunikationssubsystem* abgebildet werden. Nachrichten erfahren auf ihrem Weg vom Sender zum Empfänger i.a. nicht voraussagbare Verzögerungszeiten, bedingt durch eine variierende Auslastung des Netzes, unterschiedlich lange Pufferungszeiten an Zwischen- und Endknoten sowie einer nicht vorhersehbaren Anzahl von Übertragungswiederholungen aufgrund von Übertragungsfehlern.

Parallele globale Operationen, die unabhängig voneinander an unterschiedlichen Orten ausgelöst werden, führen in einer verteilten Umgebung zu Nebenläufigkeit in der Nachrichtenübertragung. Unterschiedliche Netzverzögerungen können zu einer unterschiedlichen relativen Reihenfolge der Nachrichtenauslieferung und damit zu einer für jeden Empfänger unterschiedlichen Reihenfolge der Operationsanwendung führen. Synchronisation ist notwendig, um zu erreichen, daß Operationen, die im Konflikt stehen, auf allen Replikaten eines globalen Zustands in derselben Reihenfolge angewandt werden.

Ansätze zur Synchronisation innerhalb der Anwendung (Kapitel 3.1) oder mittels verteilten Datenbanksystemen (Kapitel 3.3) versuchen, variierende Nachrichtenverzögerungen durch spezielle Verfahren, z.B. Sperrprotokolle, zu tolerieren. Der Kern einer *Kommunikationslösung* zur Synchronisation in kooperativen Systemen liegt darin, ungleiche Netzverzögerungen, die zu einer inkonsistenten Operationsreihenfolge führen, dadurch auszugleichen, daß die Auslieferung von Nachrichten in koordinierter Weise verzögert wird. Die Kommunikationsschnittstelle erhält mit diesem Ansatz eine mächtigere Dienstsemantik, wodurch der Synchronisationsaufwand der sie benutzenden

Anwendung reduziert wird. Der Benutzer eines Kommunikationssystems erhält eine Abstraktion des Netzwerks, die eine der nachteiligen Eigenschaften von Netzwerken verbirgt. Diese Abstraktion ist zwar (aufgrund prinzipieller Gegebenheiten) nicht in der Lage, die durch ein Netzwerk gegebene Verzögerung zu eliminieren, sie kann jedoch die Konsequenzen dieser Verzögerung - insbesondere bezüglich der Reihenfolge der Auslieferung von Nachrichten - einschränken. Abbildung 18 beschreibt den grundsätzlichen Ansatz.

In den folgenden Unterkapiteln sollen eine Begriffsterminologie eingeführt und alternative Synchronisationssemantiken für Kommunikationsdienste diskutiert werden.

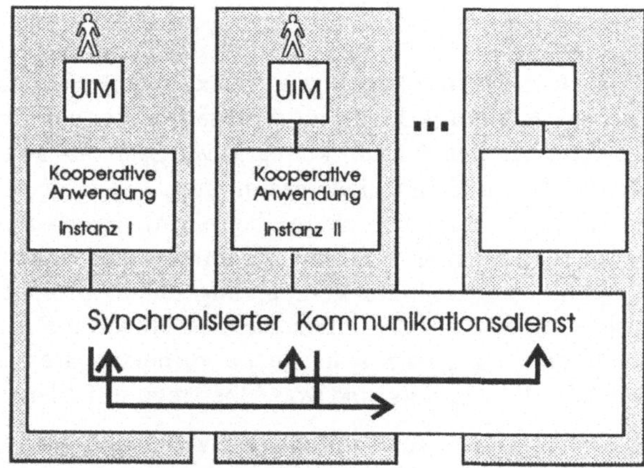

Abbildung 18.   Synchronisation durch Kommunikationssubsystem

4.1 Grundbegriffe

Angelehnt an die von ISO eingeführte Terminologie [89] kommunizieren die Komponenten einer verteilten Anwendung, indem *Anwendungsprozesse* an der Schnittstelle zu einem *Kommunikationssystem Dienstprimitive* austauschen. Im Falle der *Multicast*-Kommunikation übergibt eine als *Sender* bezeichnete Anwendungsinstanz eine Nachricht, die das Kommunikationssystem einer definierten Menge von Anwendungsinstanzen, den *Empfängern*, ausliefert.

Die Realisierung der Multicast-Kommunikation, z.B. die Gewährleistung von Zuverlässigkeitsanforderungen, geschieht durch ein Protokoll zwischen *Kommunikationsinstanzen*. Für jede Anwendungsinstanz existiert genau eine Kommunikationsinstanz als Teilkomponente des Kommunikationssystems (Abbildung 19).

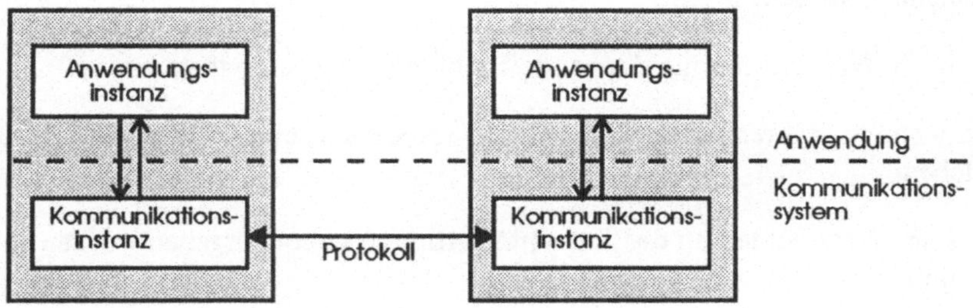

Abbildung 19.   Allgemeines Kommunikationsmodell

Für die in diesem Kapitel durchzuführende Diskussion wird davon ausgegangen, daß zwischen Anwendungsinstanz und Kommunikationsinstanz genau ein *Dienstzugangspunkt* existiert, über den Dienstprimitive sequentiell
ausgetauscht werden. Nachrichten werden beim Senden mittels eines Dienst-
primitivs *Auftrag (Request)* übergeben und über das Dienstprimitiv *Meldung
(Indication)* an die jeweiligen Empfänger ausgeliefert.

Zur Modellierung von Mehrparteien-Kommunikation sind eine Reihe von
Begriffen notwendig. Die *Empfängergruppe* einer Nachricht ist die Menge aller
Anwendungsinstanzen, für die das Kommunikationssystem Auslieferungs-
meldungen erzeugt. Sie kann unmittelbar durch eine dem Sendeauftrag bei-
gefügte Empfängerliste spezifiziert sein (*direkte Adressierung*) oder über den
Umweg eines logischen Gruppennamens, den die Kommunikationsinstanzen
auflösen (*indirekte Adressierung* [186]).

Multicast-Kommunikation wird als *nebenläufig* bezeichnet, wenn sich potentiell *mehrere* in Beziehung stehende Nachrichten *gleichzeitig* unter der Kontrolle des Kommunikationssystems befinden (Abbildung 20 auf Seite 51).

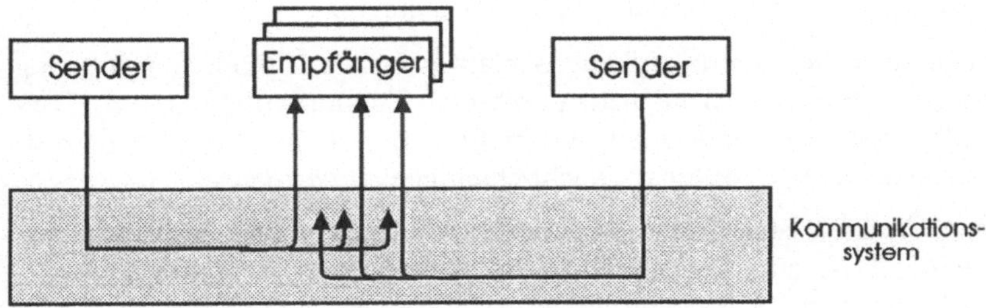

Abbildung 20.   Nebenläufige Multicast-Kommunikation

Genauer soll die Übertragung zweier Multicast-Nachrichten als nebenläufig bezeichnet werden, wenn

I.   beide Nachrichten überlappende Empfängermengen haben

und wenn es während ihrer Übertragung mindestens einen Zeitpunkt gibt, zu welchem

II. *beide* Nachrichten an das Kommunikationssystem übergeben worden sind und

III. noch *keine* der beiden Nachrichten an alle gemeinsamen Empfänger ausgeliefert wurde.

Zur Vereinfachung des Sprachgebrauchs soll in Zukunft auch dann von *nebenläufigen Multicast-Nachrichten* gesprochen werden, wenn exakter die *Nebenläufigkeit der Übertragung* von Multicast-Nachrichten gemeint ist. Ferner soll unter einer Multicast-Nachricht N in der Regel nicht nur der Inhalt dieser Nachricht, sondern ebenfalls ihre Rolle im Kommunikationsablauf (z.B. sendende Instanz, Position in der Sendeabfolge, Zeitpunkte des Empfangens, etc.) verstanden werden.

4.2 Multicast-Ordnung

Bei Zweiparteienkommunikation kann für zwei Nachrichten, die über denselben Dienstzugangspunkt an einen gemeinsamen Empfänger ausgeliefert werden, stets eine eindeutige Reihenfolge angegeben werden. Diese Eigenschaft trifft für nebenläufige Multicast-Nachrichten nicht mehr uneingeschränkt zu. Durch variierende Verzögerungen des Kommunikationssystems (z.B. innerhalb einer LAN/WAN-Umgebung) können zwei Multicast-Nachrichten bei unterschiedlichen Empfängern in unterschiedlicher Reihenfolge ausgeliefert werden (Abbildung 21 auf Seite 53).

Für einen konkreten Kommunikationsablauf kann die Auslieferungsordnung daher im Allgemeinfall nicht mehr durch eine Totalordnung (wie im Zweiparteienfall) beschrieben werden. Vielmehr definiert die Auslieferungsordnung für nebenläufige Multicast-Nachrichten eine *Halbordnung*:

> Eine Multicast-Nachricht N_1 werde *vor(nach)* einer Multicast-Nachricht N_2 ausgeliefert, wenn alle gemeinsamen Empfänger die Nachrichten in der Reihenfolge $N_1 \rightarrow N_2$ ($N_2 \rightarrow N_1$) erhalten.

Die Auslieferung zweier Nachrichten N_1, N_2 heißt *ungeordnet*, wenn weder N_1 *vor* N_2 noch N_1 *nach* N_2 gilt; das ist der Fall, wenn mindestens zwei Empfänger die Nachrichten in unterschiedlicher Reihenfolge erhalten. Die Beziehung *"geordnet"* ist damit eine nicht-reflexive, symmetrische und nicht-transitive Relation.

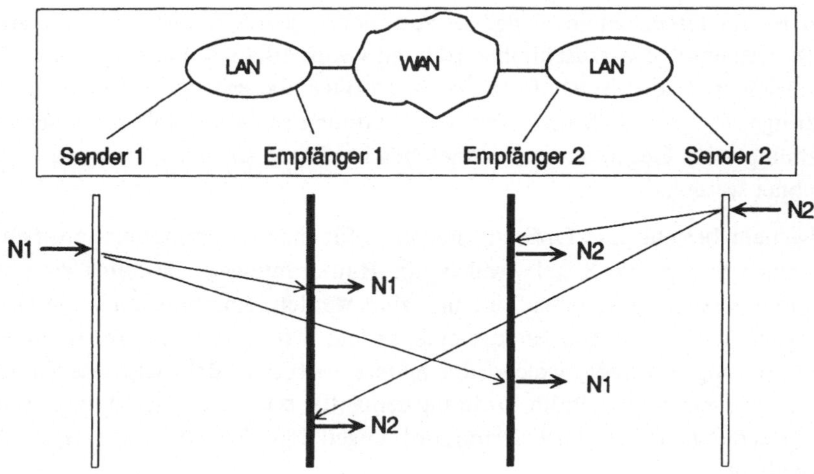

Abbildung 21. Ungeordnete Auslieferung nebenläufiger Multicast-Nachrichten

Die durch eine konkrete Auslieferungsabfolge induzierte Halbordnung kann durch einen gerichteten unvollständig vermaschten Graphen dargestellt werden. Knoten im Graphen entsprechen Nachrichten. Zwei Knoten sind durch eine gemeinsame Kante verbunden, sofern die zugehörigen Nachrichten geordnet ausgeliefert werden. Die Richtung der Kante entspricht der Auslieferungsreihenfolge. Beispiele dieser graphischen Darstellung werden in den nachfolgenden Kapiteln vorgestellt.

4.3 Ordnungssemantiken

Die ungeordnete Auslieferung von Nachrichten kann durch eine Dienstsemantik, die lediglich für isolierte Multicast-Nachrichten definiert ist (z.B. [34]), nicht vermieden werden. *Ordnungssemantiken* sind Dienstsemantiken, die *Mengen* von Multicast-Nachrichten umfassen und die Auslieferungsreihenfolgen dieser Nachrichten einschränken.

Die einfachste und zugleich strengste Art einer Ordnungssemantik legt fest, daß eine bestimmte Nachricht N_1 überall vor einer anderen Nachricht N_2 ausgeliefert werden muß. Dies impliziert, daß bei jedem möglichen Ablauf der Kommunikation, insbesondere wenn N_1 und N_2 nebenläufig übertragen werden, alle gemeinsamen Empfänger die Nachrichten in der Reihenfolge $N_1 \rightarrow N_2$ erhalten.

Eine schwächere Ordnungssemantik besteht darin, für zwei Nachrichten N_1 und N_2 nur festzuschreiben, *daß* sie zueinander geordnet sind, ohne die spezielle Reihenfolge vorzuschreiben (d.h. entweder erhalten alle Empfänger die Nachrichten in der Reihenfolge $N_1 \rightarrow N_2$ oder alle erhalten sie in der Reihenfolge $N_2 \rightarrow N_1$.) Dieser Typ von Ordnungssemantik soll als *indefinite* Ordnung - im Gegensatz zur vorher beschriebenen *definiten* Ordnung - bezeichnet werden.

Allgemein besteht eine Ordnungssemantik für einen Kommunikationsdienst aus einer Menge von Regeln, welche die Halbordnungen, die durch eine bestimmte Auslieferungsreihenfolge induziert werden, einschränken. Eine Ordnungssemantik sei *schwächer* als eine andere Ordnungssemantik, wenn sie Halbordnungen zuläßt, welche die andere verbietet. Beispielsweise ist die oben angegebene indefinite Ordnungssemantik schwächer als ihre definite Entsprechung, da sie Auslieferungsordnungen mit der Beziehung N_2 *vor* N_1 einschließt.

Auch Ordnungssemantiken können wie *konkrete* Auslieferungsordnungen häufig graphisch dargestellt werden. Für definite Ordnungssemantiken erhält man einen gerichteten, für indefinite Ordnungssemantiken einen ungerichteten Graphen. Der Graph einer Ordnungssemantik beschreibt diejenigen Kanten, welche die Darstellung einer beliebigen Auslieferungsfolge, die dieser Ordnungssemantik entspricht, in ihrem Graphen *in jedem Fall* enthalten muß. Im ungerichteten Graphen der indefiniten Ordnung bedeutet eine Kante zwischen zwei Knoten, daß die beiden Nachrichten bei allen Empfängern in derselben Reihenfolge ausgeliefert werden, entweder überall N_1 *vor* N_2 oder überall N_2 *vor* N_1. Man beachte daß die konkrete Auslieferungsordnung zusätzliche Kanten umfassen kann, weil manche Nachrichten *zufällig* (ohne durch die Ordnungssemantik erzwungen zu sein) geordnet werden.

Die Darstellung von Ordnungssemantiken wird im nachfolgenden Kapitel anhand der Diskussion konkreter Ordnungssemantiken demonstriert.

4.4 Spezielle Ordnungssemantiken

4.4.1 Quellordnung

Die *Quellordnungssemantik* ist abgeleitet von der verbindungsorientierten Zweiparteienkommunikation und wird definiert durch die Regel:

> Multicast-Nachrichten desselben Senders
> werden in der Reihenfolge der Aufträge an
> die Empfänger gemeldet.

Die Quellordnung ist eine definite Ordnungssemantik, da sie eine spezifische Reihenfolge geordneter Nachrichten vorschreibt. Man beachte, daß die Dienstsemantik keine Nachrichten unterschiedlicher Sender umfaßt, jedoch trotzdem nebenläufige Multicast-Nachrichten kontrolliert. Dies ist der Fall, wenn einzelne Sender asynchron, d.h. ohne Bestätigung der Auslieferung, mehrere Multicast-Nachrichten in kurzen Zeitintervallen hintereinander versenden.

Die graphische Darstellung der Quellordnungssemantik zeigt Abbildung 22. Die Nachrichten N_1, N_2 und N_3 stammen von Sender S_1, die Nachrichten N_4 und N_5 von Sender S_2 und N_6 von S_3.

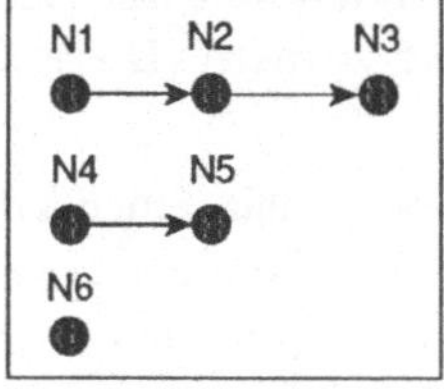

Abbildung 22.　Quellordnungssemantik

Wie man sieht, bilden die Nachrichten unabhängiger Sender unverbundene Subgraphen. Die Subgraphen sind totalgeordnet, d.h. ihre graphische Repräsentation ist die einer *Kette* (transitive Beziehungen sind nicht dargestellt).

Exemplarisch soll am soeben beschriebenen Beispiel verdeutlicht werden, wie die konkrete Auslieferung mit der Ordnungssemantik zusammenhängt. Abbildung 23 auf Seite 56 zeigt die graphische Darstellung zweier möglicher Auslieferungsabfolgen. Man sieht, daß die Kantenmengen der induzierten Auslieferungsordnung in jedem Fall eine Übermenge der Kanten der Ordnungssemantik (Abbildung 22) darstellen.

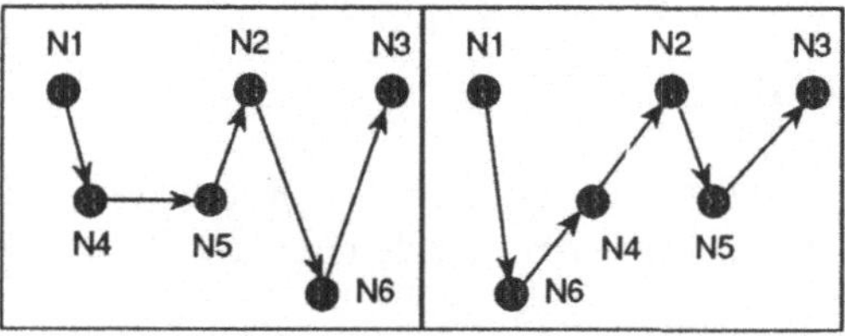

Abbildung 23.   Konkrete Auslieferungsordnungen bei Quellordnungssemantik

Die Quellordnung stellt eine in der Praxis sehr wichtige Ordnungssemantik dar, weil sie die Abfolge der Aktionen beim Sender mit den entsprechenden Aktionen bei den Empfängern paart. Die Quellordnung für Multicast-Nachrichten ist mit Hilfe von Sequenznummern relativ einfach - analog zum Zweiparteienfall - realisierbar. Sie ist in der Regel automatisch realisiert bei einer verbindungsorientierten Kommunikation, die Zuverlässigkeitseigenschaften durch Sequenznummern und Sendewiederholung garantiert [47].

Es stellt sich die Frage, ob die Quellordnung für den Mehrparteienfall mit der Einschränkung auf gleiche Sender versehen werden muß. Prinzipiell wäre auch eine *globale Quellordnung* vorstellbar, wobei die zeitliche Reihenfolge der Multicasts unterschiedlicher Sender durch eine gemeinsame Uhr definiert wird. (Bei Gleichheit kann irgendein vorgegebenes Prioritätsmerkmal, z.B. die Sendernummer, verwendet werden). Diese Definition birgt jedoch zwei grundlegende Probleme.

Zum einen ist das Fehlen einer gemeinsamen Uhr ein Charakteristikum verteilter Systeme. Jeder Knoten verfügt über eine eigene Uhr, und Uhren unterschiedlicher Knoten sind prinzipiell nicht genau synchronisierbar [105]. Deshalb ist es in einer solchen Umgebung im allgemeinen nicht möglich, für zwei Sendeereignisse von unterschiedlichen Knoten die zeitliche Reihenfolge zu ermitteln. Lediglich für Mehrparteien-Kommunikation, die sich ausschließlich auf einen Rechner (mit gemeinsamer Uhr) bezieht, wäre eine globale Quellordnungssemantik anwendbar.

Neben der prinzipiellen Anwendbarkeit sprechen auch semantische Überlegungen gegen eine solche Definition. Die Unterscheidung, ob ein Sender seine Nachricht *vor* oder *nach* der Nachricht eines anderen Senders verschickt, kann für eine Anwendung nur dann von Bedeutung sein, wenn die beiden Ereignisse voneinander abhängig sind. Diese Abhängigkeit kann aber nur durch den Fluß von Information zwischen den beiden Sendern zustande gekommen sein. Es ist damit nicht die Tatsache, daß die beiden Ereignisse in einer bestimmten zeitlichen Reihenfolge abgesandt wurden, sondern ihre logische

Abhängigkeit, welche die notwendige Auslieferungsreihenfolge bestimmt. Eine Ordnung, die logische Abhängigkeiten berücksichtigt, wird in Kapitel 4.4.3 vorgestellt und ersetzt die globale Quellordnung.

Die globale Quellordnung besitzt aufgrund der vorangegangenen Überlegungen keine praktische Bedeutung. Ihre Realisierung wird daher im Rahmen dieser Arbeit nicht weiter verfolgt.

4.4.2 Bündelordnung

Eine Dienstsemantik, welche die Nachrichten mehrerer Sender umschließt, ist die *Bündelordnung*. Jede Nachricht wird durch den jeweiligen Sender genau einem von mehreren Bündeln zugeordnet und eine Ordnungssemantik wird durch folgende Regel definiert:

> Gehören zwei Nachrichten demselben
> Bündel an, so werden sie geordnet
> ausgeliefert.

Die Bündelordnung ist eine indefinite Ordnung. Der zugehörige Ordnungsgraph besteht aus vollständig vermaschten Subgraphen (mit den Bündelelementen als Knoten), die untereinander keine Kanten besitzen. Abbildung 24 zeigt ein Beispiel, in welchem die Nachrichten N_1, N_2 und N_3 einem Bündel und die Nachrichten N_4, N_5 einem anderen angehören.

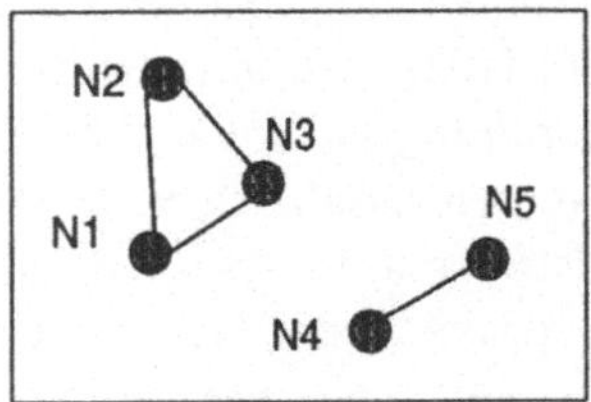

Abbildung 24. Ordnungssemantik Bündelordnung

Die Bezeichnung *Bündel* wird besonders augenfällig, wenn man eine konkrete Auslieferung im Zeitschema betrachtet. Bei dieser Art der Darstellung werden die Auslieferungszeitpunkte einer Nachricht bei den einzelnen Empfängern durch eine Zeitlinie verbunden. Zwei Nachrichten werden ungeordnet ausgeliefert, wenn sich die entsprechenden Zeitlinien überkreuzen.

Abbildung 25 macht deutlich, daß die Zeitlinien desselben Bündels annähernd parallel zueinander (″gebündelt″) liegen, während sich die Zeitlinien unterschiedlicher Bündel beliebig überschneiden.

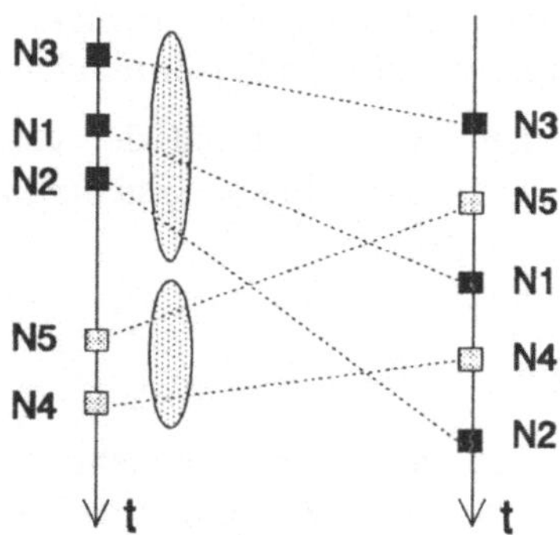

Abbildung 25.   Zeitschema Bündelordnung

Definiert man die Nachrichten jedes Senders als eigenes Bündel, so gelangt man zu einer Ordnungssemantik, die der Quellordnung verwandt ist. Sie ist jedoch schwächer als diese, da sie zwar eine Ordnung für alle Nachrichten desselben Senders definiert, jedoch nicht vorschreibt, wie diese Ordnung aussehen muß. D.h. es ist möglich, daß Nachrichten nicht in derselben Reihenfolge ankommen, in der sie versandt wurden. Eine solche Ordnungssemantik soll deshalb als *schwache Quellordnung* bezeichnet werden.

Ordnet man alle Nachrichten im System demselben Bündel zu, so erhält man als Ordnungssemantik die *Totalordnung*. Sie wird in zahlreichen Ansätzen aus der Literatur, z.B. [48] [40] [102] realisiert. In der Regel wird sie implizit überlagert mit einer Quellordnungssemantik, d.h. Nachrichten die von demselben Sender stammen, werden zusätzlich in Sendereihenfolge ausgeliefert. Birman und Joseph [19] definieren mit dem *ABCAST*-Dienst eine Semantik, die der Bündelordnung entspricht. Jeder Nachricht wird zusammen mit dem Sendeauftrag ein *Label* mitgegeben, welches das zugehörige Bündel bestimmt. Wie zuvor beinhaltet das ABCAST implizit (durch die Eigenschaften der unterliegenden Zweiparteienkommunikation) eine Quellordnungssemantik.

4.4.3 Kausalordnung

Die *Kausalordnung* nebenläufiger Multicast-Nachrichten ist ein Beispiel für eine definite Ordnungssemantik. Sie ist durch folgende Regel definiert:

> Ist eine Nachricht N_1 kausal abhängig von einer Nachricht N_2, so wird N_1 bei allen gemeinsamen Empfängern *nach* N_2 ausgeliefert.

Diese Semantik soll vermeiden, daß ein Empfänger eine eingehende Nachricht in einem unvollständigen Kontext bearbeitet, d.h. ohne Vorliegen aller Nachrichten, die logisch vorangingen.

Die Definition der Kausalität muß in letzter Instanz der Anwendung überlassen bleiben, da ein Kommunikationssystem nicht in der Lage ist, semantische Abhängigkeitsbeziehungen von Nachrichten festzustellen. Birman und Joseph [19] benutzen zu diesem Zweck ein *clabel*, das jeder Nachricht mitgegeben wird und alle Kausalitätsbeziehungen dieser Nachricht zu früheren Nachrichten beschreibt. Der *CBCAST*-Dienst [19] ordnet alle Benutzernachrichten gemäß den so definierten Kausalitätsbeziehungen. Eine solche benutzergesteuerte Kausalitätsdefinition muß jedoch in jedem Fall übereinstimmen mit der durch Lamport [105] eingeführten *potentiellen Kausalität* von Nachrichten in einem verteilten System. Nach [105] ist eine notwendige Bedingung für die kausale Abhängigkeit zweier Nachrichten N_1 und N_2,

- daß N_1 vor N_2 von demselben Sender verschickt wurde, oder

- daß es eine Kette $N_1, X_1, X_2, \dots, X_N, N_2$ gibt, wobei jede Nachricht in dieser Kette versandt wurde, nachdem der Sender die vorangehende Nachricht in der Kette empfangen hatte (Abbildung 26 auf Seite 60).

Mit dieser Definition sind zwei Nachrichten potentiell kausal abhängig, wenn es einen Weg gibt, auf der die Information einer Nachricht in der anderen berücksichtigt worden sein könnte. Umgekehrt sind zwei Nachrichten kausal unabhängig, wenn keine Möglichkeit existiert, wie eine Nachricht die andere hätte beeinflussen können.

Die potentielle Kausalität ist eine durch den Ablauf im verteilten System vorgegebene Bedingung, die durch die Kausalitätsdefinition einer Anwendung beachtet werden muß. Eine Anwendung kann also nicht eine Nachricht N_1 als kausal abhängig von einer Nachricht N_2 definieren, wenn sie nicht potentiell kausal abhängig sind. Wohl aber kann sie die Menge der potentiellen Abhängigkeiten einschränken und dadurch eine schwächere Ordnungssemantik definieren.

Diesen Weg geht Ravindran [149], der es der Anwendung überläßt, die Kausalität zweier Nachrichten durch Spezifikation einer *Occurs-After*-Relation festzulegen. Er definiert damit eine im Vergleich zur *potentiellen Kausalität* schwächere Ordnungssemantik. Nachrichten, die zwar potentiell kausal abhängig sind, jedoch in keiner benutzerspezifizierten Relation stehen, müssen vom Kommunikationssystem nicht in derselben Reihenfolge ausgeliefert werden.

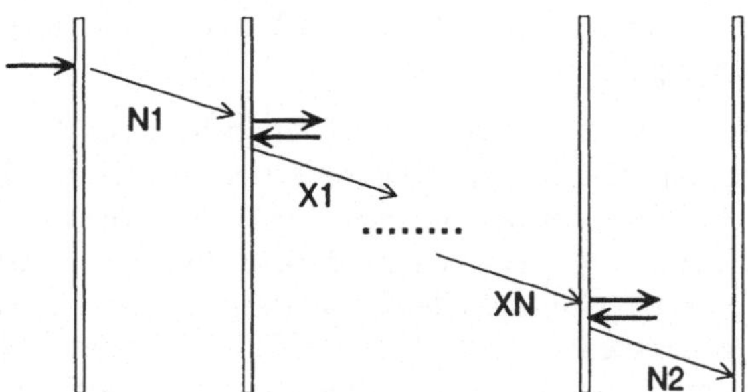

Abbildung 26.   Potentielle Kausalität

Die bildliche Darstellung einer Kausalordnung besteht aus einem gerichteten, unvollständig vermaschten Graphen. Da Nachrichten desselben Senders nach obiger Definition kausal voneinander abhängen, genügt die kausale Ordnungssemantik in natürlicher Weise auch der Quellordnungssemantik. Dies äußert sich in der graphischen Darstellung dadurch, daß die durch eine Quellordnung induzierten Ketten von Nachrichten desselben Senders auch Subgraphen des kausalen Ordnungsgraphen darstellen.

4.4.4 Abschnittsweise Ordnung

Die *abschnittsweise Ordnung* ist eine indefinite Ordnungssemantik, die aus einer Abschwächung der Totalordnung resultiert. Die Menge der Nachrichten ist partitioniert in eine Menge von *regulären* Nachrichten und eine Menge von *Abschnittsnachrichten*. Die Semantik der Auslieferung ist definiert durch die Regel:

> Zwei Nachrichten N_1 und N_2 werden geordnet ausgeliefert, wenn eine der beiden Nachrichten eine Abschnittsnachricht darstellt.

Abschnittsnachrichten sind wie bei der Totalordnung alle geordnet. Reguläre Nachrichten sind zwar im Verhältnis zu den Abschnittsnachrichten geordnet, können in einer konkreten Auslieferung jedoch untereinander ungeordnet sein. Die Einführung der abschnittsweisen Ordnung ist motiviert durch Sicherungspunkt-Konzepte, wie sie beispielsweise im *Session Layer* der ISO [92] oder in vielen Datenbankanwendungen [57] vorgesehen sind.

Die bildliche Darstellung der abschnittsweisen Ordnungssemantik (Abbildung 27) zeigt einen vollständig vermaschten Subgraphen (die Menge der Abschnittsnachrichten), der sternförmig mit allen anderen Nachrichten durch Kanten verbunden ist.

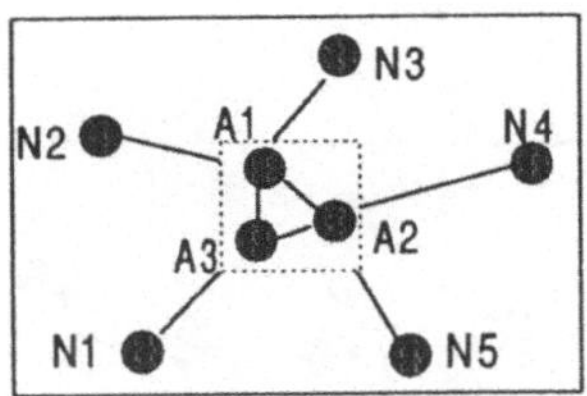

Abbildung 27. Abschnittsweise Ordnungssemantik

Der Begriff *Abschnitt* wird besonders deutlich am Zeitschema für eine beispielhafte Auslieferungsabfolge bei zwei gemeinsamen Empfängern (Abbildung 28):

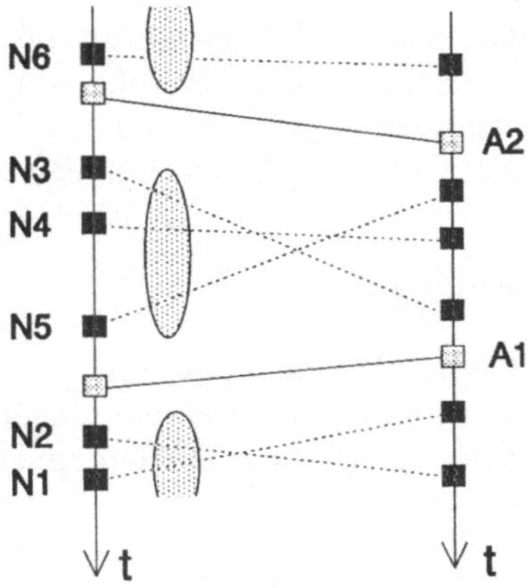

Abbildung 28. Auslieferungssequenz bei abschnittsweiser Ordnung

Zwei unmittelbar aufeinanderfolgende Abschnittsnachrichten A_1 und A_2 umschließen eine Nachrichtenmenge (im Beispiel $\{N_3, N_4, N_5\}$), den sogenannten *Abschnitt*. Während die Nachrichten eines Abschnitts untereinander potentiell ungeordnet ausgeliefert werden (z.B. N_3 und N_5), sind sie geordnet bezüglich A_1 und A_2.

Anders ausgedrückt, erlaubt die Meldung von Abschnittsnachrichten einer Anwendung, Punkte im Ablauf zu erkennen, zu welchen alle gemeinsamen Empfänger *dieselbe* Nachrichtenmenge erhalten haben. Abbildung 29 zeigt den Graphen der konkreten Auslieferungsordnung für das beschriebene Beispiel.

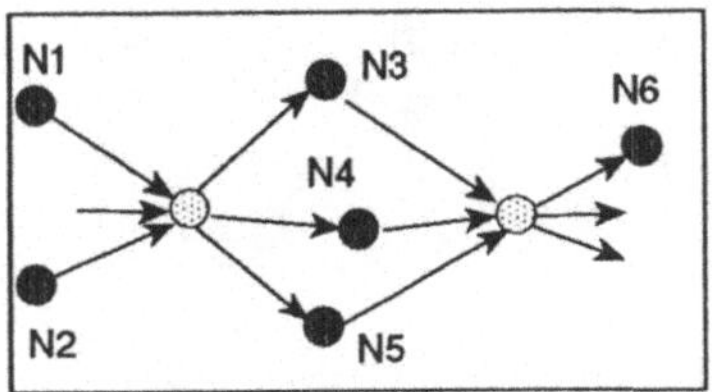

Abbildung 29.   Ordnungsgraph bei abschnittsweiser Ordnung

In [118] wird der Begriff *Multicast Checkpoint* für Abschnittsnachrichten eingeführt. Sie werden dazu benutzt, um die Anwendung darin zu unterstützen, Sicherungspunkte in ihrem Ablauf zu definieren. Wie schon bei der Kausal- und der Totalordnung ist die abschnittsweise Ordnung dabei überlagert mit der Quellordnungssemantik: Sowohl Abschnittsnachrichten als auch reguläre Nachrichten werden, wenn sie von demselben Sender stammen, in jedem Fall in der Reihenfolge des Absendens ausgeliefert.

4.4.5 Attributierte Ordnung

Bei der *attributierten Ordnung* als Verallgemeinerung der Bündelordnung wird jeder Nachricht vom Dienstbenutzer nicht ein Bündelbezeichner, sondern eine Menge von Attributen mitgegeben. Die Ordnungssemantik wird durch folgende Regel definiert:

> Zwei Nachrichten N_1 und N_2 werden geordnet ausgeliefert, wenn beide Nachrichten ein gemeinsames Attribut besitzen.

Die Ordnungssemantik induziert unter dieser Regel keine Klasseneinteilung der Nachrichten wie bei der Bündelordnung; stattdessen wird durch die reflexive, symmetrische, nichttransitive Relation *"hat gemeinsames Attribut"* eine feinere Unterscheidung der Nachrichten und ihrer Synchronisationsanforderungen erreicht.

Beispiel: Drei Nachrichten N_1, N_2, N_3 seien die Attributmengen $\{x\}, \{x, y\}, \{y\}$ zugeordnet. Dann stellt Abbildung 30 den Graphen der Ordnungssemantik und das Zeitschema für eine beispielhafte Auslieferung unter dieser Semantik dar. Man sieht, daß N_1 und N_3 nicht unbedingt zueinander geordnet ausgeliefert werden, wohl aber geordnet im Verhältnis zur Nachricht N_2.

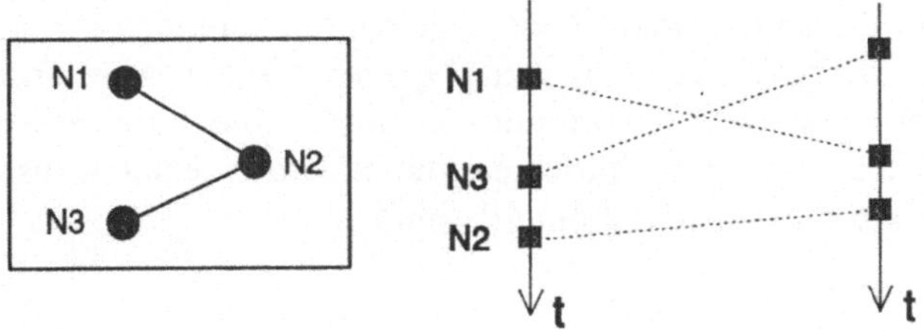

Abbildung 30.   Attributierte Ordnung

Die attributierte Ordnungssemantik ist eine indefinite Ordnungssemantik, die als Unterformen sowohl die Bündelordnung als auch die abschnittsweise Ordnung umfaßt: Erlaubt man für jede Nachricht nur jeweils ein einziges Attribut, so ist die induzierte Semantik äquivalent einer Bündelordnung. (Ist für das gesamte System überhaupt nur ein einziges Attribut definiert, so entsteht eine Totalordnung.) Eine abschnittsweise Ordnung kann erzwungen werden, indem jeder Sender reguläre Nachrichten mit einem eigenen senderspezifischen Attribut versieht. Abschnittsnachrichten erhalten als Attributmenge die Vereinigung aller Senderattribute.

Beispiel: In obigem Fall könnten $N_1\{x\}$ und $N_3\{y\}$ reguläre Nachrichten von Sender X bzw. Y darstellen, während $N_2\{xy\}$ eine Abschnittsnachricht repräsentiert.

Eine verfeinerte Ordnungssemantik wie die attributierte Ordnung erhöht die Freiheitsgrade des unterliegenden Protokolls bei der Realisierung einer geordneten Auslieferung und erlaubt dadurch Optimierungen des Protokollablaufs.

Anmerkung: Allgemein besteht ein Attribut aus dem Trippel Attributbezeichner, Attributtyp und Attributwert. Der Sprachgebrauch *Nachricht N besitzt Attribut A* bedeutet daher exakter, daß N über ein Attribut mit Namen A verfügt, welches vom Typ *Boolean* ist und den Wert *True* hat.

4.4.6 Mischformen

Wie schon mehrfach erwähnt, wird die Quellordnungssemantik häufig mit
einer anderen Semantik kombiniert, wie z.B. in [48] [40] [102] für die Totalordnung und in [19] [27] für Kausal- und Bündelordnung. Ebenso wird in
[27] eine Überlagerung der Ordnungssemantiken Totalordnung und Kausalordnung vorgestellt: Nachrichten, die kausal abhängig sind, werden bei allen
Empfängern in der Reihenfolge dieser Kausalitätsbeziehung ausgeliefert;
Nachrichten, die kausal unabhängig sind, werden zumindest *geordnet* ausgeliefert. Das *GBCAST*-Protokoll von [19] repräsentiert eine abgeschwächte
Form der abschnittsweisen Ordnungssemantik. Abschnitte beziehen sich in
diesem Fall lediglich auf Nachrichten, die außerdem einer Kausalordnungs-
oder Bündelordnungssemantik unterliegen.

4.5 Bewertung

In den vorangegangenen Unterkapiteln wurden die Begriffe *Ordnung, Ordnungssemantik* und *Nebenläufige Multicast-Kommunikation* eingeführt und
spezifische Ausprägungen aufgezeigt. In diesem Kapitel soll die Eignung von
Multicast-Synchronisationsdiensten zur Befriedigung der Synchronisationsanforderungen kooperativer Anwendungen bewertet werden.

Zunächst läßt sich die Abbildbarkeit der Konsistenzanforderungen kooperativer Anwendungen auf eine Realisierung durch Multicast-Ordnungssemantiken nachweisen. Ausgangspunkt dafür ist die Annahme, daß

- jede globale Operation durch Versendung einer Multicast-Nachricht an
  alle Anwendungsinstanzen realisiert wird, und daß
- die Ausführung globaler Operationen bei jedem Empfänger in der Reihenfolge der Nachrichtenauslieferung durch das Kommunikationssystem
  geschieht.

Existiert eine feste Zuordnung von Operationen zu unterschiedlichen Operationsklassen (Kapitel 2.4.1), so lassen sich die Operationen durch Verwendung
einer *Bündelordnungssemantik* synchronisieren. Zwei Multicast-Nachrichten,
die Operationen derselben Operationsklasse übertragen, werden an der
Schnittstelle zum Kommunikationssystem als demselben Bündel zugehörig
kenntlich gemacht. Das Kommunikationssystem garantiert, daß sie bei allen
Empfängern in derselben Reihenfolge ausgeliefert (und damit ausgeführt)
werden. Die Nachrichten unterschiedlicher Operationsklassen unterliegen
keiner Auslieferungssynchronisation.

Starke Checkpoint-Operationen (Kapitel 2.4.2) können durch eine *abschnitts-weise Ordnungssemantik* (*Multicast Checkpointing* [118]) realisiert werden. Dazu werden Checkpoint-Operationen als Abschnittsnachrichten an das Kommunikationssystems übergeben, während alle anderen Operationen als reguläre Multicast-Nachrichten übertragen werden. Die resultierende Auslieferung entspricht der Konfliktsituation: Eine starke Checkpoint-Operation wird bei allen Empfängern in derselben relativen Ordnung zu allen anderen Operationen ausgeliefert und ausgeführt.

Die Konsistenzanforderungen schwacher Checkpoint-Operationen (Kapitel 2.4.3) können durch eine *attributierte Ordnungssemantik* befriedigt werden. Dazu identifiziert man jede Operationsklasse mit einem eigenen Attribut. Eine schwache Checkpoint-Operation wird als Nachricht versandt, deren Attributmenge alle Operationsklassen bezeichnet, zu denen sie in Konflikt steht. Die attributierte Ordnungssemantik garantiert, daß sie bei allen Empfängern in derselben relativen Reihenfolge zu allen Operationen der bezeichneten Operationsklassen ausgeliefert wird.

Eine Kommunikationslösung zur Synchronisation in kooperativen Systemen hat im Vergleich zu anwendungsspezifischen Lösungen (Kapitel 3.1) den Vorteil der größeren Flexibilität. Dem liegt der Plattformgedanke eines solchen Ansatzes zugrunde: Eine Kommunikationslösung läßt sich für eine Vielzahl kooperativer Anwendungen einsetzen, während eine anwendungs-spezifische Lösung für jeden Fall neu zu entwickeln wäre. Die Anwendungs-entwicklung wird dadurch vereinfacht, daß eine Sammlung von Synchroni-sationsdiensten mit bereits vordefinierter höherwertiger Semantik zur Verfügung steht. Aus demselben Grund wurden beispielsweise im Session Layer der ISO [92] die schwachen und starken Synchronisationspunkte (*synch_minor, synch_major*) eingeführt, die dadurch allen Anwendungen als Dienst der Schicht 5 zur Verfügung stehen.

Desweiteren zeichnet sich eine Kommunikationslösung durch eine Reihe von Vorteilen gegenüber einer Datenbanklösung (Kapitel 3.3) aus:

- Während Datenbanksysteme zum Einsatz in kooperativen Systemen um *aktive* Komponenten erweitert werden müssen, ist eine aktive Benach-richtigung der Anwendung bei globalen Operationen durch das Eintreffen von Nachrichten (*Indications*) automatisch gegeben.

- Eine Kommunikationslösung vermeidet eine Einbindung einzelner glo-baler Operationen in Transaktionen und den damit verbundenen Auf-wand, beispielsweise zum Sperrerwerb oder zur Transaktionsterminierung. Die Synchronisation von Multicast-Nachrichten erbringt die Minimal-Funktionalität zur Konsistenzhaltung eines globalen kooperativen Zustands (Kapitel 2.3.4.2). Eine effiziente Ausführung ist wegen der hohen Anforderungen kooperativer Anwendungen an das interaktive Antwortzeitverhalten von großer Bedeutung.

- Im Gegensatz zu einer Datenbanklösung ist eine Kommunikationslösung auch einsetzbar für kooperative Systeme, die existierende Einbenutzeranwendungen (Kapitel 2.2.5) miteinbeziehen. Repliziert ablaufende Einbenutzeranwendungen verwalten einen konsistenten globalen Zustand, wenn eine Totalordnungssemantik für den Transport der Eingaben verwendet wird [50]. (Voraussetzung hierfür ist allerdings deterministisches Verhalten der Anwendung und gleicher Initialzustand aller Replikate.)

- Eine Kommunikationslösung kann Wissen über Vorgänge im Netzwerk zur Optimierung der Synchronisation ausnutzen. Demgegenüber sind bei einer Datenbanklösung alle kommunikationsspezifischen Details transparent. Hier kann lediglich auf Ende-zu-Ende-Kommunikationsdienste mit einfacher Datentransfersemantik zurückgegriffen werden.

5 Architektur von Multicast-Synchronisationsprotokollen

Die Bereitstellung einer durch die Anwendung spezifizierten Ordnungssemantik repräsentiert im Sinne des ISO-Referenzmodells [89] einen *Dienst*,
den ein *Diensterbringer* einem *Dienstbenutzer* zur Verfügung stellt. Ohne zunächst auf die Lokalisierung der Dienstschnittstelle innerhalb der
ISO-Schichtenarchitektur einzugehen, soll der Dienstbenutzer im folgenden
mit einer aus verteilten *Anwendungsinstanzen* bestehenden Anwendung
gleichgesetzt werden und der Diensterbringer mit einer ebenso verteilten
Menge von *Kommunikationsinstanzen* als Teil eines Kommunikationssystems.
Der von der Anwendung erwartete Kommunikationsdienst umfaßt zwei
Funktionen:

- Die Multicast-Übertragung von Nachrichten, d.h. die Übergabe einer
  Nachricht an das Kommunikationssystem und die anschließende Auslie-
  ferung dieser Nachricht an eine Gruppe von Anwendungsinstanzen
  (Transfer-Funktion).

- Die Auslieferung von nebenläufigen Multicast-Nachrichten gemäß der
  zwischen Anwendung und Kommunikationssystem vereinbarten Ordnungssemantik (Synchronisations-Funktion).

Beide Funktionen müssen letztendlich abgebildet werden auf die Übertragung
von Nachrichten über physikalische Verbindungen zwischen Rechnerknoten
(*physikalisches Netzwerk*). Die Art und Weise, wie Transferfunktion und
Synchronisationsfunktion abgebildet werden auf Komponenten eines Kommunikationssystems, welches die Funktionslücke zwischen physikalischem
Netzwerk und Anwendung schließen (Abbildung 31 auf Seite 68), spannt den
Raum auf für mehrere architekturelle Alternativen. Diese sollen im folgenden
diskutiert werden.

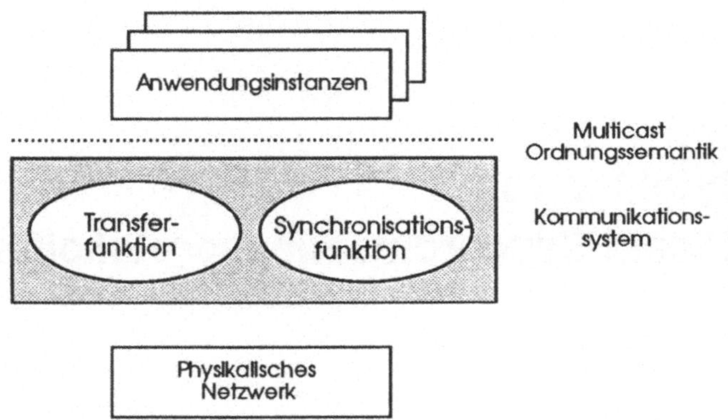

Abbildung 31. Architektureller Ausgangspunkt

5.1 Multicast-Basisdienste

Die Architektur eines Multicast-Synchronisationsdienstes ist abhängig von
der Art der zur Verfügung stehenden Multicast-Basisdienste [117]. Unter-
scheidungsmerkmale existieren in der Zuverlässigkeit der Dienste, ihrer Verfügbarkeit im LAN- und WAN-Bereich und der Art der Gruppenverwaltung.
Außerdem unterscheiden sie sich darin, inwiefern sie Multicast-Verbindungen
unterstützen und in welcher Form dies geschieht. Die Schicht, auf der sie
gemäß dem ISO-Referenzmodell [89] einzuordnen sind, dient im folgenden
als weiteres Klassifikationsmerkmal.

5.1.1 Multicast in der Vermittlungsschicht

Die Vermittlungsschicht (Netzwerkschicht) befaßt sich mit Protokollen zum
Routing, zur Fehlerbehandlung und zur Flußkontrolle zwischen Endsy-
stemen, gegebenenfalls über mehrere Zwischensysteme hinweg. Die Protokolle für Multicast unterscheiden sich bei lokalen Netzwerken (*Local Area
Networks, LAN*) und Weitverkehrsnetzen (*Wide Area Networks, WAN*).

5.1.1.1 Multicast in lokalen Netzen

Im LAN-Bereich verfügen Netzwerke häufig bereits durch die Topologie des
physikalischen Mediums über Broadcast-Fähigkeiten. Sowohl *Ethernet* als

auch *Token Ring* und *FDDI* [171] liefern auf der Ebene elektrischer Signale (*Physical Layer*) jede gesendete Nachricht an alle angeschlossenen Netzwerkadapter aus.

Die Einschränkung vom Broadcast zum Multicast ist in den aufgeführten lokalen Netzwerken ebenfalls vorgesehen und wird teilweise bereits durch Hardware unterstützt. Der hierfür existierende IEEE 802 LAN-Standard [93] [94] spezifiziert 48-Bit-Netzwerkadressen, deren höchstwertiges Bit darüber entscheidet, ob die Adresse eine Individual- oder Gruppenadresse darstellt. Im letzteren Fall vergleicht die Hardware der angeschlossenen Netzadapter die Adresse einer Nachricht mit einer lokal konfigurierbaren Liste von Multicast-Zieladressen. Existiert eine Übereinstimmung, so wird die Nachricht auf dem rechnerinternen Bus weitergeleitet. Die Anzahl der für einen Netzwerkadapter gleichzeitig einstellbaren Multicast-Adressen und die Methode der Konfiguration ist dabei herstellerabhängig. Es gibt Adapter, die nur zwischen Individualnachrichten und Broadcast-Nachrichten unterscheiden können.

Physikalische Multicast-Kommunikation durch spezifische LAN-Hardware ist unzuverlässig und verbindungslos. Die Anzahl der definierbaren Multicast-Gruppen ist beschränkt, außerdem können nur Rechner als Ganzes, aber nicht einzelne Instanzen auf diesen Rechnern adressiert werden. Durch die Realisierung auf physikalischer Ebene ist diese Methode jedoch sehr effizient. Sender, Empfänger und Netzwerk werden nicht stärker belastet als bei Versenden einer einzelnen Individualnachricht.

Die Einschränkungen einer Hardware-konfigurierten Multicast-Kommunikation auf einem LAN-Broadcast-Medium können durch einen Software-Filter vermieden werden: Alle Multicast-Nachrichten werden über eine Broadcast-Nachricht versandt und durch die jeweiligen Netzwerkadapter an eine Software-Komponente weitergeleitet. Diese entscheidet anhand von Adreßinformation, die in den Nutzdaten enthalten ist, ob die Nachricht ignoriert oder an eine lokale Instanz weitergeleitet werden soll. Auf diese Weise ist eine flexible Gruppenverwaltung realisierbar. Belastung von Sender und Netzwerk sind weiterhin gering, allerdings müssen auch solche Rechner, die keine adressierten Instanzen beherbergen, Betriebsmittel (CPU, Speicher) verbrauchen, um die Analyse der ankommenden Nachrichten durchzuführen.

Beide Formen der Multicast-Kommunikation im LAN sind dadurch charakterisiert, daß die Empfänger - und nicht die Sender - darüber bestimmen, an wen eine gegebene Multicast-Nachricht ausgeliefert wird. Diese *empfangsorientierte* Gruppenverwaltung impliziert, daß ein Sender die genaue Empfängermenge einer Multicast-Nachricht in der Regel nicht kennt.

5.1.1.2 Multicast in Weitverkehrsnetzen

In Weitverkehrsnetzen ist eine Broadcast-Lösung zur Realisierung von Multicast-Kommunikation wegen der großen Anzahl zu generierender Nachrichten nicht sinnvoll. Die Netzwerktopologie ist hier ein teilweise vermaschter Graph, der (anders als Bus oder Ring) eine Broadcast-Funktion nur durch Duplizierung von Nachrichten und Versenden entlang aller existierender Netzwerkverbindungen (Flooding) implementieren kann.

Eine Alternative besteht darin, jede Multicast-Operation durch einen zwischengeschalteten Dienst auf eine Menge einzelner Datenübertragungsvorgänge an alle Empfänger der Multicast-Nachricht abbilden zu lassen. Dieser *simulierte* Multicast ist in der Regel ineffizient, da er nicht in der Lage ist, unterliegende Netzwerktopologien auszunutzen. Beispielsweise würde eine Nachricht, deren Empfänger alle auf einem einzigen Rechner lokalisiert sind, mehrmals identisch zwischen dem Rechner des Senders und dem Rechner der Empfänger übertragen werden. Der Grund hierfür liegt darin, daß ein Netzwerk nicht erkennen kann, ob zwischen den einzelnen Dateneinheiten eine Beziehung existiert. Dies führt zu ineffizienter Nutzung der Netzwerkbandbreite und der Betriebsmittel des Senders.

Die oben beschriebenen Nachteile werden vermieden durch Multicast-Protokolle, welche die Topologie des Weitverkehrsnetzes beim Routing von Multicast-Nachrichten berücksichtigen [66] [187] [71] [156]. Ziel ist es, durch Ausnutzung gemeinsamer Teilwege mit möglichst wenigen Nachrichten alle Empfänger einer Multicast-Nachricht zu erreichen. Bei traditionellem Routing gibt ein Vermittlungsrechner jede eingegangene Nachricht auf genau eine Ausgangsleitung weiter. Beim Multicast-Routing wird eine Nachricht gegebenenfalls repliziert und auf mehreren Ausgangsleitungen weiterversandt, wenn die Empfänger über unterschiedliche Teilnetze erreichbar sind [32] [88].

Deering und Cheriton [55] definieren Multicast-Erweiterungen für existierende Routing-Algorithmen, die eine effiziente Realisierung ermöglichen. In einem Netzwerk mit mehreren durch Bridges gekoppelten LANs können gemeinsame Wege beispielsweise durch einen aufspannenden Baum, der alle Bridges verbindet, optimiert werden. Lernfähige Bridges identifizieren anhand der Zieladresse einer Multicast-Nachricht, auf welche Ausgangskanten des Baumes eine Multicast-Nachricht weitergeschaltet wird. Nachrichten, deren Ziel keiner Kante zugeordnet werden können, werden per Broadcast versandt.

Eine Multicast-Erweiterung des Ford-Fulkerson-Algorithmus optimiert die Betriebsmittelausnutzung in einer LAN-WAN-LAN-Umgebung. Hier sorgen adaptive Gateways dafür, daß Multicast-Nachrichten auf kürzesten Wegen zu ihrem Ziel befördert werden. Eine konkrete Realisierung wird in Form einer Erweiterung des Internet-IP-Protokolls vorgeschlagen [54]. Ein spezieller Adreßtyp (*Class D Addresses*) definiert Multicast-Gruppen im WAN. Zur Verwaltung der Gruppen wird ein Protokoll (*Internet Group Management Protocol, IGMP*) zwischen den Gateways im Internet ausgeführt.

Der Multicast-Dienst von Deering und Cheriton ist verbindungslos und unzuverlässig. Die Gruppenverwaltung bezieht sich auf Rechnerknoten (*Hosts*) und wird implizit durch eine Anpassung der Routing-Tabellen im Netzwerk erreicht. Ähnlich wie im LAN definieren nicht die Sender, sondern die einzelnen Empfänger, welcher Gruppe sie zugehören. Ein Beitritt zu einer Gruppe wird dadurch realisiert, daß ein Eintrag in der Routing-Tabelle des nächstgelegenen Multicast-Gateways erfolgt.

Das *ST-II*-Protokoll [36] ergänzt den Ansatz von Deering und Cheriton durch ein Verbindungskonzept auf Netzwerkebene. *Streams* sind unidirektionale Verbindungen zwischen einer Quelle und mehreren Senken und dienen dazu, insbesondere große Datenmengen effizient in einem Weitverkehrsnetz zu transportieren. Der Verbindungsaufbau sorgt dafür, daß an allen Zwischenknoten auf dem Weg von Quelle zu Senke Betriebsmittel für den Datentransfer reserviert werden. Darüber hinaus existiert für die Dauer einer Verbindung bei jedem Zwischenknoten statische Routing-Information darüber, an welche anderen Zwischenknoten die eingehenden Datenpakete eines Streams weitergeleitet werden sollen.

Senken können dynamisch zu einem Stream hinzugefügt beziehungsweise von diesem entfernt werden; die Quelle eines Streams bleibt über dessen Lebenszeit hinweg konstant. In jedem Falle wird die Quelle über Veränderungen in der Menge der Senken informiert. In [36] wird außerdem das Konzept von Gruppen von Streams vorgeschlagen. ST-II unterstützt die Erzeugung eines eindeutigen Gruppennamens, die Assoziierung und Disassoziierung von Streams zu einer Gruppe, definiert jedoch keine spezielle Semantik für die Behandlung von Stream-Gruppen. Es wird vorgeschlagen, für eine spätere Version die Betriebsmittelreservierung für alle Mitglieder einer Stream-Gruppe abzustimmen. Beispielsweise könnten bei einer Konferenzanwendung, die immer nur einem Benutzer das Rederecht (Floor) zuteilt, auf Zwischenknoten, die von mehreren Streams geteilt werden, die notwendigen Betriebsmittel nur einfach reserviert werden.

Obwohl durch die Methode der Betriebsmittelreservierung die Chance des Paketverlustes durch Netzwerküberlast verringert wird, sind die Netzwerkverbindungen von ST-II weiterhin unzuverlässig.

5.1.2 Multicast in der Transportschicht

Die Transportschicht unterstützt die Kommunikation zwischen *Endinstanzen* in einer verteilten Rechnerumgebung. Dabei sind Endinstanzen in der Regel Prozesse, die als Teil einer verteilten Anwendung miteinander kommunizieren. Pro Rechnerknoten kann es mehr als eine Endinstanz geben, ihre Identifikation erfordert deshalb neben der Adresse des Rechners noch einen rechnerlokal eindeutigen Selektor. Multicast-Dienste, die auf der Transportschicht angesiedelt sind, verwalten im Gegensatz zu Diensten der Netzwerkschicht Endinstanzen und nicht Rechnerknoten. Darüber hinaus liegt das Ziel von Multicast-Diensten der Transportschicht häufig darin, Zuverlässigkeitseigenschaften für die Multicast-Übertragung zu gewährleisten, die von einer darunterliegenden Netzwerkschicht (z.B. auf IP-Ebene des sehr populären *Internets*) nicht zur Verfügung gestellt werden.

Eine der bekanntesten Realisierungen eines Multicast-Dienstes auf Transportebene ist *VMTP* [34], [53], das von Cheriton als Teil des *V-Kernel* entwickelt wurde. Es realisiert einen Multicast-Dienst mit einem durch den Dienstbenutzer einstellbaren Grad an Zuverlässigkeit. Dieser reicht von einem unzuverlässigen Datagramm-Dienst (*Best-Effort*) bis hin zu einem Dienst, der für alle Empfänger eines Multicast eine zuverlässige Übertragung gewährleistet.

Cheritons Ansatz ist nicht verbindungsorientiert, sondern führt als neues Assoziationskonzept den Begriff der *Multicast-Transaktion (Multicast Transaction)* ein. Das Senden einer Multicast-Nachricht (Request), die Beantwortung der Nachricht durch alle Empfänger (Reply) und die Verarbeitung der Antworten durch den Sender werden als Einheit angesehen, für welche Zuverlässigkeitseigenschaften definiert und realisiert werden. So garantiert die Standard-Sendeoperation in VMTP, daß eine Multicast-Nachricht so oft wiederholt wird, bis mindestens von einem der Empfänger eine Antwort eingetroffen ist (*1-reliability*). VMTP wurde ursprünglich für eine LAN-Umgebung entworfen, ist unter Voraussetzung bestimmter Bedingungen (*Host Group Requirements*) aber auch im WAN einsetzbar. VMTP verfügt über eine Gruppenverwaltung mit Operationen CreateGroup, JoinGroup und LeaveGroup.

Paliwoda [134] und Hughes [85] [86] stellen Multicast-Dienste zur Verfügung, die ebenfalls auf dem Prinzip von Multicast-Transaktionen beruhen. Hughes Ansatz ist unzuverlässig und auf eine LAN-Umgebung beschränkt. Er verfeinert die Semantik der Reply-Bearbeitung jedoch dadurch, daß er Filter anbietet, die von der Anwendung definiert und an das Kommunikationssystem übergeben werden, um Selektions- und Aggregationsfunktionen auf der Menge der Antworten auszuführen. Palidowa baut auf einem beliebigen unzuverlässigen Multicast-Dienst der Netzwerkebene auf, z.B. einem Internet (IP-) Dienst, wie ihn [55] anbietet, und macht ihr Protokoll dadurch sowohl im LAN als auch im WAN einsetzbar. Multicasts werden zuverlässig und mit einer Flußsteuerung für große Datenmengen übertragen. Sowohl Paliwoda als auch Hughes stellen eine Gruppenverwaltung mit ähnlichen Primitiven wie Cheriton zur Verfügung.

HeiTS [84] ist ein Multicast-Transportprotokoll, das auf dem ST-II-Netzwerkdienst basiert und diesen durch Funktionen zur Fehlererkennung und Fehlerbehebung ergänzt. Das Ergebnis sind zuverlässige unidirektionale Verbindungen zwischen einer Quelle und mehreren Senken. Die Gruppenverwaltung für den Beitritt zu einer solchen Verbindung und zu deren Verlassen wird bereits auf Netzwerkschicht zur Verfügung gestellt.

5.1.3 Multicast in anwendungsorientierten Schichten

In den anwendungsorientierten Schichten des ISO-Referenzmodells hat die Multicast-Kommunikation von Daten an eine Gruppe gemeinsamer Empfänger bisher nur geringen Einzug gehalten. Eine Verallgemeinerung der Multicast-Transaktion, der multiple entfernte Prozeduraufruf (*Replicated Procedure Call*), wird von Cooper [42] beschrieben. Ähnlich wie der entfernte Prozeduraufruf im Zweiparteienfall wird er direkt in eine Programmiersprache eingebettet [45]. Ein *Stub* übernimmt die Verteilung der Eingabeparameter eines Prozeduraufrufs auf eine Gruppe von Servern (*Server Troupe*). Diese führen identische Operationen auf replizierten Objekten aus und senden über einen Server-Stub die Ausgabewerte der Operation zurück an den Initiator. Dieser überprüft, ob die Ergebnisse gleich bzw. nach einem anwendungsabhängigen Prädikat äquivalent sind, und gibt an den aufrufenden Prozeß ein einziges Ergebnis zurück. Im Falle der Ungleichheit wird eine Ausnahmebehandlung angestoßen. Ein Primitiv Join_Troupe verändert die Zusammensetzung der Servergruppe und ist damit ein Korrelat zu den Operationen der Gruppenverwaltung auf niedrigeren Schichten. *MultiRPC* [165] repräsentiert eine weitere Realisierung eines multiplen entfernten Prozeduraufrufes von Satyanarayanan.

Schottmüller beschreibt in [22] wie ein Multiparty-Filetransfer auf der Basis des Internet-Protokolls FTP realisiert werden kann. Der Transfer einer Anwendungsdatei entspricht dem Multicast einer Benutzernachricht auf den niedrigeren Schichten des ISO-Referenzmodells. Äquivalent zu den Funktionen für Zuverlässigkeit und Gruppenverwaltung, wie sie z.B. in der Transportschicht für Multicast-Nachrichten zur Verfügung gestellt werden, gibt es Entsprechungen für das Auslieferungsverhalten einzelner Dateien. Beispiels-

weise kann ein Dienstbenutzer eine Übertragungssemantik festlegen, in der
mindestens eine Empfängerinstanz eine mehrfach übertragene Datei vollständig in ihrem Dateisystem wiederfinden muß. Ein weiterer Dienst zur
Mehrparteienübertragung von Dateien wird in [33] diskutiert.

5.2 Alternativen bei der Schichtzuordnung

Für die Funktion des Datentransfers ist durch das ISO-Referenzmodell [89]
bereits ein Strukturierungshilfsmittel vorgegeben, das alle Funktionsbestand-
teile bestimmten Schichten innerhalb der Protokollarchitektur zuordnet. Für
die Synchronisationsfunktion existiert keine solche vorgegebene Zuordnung,
und die Ansätze aus der Literatur sind bezüglich der ihnen zugrunde lie-
genden architekturellen Annahmen uneinheitlich.

Deshalb soll in diesem Kapitel untersucht werden, welche Alternativen bei
der Einordnung der Synchronisationsfunktion in eine Protokollarchitektur
bestehen. Dies soll nicht durch eine absolute und strikte Zuordnung zu einer
bestimmten Schicht des ISO-Referenzmodells geschehen, sondern durch eine
Positionierung der Synchronisationsfunktion zu anderen Teilfunktionen des
Datentransfers. Insbesondere ist es dabei wichtig, folgende Fragen zu klären:

- In welcher Beziehung stehen Funktionselemente zur Synchronisation und Funktionselemente zur Bereitstellung von Zuverlässigkeit?

- Soll Synchronisation auf der Rechner-zu-Rechner-Ebene (*Host to
  Host*) oder auf der Ende-zu-Ende-Ebene (*End to End*) realisiert
  werden?

- In welcher Beziehung stehen Synchronisation und Mehrparteien-
  transferdienste (Multicast)?

- In welcher Beziehung stehen Synchronisation und anwendungs-
  orientierte Funktionselemente?

In den folgenden Unterkapiteln werden die jeweiligen Alternativen diskutiert.

5.2.1 Synchronisation und Zuverlässigkeit

Eine Funktionskomponente des Datentransfers im Sinne des
ISO-Referenzmodells [89] ist die Erbringung einer *zuverlässigen* Datenübertragung. Die Kombination von Zuverlässigkeitskomponente und Synchroni-

sationskomponente soll anhand der in Abbildung 32 beschriebenen Varianten erörtert werden.

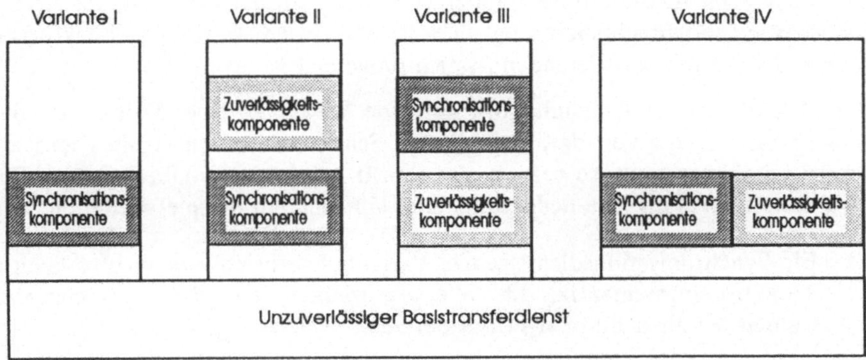

Abbildung 32. Synchronisation und Zuverlässigkeit

Zunächst soll diskutiert werden, ob eine Architektur gemäß Variante I sinnvoll erscheint, d.h. die Erbringung der Synchronisationsfunktion auf der Basis eines unzuverlässigen Transferdienstes. Es läßt sich zeigen, daß die Bereitstellung einer Multicast-Ordnungssemantik ohne die gleichzeitige Bereitstellung der Zuverlässigkeit keine sinnvolle Dienstsemantik repräsentiert. Dies ergibt sich aus der folgenden Argumentation:

Angenommen, eine Anwendung erfordert die geordnete Auslieferung zweier Nachrichten N_1 und N_2. Das bedeutet, die beiden Nachrichten sind nicht kommutativ, d.h. je nach Reihenfolge der Auslieferung führen sie einen Anwendungszustand Z in nicht äquivalente Zielzustände $Z_1 = Z \oplus N1 \oplus N2$, bzw. $Z_2 = Z \oplus N2 \oplus N1$, mit $Z_1 \neg \cong Z_2$, über. (Die Äquivalenzrelation sei anwendungsdefiniert.) Dies steht im Widerspruch zur Annahme, daß die Anwendung den Verlust von Nachrichten tolerieren kann: Wäre dies, z.B. für die Nachricht N_1, tatsächlich der Fall, dann wäre jeder Anwendungszustand Z äquivalent zu $Z \oplus N_1$. Mit dieser Annahme bekäme die Schlußkette

$$Z_1 \cong (Z \oplus N1) \oplus N2 \cong Z \oplus N2 \cong (Z \oplus N2) \oplus N1 \cong Z_2$$

Gültigkeit, d.h. die beiden Nachrichten N_1 und N_2 wären entgegen der Annahme kommutativ.

Zusammengefaßt bedeutet dies: Wenn der Verlust von Nachrichten für eine Anwendung tolerabel ist, dann trifft dies stets ebenso für die ungeordnete Auslieferung von Nachrichten zu. Die Äquivalenz dieser beiden Ereignistypen legt nahe, daß eine Dienstsemantik zum Ordnungserhalt von Multicast-Nachrichten immer einhergehen muß mit der Semantik der zuverlässigen Nachrichtenübertragung. Dies ist der Grund, warum Architekturvariante I in keinem existierenden System umgesetzt ist.

Geht man von der Annahme aus, daß jede Schicht in einer Protokollarchitektur unabhängig von darüberliegenden Schichten eine sinnvolle Dienstsemantik anbieten muß, so verliert Variante II aufgrund der Überlegungen für Variante I ebenfalls jede Bedeutung. Dies läßt sich am Beispiel verdeutlichen:

- Ein Synchronisationsdienst gemäß Variante I realisiere eine unzuverlässige Totalordnungssemantik, d.h. alle Nachrichten, *die nicht verlorengehen*, werden bei allen Empfängern in derselben Reihenfolge ausgeliefert.

- Eine Zuverlässigkeitskomponente versuche gemäß Variante II oberhalb der Synchronisationskomponente durch negative Quittungen und Sendewiederholungen die garantierte Auslieferung jeder Nachricht an alle Empfänger zu erreichen.

- Dann wird durch die Menge der wiederholt übertragenen Nachrichten die zuvor erreichte Totalordnungssemantik möglicherweise wieder verletzt: Die unterliegende Synchronisationskomponente liefert wiederholt übertragene Nachrichten zwar in derselben Reihenfolge aus, doch kann diese unterschiedlich sein zu der Reihenfolge, die beim ersten Sendeversuch zustandekam.

Architekturvariante III realisiert die Multicast-Synchronisationskomponente oberhalb der Zuverlässigkeitskomponente. Dieser Ansatz wird in mehreren existierenden Systemen verfolgt. Die Protokolle der ISIS-Protokollfamilie [19] [27] ebenso wie [126] setzen auf einem zuverlässigen Transportdienst auf, der durch Quittungen, Timeouts sowie wiederholter Übertragung von verlorenen Nachrichten entweder die Auslieferung garantiert oder aber (z.B. bei Zusammenbruch der physikalischen Verbindung) eine Fehlermeldung an den Benutzer erzeugt. Ein Vorteil einer solchen Entkopplung von Synchronisation und zuverlässigem Datentransfer liegt in der strukturierten Protokollarchitektur, die für jede Funktion separate Protokollelemente vorsieht, die für sich verifizierbar und optimierbar sind. Ein weiterer Vorteil liegt darin, daß ausgehend von einer solchen Architektur existierende Transportprotokolle zur Erbringung des Multicast-Synchronisationsdienstes mitverwendet werden können.

Der offensichtliche Nachteil einer Funktionsentkopplung liegt im Verlust von Optimierungsmöglichkeiten, die durch die gemeinsame Verwendung von Protokollelementen sowohl zur Erreichung der Zuverlässigkeit, als auch zur Auslieferungssynchronisation möglich wären. Dieser Nachteil wird im Architekturansatz der Variante IV vermieden, in welchem eine Komponente für beide Funktionen zuständig ist. Bei einem kombinierten Entwurf ist beispielsweise die Optimierung der Anzahl ausgetauschter Nachrichten möglich, indem Protokolldateneinheiten, die zur Erbringung von Zuverlässigkeit ausgetauscht werden (etwa Quittungen und Sendewiederholungen), ebenfalls zur Synchronisation mitbenutzt werden können. Insbesondere im Bereich lokaler Netze ist eine solche Vermischung der Protokollelemente zu beobachten [40] [122]. Dies ist deswegen der Fall, weil die auf der Hardware-Seite zur Verfügung stehende Broadcast-Fähigkeit lokaler Netze [181] es erlaubt, sehr effizient den zur Synchronisation notwendigen Nachrichtenaustausch mit dem Versenden von Quittungen zu koppeln [122]. Auch im WAN-Bereich gibt es Ordnungsprotokolle, die auf einem unzuverlässigen Dienst aufbauen [48] [110]. Die Zuverlässigkeit wird hierbei in der Regel nicht in einem Ende-zu-Ende-Verfahren erzeugt, sondern zusätzlich gekoppelt an ein Routingverfahren, z.B. wie bei Cristian [48] durch *Flooding* von Nachrichten an alle direkten Nachbarn.

Basisdienst	Vorteile	Nachteile
Variante III	Strukturierte Protokollarchitektur durch Funktionsentkopplung	Separate Übertragung von Quittungen und Synchronisationsnachrichten
	Verwendbarkeit existierender Zuverlässigkeitsdienste (z.B. TCP)	
Variante IV	Effizienzsteigerung durch Kopplung von Protokollelementen	Komplexe, schwer verifizierbare Protokolle

Tabelle 1.　Vergleich von Architekturvarianten

Der Nachteil einer Funktionskopplung von Zuverlässigkeit und Synchronisation liegt in ihrer Komplexität: Zum Entwurfszeitpunkt wird die Verifikation der korrekten Arbeitsweise erschwert; zur Laufzeit ist die Optimierung von Systemparametern (beispielweise Timeouts) durch ihren Einfluß auf mehrere Funktionskomponenten schwieriger. Vor- und Nachteile der Architekturvarianten III und IV sind in Tabelle 1 auf Seite 77 zusammengefaßt.

Es sei angemerkt, daß beide Varianten eine Zuordnung der Funktionskomponenten zu einer Protokollschicht im Sinne des ISO-Referenzmodells noch offenlassen. So kann die zuverlässige Übertragung nach der Definition der unteren, transportorientierten OSI-Schichten sowohl auf Schicht 2 (Sicherungsschicht), Schicht 3 (Netzwerkschicht) als auch auf Schicht 4 (Transportschicht) erbracht werden. Für die beiden diskutierten Varianten ist damit auch die Schichtzuordnung der Synchronisationskomponente noch nicht festgelegt.

5.2.2 Typ der unterstützten Instanzen

In diesem Kapitel soll die Schichtzuordnung der Synchronisation anhand des Typs der Instanzen, die diese Schicht unterstützen soll, diskutiert werden. Während eine Integration in eine (der ISO Schicht 2 entsprechenden) Schicht zur Synchronisation zweier physikalisch benachbarter Rechnerknoten nicht in Frage kommt, verbleiben die in Abbildung 33 verdeutlichten Alternativen.

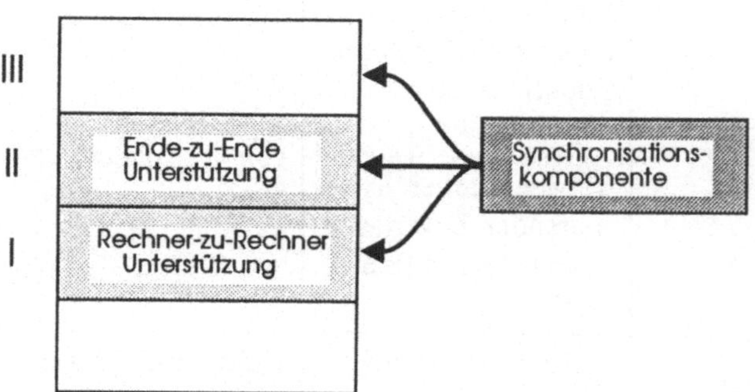

Abbildung 33.   Synchronisation und Ende-zu-Ende-Unterstützung

Variante I beschreibt eine Integration der Synchronisationskomponente in eine Netzwerkschicht, die ihren Dienstbenutzern die Datenkommunikation auf Rechner-zu-Rechner-Ebene (*host to host*) bereitstellt. Viele LAN-orientierte Multicast-Synchronisationsprotokolle [122] [40] ordnen die Synchronisationsfunktionalität hier an, um die Hardware-Broadcast-Fähigkeit dieser Netze auszunutzen. Cristian [48] kombiniert die in der Netzwerkschicht zu erbringende Wegewahlfunktion (*Routing*) mit dem Mechanismus zur Multicast-Synchronisation. Dies hat den Vorteil, daß die Topologie des unterliegenden Netzes (die auf dieser Ebene noch sichtbar ist) gezielt zur Unterstützung der Synchronisation ausgenutzt werden kann. Beispielsweise verwendet Cristian die Anzahl der Wege (*Hops*) zwischen zwei Knoten zur Berechnung eines Zeitgerüsts, mit dessen Hilfe alle beteiligten Instanzen die synchronisierte Auslieferung steuern.

Der Hauptnachteil der Synchronisation auf Netzwerkebene liegt in der nicht vorhandenen Unterstützung von Endinstanzen, d.h. Anwendungsinstanzen, von denen in der Regel mehrere auf einem Rechner existieren. Während durch eine Synchronisation auf Netzwerkebene eine bestimmte Ordnungssemantik für eine Menge von Rechnern herstellbar ist, kann diese für Nachrichten auf dem Weg durch die höheren Schichten zu den Endinstanzen wieder verloren gehen. Der Grund hierfür liegt darin, daß auch innerhalb eines Rechners die Nebenläufigkeit des Nachrichtentransports zu Überholvorgängen und ungeordneter Auslieferung führen kann. Zwar ist die Mächtigkeit der auf einem Rechner zur Verfügung stehenden Synchronisationsmittel sehr viel größer, als dies in einem verteilten System lose gekoppelter Rechner der Fall wäre. Doch erhöht die Aufteilung der Synchronisationsfunktionalität auf eine rechnerlokale (Betriebssystem-) und eine rechnerübergreifende (Kommunikationssystem-)Komponente wesentlich die Komplexität des Gesamtsystems.

Variante II beschreibt die Integration der Multicast-Synchronisation in einen Ende-zu-Ende-Dienst auf Transportebene. Ein Beispiel hierfür ist die in das AMOEBA-System [103] integrierte Interprozeßkommunikation für Gruppen. Sie ist Teil eines verteilten Betriebssystems, das eine Multicast-Totalordnungssemantik realisiert. Der Vorteil eines solchen Ansatzes liegt in Optimierungsmöglichkeiten des Synchronisationsprotokolls für den Fall, daß mehrere Anwendungsinstanzen pro Rechner vorliegen. Beispielsweise kann der benötigte Pufferplatz optimiert werden, indem eine Nachricht lediglich *einmal* zwischengespeichert wird, wenn sie für mehrere Endinstanzen auf demselben Rechner bestimmt ist, aber aufgrund der Ordnungssemantik noch nicht ausgeliefert werden kann. Ein Nachteil dieses Ansatzes besteht jedoch darin, daß erst zum Auslieferungszeitpunkt eine Übertragung der Nachricht in den Adreßraum der Endinstanzen stattfindet und dadurch der kritische Pfad der Nachrichtenauslieferung verlängert wird.

Variante III setzt oberhalb eines Ende-zu-Ende-Transportsystems auf, d.h. es benutzt unterliegende Transportdienste zum direkten Datentransfer zwischen Endinstanzen. Dieser Ansatz wurde in der ISIS-Protokollfamilie sowie bei Neufeld et al. [126] gewählt. Er erlaubt die weitestgehende Entkopplung der Funktionalität von Datentransfer und Synchronisation und vereinfacht dadurch Entwurf und Verifikation eines Multicast-Synchronisationsprotokolls. Außerdem wird durch eine solche Entkopplung der Rückgriff auf bereits existierende Ende-zu-Ende-Transportdienste ermöglicht.

Die Frage, welcher anwendungsorientierten Schicht des ISO-Referenzmodells eine Multicast-Synchronisationskomponente in der Variante III zuzuordnen wäre, soll im Rahmen der vorliegenden Arbeit nicht weiter untersucht werden. Eine Beantwortung dieser Frage ist stark gekoppelt an die Art und Weise, wie Mehrparteiendienste in Zukunft in die ISO-Architektur eingebracht werden. Bisher war die MACF-Komponente der Anwendungsschicht [91] das einzige Architekturelement, das zur Realisierung des TP-Dienstes multiple Kommunikationsverbindungen zueinander in Beziehung setzen konnte. Es muß sich zeigen, ob sich diese Komponente zur architekturellen Modellierung einer Vielfalt von Mehrparteienfunktionalität wie *Mehrparteien-File-Transfer* [22], *Mehrparteien-Remote-Procedure-Call* [43] und *Mehrparteien-Multicast-Synchronisation* als ausreichend erweist. In [169] wird beispielhaft eine Ansiedlung von Mehrparteiendiensten im ISO *Session Layer* diskutiert.

5.2.3 Mehrparteienunterstützung

Weitere architekturelle Alternativen ergeben sich aus der Frage, auf welcher Ebene die Mehrparteienunterstützung und insbesondere die Multicast-Funktionalität realisiert wird.

Als Basistransferdienste stehen Kommunikationsdienste für den Zweiparteienaustausch (*peer-to-peer*) von Benutzerdaten [139] [90] zur Verfügung. Darüber hinaus unterstützt die Hardware in vielen lokalen Netzwerken [93] [94] Broadcast-Funktionen zur Datenübertragung. Eine Multicast-Funktion, d.h. das simultane Verschicken einer einzelnen Nachricht an eine ausgewählte Gruppe von Empfängern, kann aufbauend auf diesen Basistransferdiensten nach zwei Varianten erbracht werden (Abbildung 34).

Kapitel 5.1 hat gezeigt, daß Multicast-Dienste in Form von Forschungsprototypen existieren und wie im Falle des ST-II-Protokolls bereits im Standardisierungsprozeß befindlich sind. Dies ermöglicht eine Architektur nach Variante I, in der die Synchronisationskomponente auf einen bereits existie-

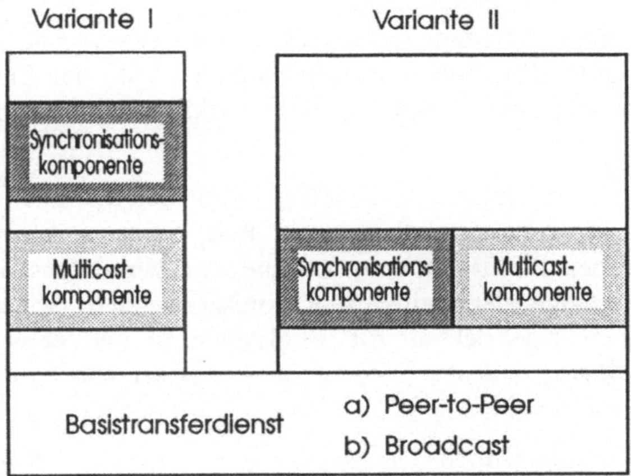

Abbildung 34. **Synchronisation und Multicast**

renden (nichtsynchronisierten) Multicast-Transportdienst (z.B. [163] [34] [47] [36]) zurückgreift. Ein solches Vorgehen vereinfacht die Realisierung eines Synchronisationsprotokolls, indem mächtige existierende Verfahren zur Optimierung der Multicast-Übertragung ausgenutzt werden können. Verwendet man beispielsweise den von Crowcroft und Paliwoda [47] entwickelten Multicast-Transportdienst, so enthält dieser bereits eine mächtige, für die Belange der Mehrparteienkommunikation optimierte Flußkontrolle (basierend auf einem Mehrparteien-*Sliding Window*).

Variante I ist nicht sinnvoll, wenn ein Synchronisationsprotokoll zur Realisierung seiner Funktionalität vorwiegend *Peer-to-Peer*-Nachrichten benötigt. Dies kann beispielsweise der Fall sein, wenn jede Benutzernachricht beim Transfer konkateniert wird mit einer anderen, empfängerspezifischen Synchronisationsnachricht (z.B. einem Zeitstempel). In diesem Fall kann ein Multicast-Dienst der unterliegenden Schicht nicht ausgenutzt werden.

In Variante II sind Synchronisationskomponente und Multicastkomponente gekoppelt, d.h. aufbauend auf einem *Peer-to-Peer-* oder *Broadcast-* Basistransferdienst wird mit denselben Protokollelementen die Zielgruppenauswahl und die Synchronisation erbracht. Beispielsweise verwenden Navaratnam et al. [126] *Group Manager*-Komponenten, die gleichzeitig eine Totalordnung erzeugen und durch Verwaltung einer Mitgliederliste die Auslieferung einer einzelnen Nachricht an eine Gruppe von Empfänger steuern.

Bei Rückgriff auf einen *Peer-to-Peer*-Dienst (Variante IIa) muß zur Realisierung der Multicast-Funktionalität beim Sender eine Replizierung der

Nachricht und das Versenden einer Kopie an jedes Element der Multicast-Empfängergruppe stattfinden. Bei Rückgriff auf einen *Broadcast*-Basistransferdienst (Variante IIb) muß umgekehrt auf der Seite der Empfänger eine Filterung stattfinden, welche die Nachricht selektiv an Anwendungsinstanzen weiterreicht.

Grundsätzlich bietet Variante II die Möglichkeit der Optimierung durch die Kombination von Protokollelementen. Beispielsweise können bei der Replizierung einer Nachricht zum Zwecke des Versendens auf multiplen *Peer-to-Peer*-Kanälen gleichzeitig Synchronisationsdaten angefügt werden. Genauso können Nachrichten zur Flußsteuerung bei Verwendung eines gemeinsamen *Sliding Window* [126] zum Austausch von Synchronisationsdaten mitbenutzt werden.

In jedem Fall erhöht jedoch eine kombinierte Lösung die Komplexität des Protokolls und erschwert die Verifikation. Ohne Ausnutzung eines Multicast-Basistransferdienstes muß eine Synchronisationskomponente jede Nachricht mehrfach versenden und über jede der versandten Nachrichten die Kontrolle ausüben. Insbesondere wenn dies mit der Bereitstellung weiterer Dienstqualitäten wie Zuverlässigkeit (Kapitel 5.2.1) gekoppelt ist, entsteht dadurch ein erheblicher Aufwand.

5.3 Direkter und indirekter Datentransfer

Weitere Architekturvarianten betreffen die Form des Austauschs von Benutzernachrichten. Im Falle des *direkten* Datentransfers wird eine Benutzernachricht von der Kommunikationsinstanz des Senders unmittelbar an die Kommunikationsinstanzen der Empfänger ausgeliefert. Dabei müssen Sender und Empfänger auf Netzwerkebene nicht benachbart sein, die Nachricht kann über mehrere Zwischenknoten hinweg übermittelt werden. Am Datentransfer beteiligt sind jedoch aus Sicht der Multicast-Synchronisation nur Endinstanzen, d.h. solche, die Sender- oder Empfängerfunktion haben. Beispiele für Synchronisationsprotokolle mit direktem Datentransfer sind die ISIS-Protokolle [19], das *Primary Receiver*-Protokoll von Chang und Maxemchuk [40] und viele Protokolle, die auf einem LAN-Broadcast als Basistransferdienst beruhen, z.B. das Protokoll von Melliar-Smith et al. [122].

Im Falle des *indirekten* Datentransfers (Abbildung 35) können auf dem Weg zum Empfänger mehrere Kommunikationsinstanzen beteiligt sein, die gleichzeitig Synchronisationsfunktionen übernehmen. Der indirekte Datentransfer ist dabei wiederum nicht gleichzusetzen mit dem Routing von

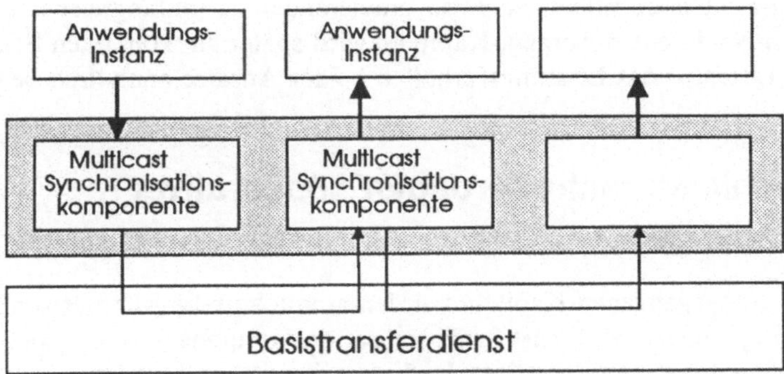

Abbildung 35.　Indirekter Datentransfer

Nachrichten auf Netzwerkebene. Da der Datentransfer zwischen Instanzen der Synchronisationskomponente erfolgt, ist der Zweck vielmehr, durch eine geeignete Kommunikationsstruktur unter diesen Instanzen eine Synchronisation zu ermöglichen. Navratnam et al. [126] versenden z.B. alle Benutzernachrichten an die Kommunikationsinstanz einer ausgezeichneten Komponente, die diese sodann an alle Empfänger weiterleitet. Die ausgezeichnete Instanz wird als logischer Trichter (*Funnel*) verwendet, der implizit eine Synchronisation durchführt. Garcia-Molina und Spauster [78] berechnen einen aufspannenden Baum, entlang dem Benutzernachrichten transportiert und gleichzeitig im Verhältnis zueinander geordnet werden. Cristian et al. [48] kombinieren, wie erwähnt, einen *Flooding*-Mechanismus auf Netzwerkebene mit der Berechnung von Zeitstempeln, die bei den Empfängern eine geordnete Auslieferung ermöglichen. Jeder Knoten agiert dabei als Endinstanz und gleichzeitig als Zwischeninstanz für den Datentransfer zu den Nachbarn.

Der Vorteil des indirekten Datentransfers liegt in der Kopplung von Synchronisations- und Transferfunktionen. Benutzernachrichten können gleichzeitig als Synchronisationsnachrichten verwendet werden, was sowohl die Anzahl der Nachrichten als auch die Komplexität des Synchronisationsprotokolls reduziert. Der Ansatz des indirekten Datentransfers optimiert dadurch den Synchronisationsaufwand, erhöht jedoch möglicherweise den Datentransferaufwand. Korrespondiert der logische Pfad des Datentransfers zwischen Sender und Empfänger nicht mit dem Wegewahloptimum der Netzwerkschicht, so entsteht unnötige Netzwerklast und -verzögerung. Ist der *Funnel*-Prozeß von [126] beispielsweise auf einem entfernten Netzwerkknoten angesiedelt, während alle anderen Sender und Empfänger demselben LAN angehören, so belastet jede Nachricht das WAN n-fach $n = $ *Anzahl der*

Empfänger). Dieser Effekt ist umso gravierender, je umfangreicher die verschickten Nachrichten werden. Kapitel 6 wird später an konkreten Beispielen aus der Literatur das Leistungsverhalten beider Ansätze analytisch bewerten.

5.4 Architekturanforderungen kooperativer Anwendungen

In den vorangegangenen Kapiteln wurden architekturelle Alternativen für die Einbettung einer Multicast-Synchronisationskomponente in existierende Protokollarchitekturen diskutiert. In diesem Kapitel soll, ausgehend von den Anforderungen kooperativer Anwendungen, die Menge der möglichen Varianten eingeschränkt werden. Ziel ist es, durch Auswahl einer konkreten Multicast-Synchronisationsarchitektur kooperative Anwendungen bestmöglich zu unterstützen.

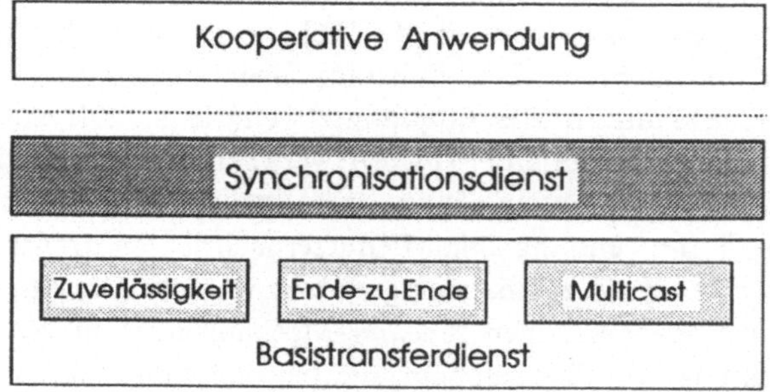

Abbildung 36.   Basisarchitektur

Abbildung 36 verdeutlicht die dabei getroffene Wahl unter den diskutierten Alternativen: Die Synchronisation findet in einer Schicht oberhalb eines *Basistransferdienstes* statt, der einen zuverlässigen Multicast-Dienst zwischen Endinstanzen zur Verfügung steht. Diese Wahl entspricht der Kombination von

- Variante III (Kapitel 5.2.1)
- Variante III (Kapitel 5.2.2)
- Variante I (Kapitel 5.2.3)

aus den vorigen Kapiteln. In der Terminologie des ISO-Referenzmodells ist ein Basistransferdienst mit Ende-zu-Ende-Semantik der Schicht 4 (Transportschicht) zuzuordnen. Die Synchronisationsschicht kann demgemäß nach OSI entweder als Teilschicht dem *Transport Layer* oder als integrierter Bestandteil einer der anwendungsorientierten Schichten (*Upper Layers*) zugeordnet werden. Um den in den nachfolgenden Kapiteln stattfindenden Protokollentwurf nicht zu sehr an die OSI-Architektur zu binden, soll an dieser Stelle eine feste Zuordnung zu einer der OSI-Schichten vermieden werden.

Die Auswahl der Varianten wird folgendermaßen begründet:

- *Zuverlässigkeit*: Ziel der Arbeit ist es, einer kooperativen Anwendung eine Auswahl abgeschwächter Ordnungssemantiken zur Verfügung zu stellen. Zu ihrer Realisierung ist eine Verfeinerung der existierenden Protokollmechanismen notwendig. Eine Entkopplung von den zusätzlichen Problemstellungen der zuverlässigen Datenübertragung erscheint sinnvoll, um die Komplexität der Protokolle zu beschränken und ihre Verifizierbarkeit sicherzustellen. Daher wird bei der Realisierung eines Multicast-Synchronisationsdienstes von einem zuverlässigen Basisdienst ausgegangen.

- *Ende-zu-Ende:* Die Realisierung der Synchronisation innerhalb einer Rechner-zu-Rechner-Schicht erscheint zu einschränkend für kooperative Systeme: Mit zunehmender Leistungsfähigkeit von Arbeitsplatzrechnern werden diese in der Regel als Mehrbenutzersysteme verwendet und beherbergen dementsprechend gleichzeitig mehrere Anwendungsinstanzen. Diese müssen als Endinstanzen synchronisiert werden. Eine Realisierung der Multicast-Synchronisation oberhalb einer Ende-zu-Ende-Basisschicht gewährleistet dies und entkoppelt gleichzeitig Aspekte der Synchronisation und Aspekte des Ende-zu-Ende-Datentransfers.

- *Multicast:* Kooperative Anwendungen haben hohe Leistungsanforderungen bezüglich Bandbreite (Graphikdaten, Bitmaps) und Nachrichtenverzögerung (interaktive Antwortzeiten). Es ist daher notwendig, soweit als möglich Broad- und Multicasteigenschaften unterliegender Netze auszunutzen. Da die Tendenz dahin geht, auch im WAN-Bereich Multicast-Dienste zur Verfügung zu stellen (XTP [137], ST-II [36], ATM [30]), ist die Annahme einer Multicast-fähigen Basisschicht realistisch und zukunftsweisend.

In einer replizierten kooperativen Anwendung verwaltet jede Anwendungskomponente eine Kopie des globalen Zustands. Globale Operationen werden an allen Orten ausgeführt. Dabei kommt der Ausführung einer globalen Operation am Ort ihrer Erzeugung eine besondere Bedeutung zu. Zwei architekturelle Alternativen bieten sich zur Gestaltung der Schnittstelle zwischen Anwendung und Kommunikationssystem an:

I. Die Anwendung führt jede globale Operation unmittelbar auf ihrer Kopie des globalen Zustands aus und überträgt diese anschließend mittels einer Multicast-Operation als Nachricht an alle übrigen Teilnehmer einer kooperativen Sitzung *ausschließlich* des Senders. Die Ausführung erfolgt dort nach Empfang der Nachricht (Abbildung 37).

II. Die Anwendung führt eine globale Operation nicht unmittelbar aus, sondern übergibt diese an das Kommunikationssystem. Multicast-Operationen des Kommunikationssystems übertragen eine Nachricht an alle übrigen Teilnehmer einer Sitzung *einschließlich* des Senders. Die Ausführung erfolgt überall nach Empfang der Nachricht (Abbildung 37).

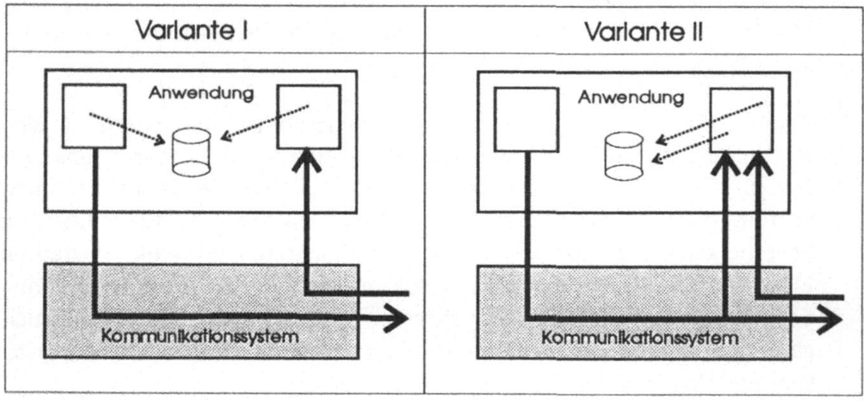

Abbildung 37. Alternativen für Anwendungsschnittstellen

Architekturalternative II soll auch als Multicast-Kommunikation mit *Selbstauslieferung* bezeichnet werden.

Alternative I ist die zunächst näherliegende Architektur, da sie es vermeidet, eine lokal ausführbare Operation an das Kommunikationssystem zu übergeben und daher die *Response Time* (Kapitel 2.4.4) in jedem Fall minimiert. Sie verfügt jedoch über zwei wesentliche Nachteile:

• Die Struktur der Anwendung muß zweigeteilt sein und lokale Eingaben anders behandeln als Eingaben, die an einem entfernten Ort erzeugt werden und über das Kommunikationssystem eintreffen. Dies erzeugt zusätzliche Anwendungskomplexität, die in vielen Fällen gar nicht benötigt wird, da lokale Eingaben und Eingaben anderer Benutzer ohnehin die gleichen Effekte haben sollen.

- Die unmittelbare Ausführung einer Operation vor ihrer Übergabe an das Kommunikationssystem entzieht diese der Synchronisation, z.B. kann die Totalordnung aller globalen Operationen nicht mehr in jedem Fall gewährleistet werden. Initiieren etwa zwei Anwendungskomponenten gleichzeitig zueinander in Konflikt stehende Operationen, so sind diese am erzeugenden Ort zwangsläufig bereits ausgeführt, wenn die jeweils andere Operation eintrifft. Ein Synchronisationsdienst kann die resultierende ungeordnete Ausführung auf keine Weise mehr beeinflussen.

Um eine Ordnungssemantik über alle beteiligten Instanzen realisieren zu können, wird im folgenden von einer Architektur nach Alternative II ausgegangen. Dies erfordert die Berücksichtigung der Selbstauslieferung beim Entwurf einer Multicast-Synchronisationsarchitektur. Prinzipiell bestehen zu ihrer Realisierung zwei Möglichkeiten: Eine Alternative besteht darin, den von der Basisschicht bereitgestellten Multicast-Dienst so zu verwenden, daß dieser die sendende Instanz in die Liste seiner Empfänger miteinbezieht (*Loopback*). Dies hat den Vorteil, daß die Multicast-Synchronisationsschicht keinen Unterschied sieht zwischen Nachrichten entfernter Sender und eigenen Nachrichten.

Die zweite Alternative besteht darin, die Selbstauslieferung innerhalb der Synchronisationsschicht zu realisieren. Gleichzeitig mit der Übergabe einer Nachricht an die Basisschicht würde eine Kopie dieser Nachricht in den lokalen Empfangspuffer gestellt, so als wäre die Nachricht über die Basisschicht ausgeliefert worden. Diese Alternative ist vor allem dann vorzuziehen, wenn der Loopback-Mechanismus innerhalb der Basisschicht auf Ebene des physikalischen Netzwerkes realisiert wird, beispielsweise wenn die Selbstauslieferung einer Nachricht erst einem vollständigen Umlauf innerhalb eines LAN Token Ring folgt. Dies würde den Anforderungen einer optimierten Selbstauslieferung (Kapitel 2.4.4) widersprechen und gleichzeitig Betriebsmittel verschwenden. Eine Entscheidung für die zweite Lösung wird außerdem bevorzugt, weil dieser Ansatz mehr Freiheitsgrade bei der Wahl einer unterstützenden Basisschicht zuläßt (Es sind Multicast-Dienste *mit* und *ohne* Selbstauslieferung verwendbar).

Beide betrachteten Alternativen sind bezüglich ihres Effekts für die Multicast-Synchronisationsschicht äquivalent. Bei allen nachfolgenden Beschreibungen von Protokollabläufen ist es in der Regel nicht notwendig, Nachrichten der Selbstauslieferung von regulären Nachrichten, die von anderen Knoten eintreffen, zu unterscheiden.

5.5 Basiskomponenten

Ergebnis des vorigen Kapitels war die Zuordnung der Synchronisationsfunktion zu einer *Multicast-Synchronisationsschicht (MSS)*, die zwischen der Anwendung und einem in einer Basisschicht zur Verfügung stehenden, zuverlässigen Multicast-Datentransfer lokalisiert ist (Abbildung 39 auf Seite 90). In diesem Kapitel sollen Subkomponenten dieser Schicht hergeleitet und motiviert werden. Bereits in der Einleitung von Kapitel 5 wurden die Grundfunktionen *Datentransfer* und *Synchronisation* erwähnt. Korrespondierende Komponenten zu ihrer Realisierung finden sich deshalb innerhalb der MSS wieder.

5.5.1 Datentransferkomponente (DTK)

Die Datentransferkomponente (DTK) innerhalb der MSS hat die Aufgabe, die Übertragung einer von der Anwendung übergebenen Nachricht durch die Basisschicht zu realisieren. Darüber hinaus realisiert sie die im vorangehenden Kapitel diskutierte Selbstauslieferung von Nachrichten, d.h. sie stellt eine Kopie jeder Nachricht für die sendende Instanz in deren Empfangspuffer.

Soll eine vorgegebene Ordnungssemantik eingehalten werden, so darf im Falle nebenläufiger Multicast-Kommunikation eine Nachricht, die über die Basisschicht eintrifft (oder im Rahmen der Selbstauslieferung generiert wird), nicht unmittelbar an die Anwendung ausgeliefert werden. Es ist deshalb eine weitere Aufgabe der DTK, Nachrichten zu puffern, um sie zu einem späteren Zeitpunkt unter Wahrung der Ordnungssemantik auszuliefern. Dies kann beispielsweise dann der Fall sein, wenn eine andere, in der Ordnung vorangehende Nachricht, eingetroffen ist (Abbildung 38).

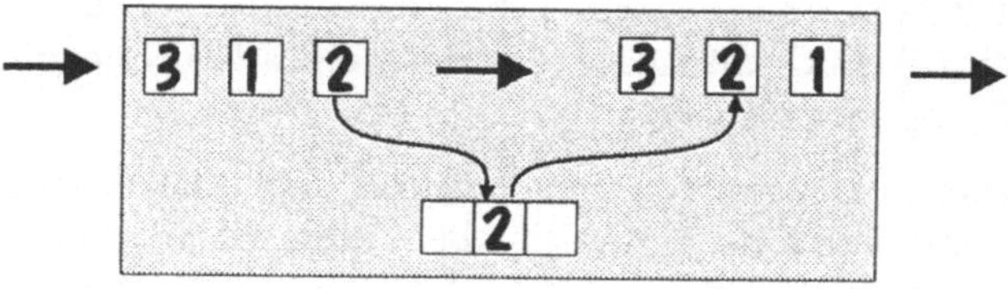

Abbildung 38.   Ordnungserzeugung durch Pufferung

Die Pufferungsfunktionalität der DTK soll zum Zwecke der Einordnung verglichen werden mit Pufferungsmechanismen aus anderen Bereichen der Kommunikation in verteilten Systemen:

Eine empfangsseitige Pufferung wird in existierenden Transportprotokollen häufig verwendet, um oberhalb einer unzuverlässigen Netzwerkschicht FIFO-Eigenschaften für Transportverbindungen zu realisieren: Durch Überholvorgänge im Netzwerk (z.B. durch unabhängiges Routing aller Einzelnachrichten) und durch Sendewiederholungen aufgrund von Nachrichtenverlust erreichen Nachrichten der unterliegenden Netzwerkschicht einen Empfänger unter Umständen in einer anderen Reihenfolge als der, in welcher sie beim Sender erzeugt wurden. Die Kommunikationsinstanz auf Empfängerseite erkennt dies in der Regel anhand von Lücken in der Folge der Sequenznummern von eintreffenden Nachrichten und speichert alle Nachrichten bis die jeweils aktuelle Sequenznummer eingetroffen ist. Derselbe Mechanismus kann verwendet werden, um Quellordnungssemantik (Kapitel 4.4.1) für einen einfachen Multicast-Datentransfer zu realisieren. Für jede andere Ordnungssemantik ist ein solcher, pro Empfänger isoliert realisierter Pufferungsmechanismus, jedoch nicht ausreichend.

5.5.2 Synchronisationskomponente (SK)

In der Regel kann *keine* der Kommunikationsinstanzen für sich entscheiden, ob die Transferkomponente eine Nachricht, die sie von der Basisschicht erhalten hat, an einen Empfänger ausliefern kann oder nicht. Dies soll an einem Beispiel verdeutlicht werden:

Angenommen, alle Sender verschicken ihre Nachrichten mit einer eindeutigen Kennung (z.B. Senderid + Zeitstempel), und die empfangenden Kommunikationsinstanzen verfügen über eine für alle Instanzen bekannte und identische Funktion F, die für zwei gegebene Nachrichten (auch von verschiedenen Sendern) entscheiden kann, welche zuerst ausgeliefert wird (z.B. jeweils diejenige mit kleinerem Zeitstempel). Mit Hilfe einer solchen Funktion kann eine Kommunikationsinstanz zwar, wenn sie mehrere Nachrichten unterschiedlicher Sender gleichzeitig vorliegen hat, eine Sortierung auf diesen Nachrichten vornehmen. Liefert sie Nachrichten jedoch ohne Abstimmung mit anderen Kommunikationsinstanzen entsprechend dieser Sortierung aus, so kann trotzdem eine nichtgeordnete Auslieferung zustandekommen: In einem allgemeinen verteilten System können Nachrichten beliebig lange verzögert werden, d.h. es können bei einzelnen Empfänger verspätet Nachrichten eintreffen, die bei der Auswertung von F gar nicht berücksichtigt werden konnten. Da eine bereits erfolgte Auslieferung nicht mehr rückgängig gemacht werden kann, ist daher dieselbe Auslieferung wie bei anderen Empfängern unter Umständen nicht mehr möglich.

Eine einzelne Kommunikationsinstanz ist daher darauf angewiesen, durch die übrigen Sender und/oder Empfänger mit Wissen über nebenläufige Vorgänge versorgt zu werden, um Auslieferungsentscheidungen treffen zu können. Dies ist die Aufgabe der *Synchronisationskomponente (SK)* innerhalb der MSS.

In obigem Beispiel könnte die SK einer empfangenden Kommunikationsinstanz dies z.B. dadurch erreichen, daß sie eine Nachricht erst dann an die Anwendung freigibt, wenn die SK aller potentiellen Sender melden, daß keine weiteren Nachrichten mit kleineren Zeitstempeln existieren. Eine Lösung, die diesem Beispiel entspricht, wird im ISIS-ABCAST [19] verfolgt und in Kapitel 6.1.1 näher beschrieben.

5.5.3 MSS-Architekturmodell

Schnittstellen und Zusammenspiel von DTK und SK werden durch Abbildung 39 verdeutlicht.

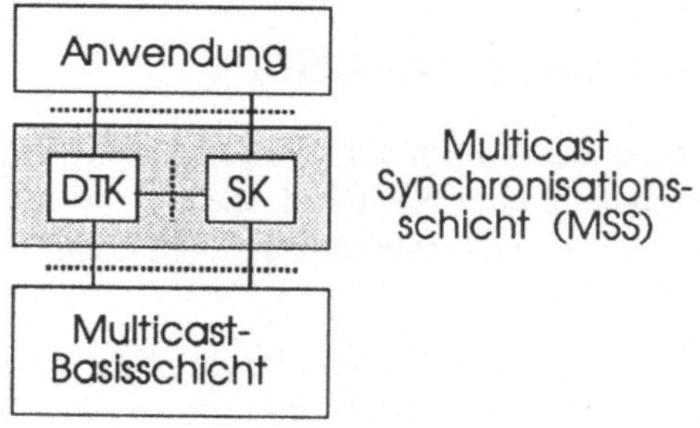

Abbildung 39. Basisarchitektur

Beide Subkomponenten DTK und SK haben Schnittstellen sowohl zur Anwendung als auch zur Basisschicht. Darüber hinaus verfügen sie über eine gemeinsame interne Schnittstelle.

- Schnittstelle MSS - Anwendung

   Über diese Schnittstelle werden Anwendungsnachrichten übergeben und Synchronisationsanforderungen spezifiziert. Die DTK ist verantwortlich für Übernahme, Pufferung und Auslieferung einer Nachricht, die SK-Komponente realisiert die für eine Nachricht spezifizierte Ordnungssemantik. Beispielsweise kann eine Nachricht zusammen mit der Anforderung, sie als Abschnittsnachricht (Kapitel 4.4.4) zu behandeln, an die MSS übergeben werden. Die SK garantiert, daß die Menge der empfangenden DTKs diese Nachricht entsprechend ihrer Semantik, d.h. geordnet im Verhältnis zu allen anderen Nachrichten, ausliefert.

- Interne Schnittstelle DTK - SK

  Die interne Schnittstelle koppelt Datentransfer- und Synchronisationskomponente: Die DTK meldet die eindeutige Kennung einer eingetroffenen Nachricht an die SK und puffert die Nachricht. In der umgekehrten Richtung wird die DTK von der SK (i. d. R. nach Ablauf eines Synchronisationsprotokolls) beauftragt, Nachrichten auszuliefern.

- Schnittstelle MSS - Basisschicht

  Die sendende DTK übergibt Anwendungsnachrichten über diese Schnittstelle an die Basisschicht, welche diese zu den DTK-Komponenten der empfangenden Kommunikationsinstanzen befördert. Die SK benutzt die Basisschicht, um mit den SK anderer Kommunikationsinstanzen Protokolldateneinheiten eines Mehrparteienprotokolls zur Synchronisation der Auslieferung auszutauschen.

Die SKs aller beteiligten Kommunikationsinstanzen realisieren, ebenso wie die DTKs, zur Lösung ihrer jeweiligen Aufgabe ein Mehrparteienprotokoll. Abbildung 40 verdeutlicht dies.

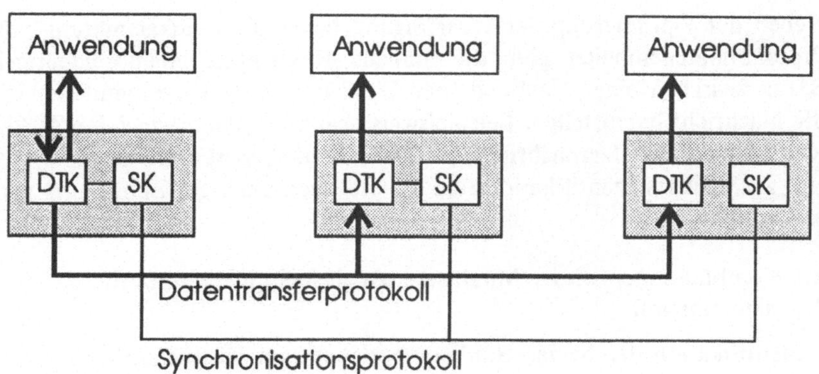

Abbildung 40. Mehrparteienprotokolle zwischen DTKs und SKs

Bezüglich der Dienstzugangspunkte (siehe Kapitel 4.1) zur Basisschicht lassen sich drei Möglichkeiten unterscheiden:

1. DTK und SK benutzen getrennte Dienstzugangspunkte (*out-band*)

   Dies ist z.B. der Fall, wenn Benutzernachrichten und Synchronisationsnachrichten über getrennte Verbindungen unabhängig voneinander übertragen werden. Getrennte Dienstzugangspunkte können sinnvoll sein, wenn der Datenaustausch für beide Komponenten unterschiedliche Dienstgüten aufweisen soll. Beispielsweise kann es notwendig sein, Benutzernachrichten mit großen Datenmengen zwar schnell, aber nicht unbedingt mit einer hohen Bitfehlersicherheit zu übertragen (z.B. bei Audio- oder Videodaten [164]. Dagegen sind die Protokolldateneinheiten der Synchronisationskomponenten empfindlich für Bitfehler.

2. DTK und SK benutzen denselben Dienstzugangspunkt (*in-band*), versenden aber getrennte Protokolldateneinheiten.

   Die Verwendung eines gemeinsamen Dienstzugangspunktes (z.B. in Form einer gemeinsamen Verbindung) kann sinnvoll sein, um Betriebsmittel zu optimieren, aber auch, um weitergehende Semantiken eines Basistransferdienstes ausnutzen zu können. Ist ein Dienstzugangspunkt beispielsweise Endpunkt einer Verbindung, die *FIFO*-Eigenschaften besitzt, so kann damit eine definierte Reihenfolge des Empfangs von Protokolldateneinheiten der DTK und der SK erreicht werden.

3. DTK und SK benutzen denselben Dienstzugangspunkt und konkatenieren ihre Protokolldateneinheiten.

   Neben der Optimierung der Übertragung bietet die Konkatenierung von Protokolldateneinheiten [89] die einfache Möglichkeit, einen eindeutigen Bezug zwischen einer Nachricht der DTK und einer korrespondierenden SK-Nachricht herzustellen. Beispielsweise kann ein *Zeitstempel* der SK direkt an eine Benutzernachricht der DTK konkateniert werden, ohne daß ein zusätzliches Identifikationsfeld für die wechselseitige Zuordnung sorgen muß.

Auch Kombinationen dieser Möglichkeiten, insbesondere von Alternative 2 und 3, sind sinnvoll.

Die Identifikation der beiden Subkomponenten zum Datentransfer und zur Synchronisation erleichtert die Darstellung des Ablaufs von Multicast-Synchronisationsprotokollen. Obwohl diese Komponenten in existierenden Protokollen nicht in allen Fällen als separate Einheiten implementiert sind, lassen sich Funktionen des Protokolls konzeptionell einer der beiden Instanzen zuordnen. Bei gleichem Protokoll für den Datentransfer unterscheiden sich viele Ordnungsprotokolle allein in der Verwendung unterschiedlicher Mehrparteienprotokolle durch die Synchronisationskomponenten.

5.6 Leistungsbewertungsschema

Die Verzögerung von Benutzernachrichten ist in der Regel unvermeidbar, um eine bestimmte Ordnungssemantik zu erzeugen. Treffen zwei Nachrichten in falscher Reihenfolge bei den Datentransferkomponenten zweier Empfänger ein, so muß zwangsläufig mindestens eine der Nachrichten verzögert werden, um beispielsweise eine Totalordnungssemantik zu realisieren. In Abbildung 41 sind zwei Möglichkeiten dargestellt, wie dies geschehen könnte. Bei der ersten Verzögerungsalternative wird Nachricht N_1, die zum Zeitpunkt $t = 20$ beim ersten der Empfänger eintrifft, bis zum Zeitpunkt $t = 51$ verzögert. Bei der zweiten Alternative wird N_2 verzögert und erst zum Zeitpunkt $t = 71$ ausgeliefert.

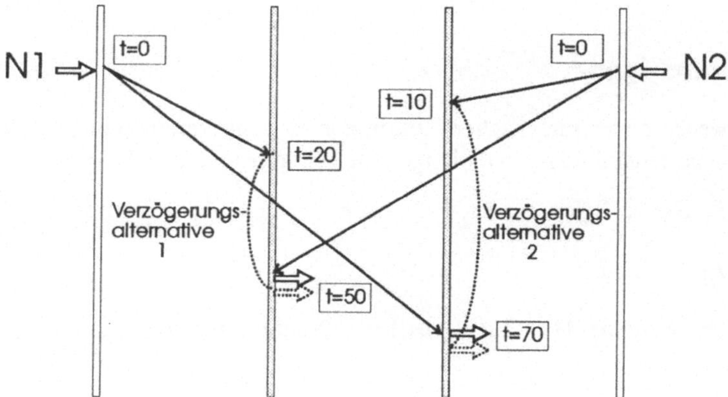

Abbildung 41. **Verzögerung aufgrund von Synchronisation: Alternativen**

Bereits an dieser Abbildung wird deutlich, daß - unabhängig von der Verzögerung durch das Netzwerk - das Verzögerungsmaß bei indefiniten Ordnungssemantiken wie der Totalordnung sehr stark davon abhängt, welche Entscheidungen die Synchronisationskomponenten bezüglich der Auslieferung von Nachrichten treffen. Wird die Reihenfolge $N_1 \rightarrow N_2$ realisiert (Verzögerungsalternative 2), so wird im dargestellten Beispiel eine Nachricht wesentlich stärker verzögert als im anderen Fall.

Diese Überlegungen stellen die Grundlage eines Leistungsbewertungsschemas für Multicast-Synchronisationsprotokolle dar [119]. Das Bewertungsschema soll es ermöglichen, die Entscheidungen eines Protokolls zur Realisierung einer bestimmten Ordnungssemantik bezüglich des Leistungsverhaltens zu bewerten und unterschiedliche Protokolle zu vergleichen. Dabei sollen netzwerkbedingte Verzögerungen für den *Datentransfer* separiert werden von Verzögerungen, welche durch die *Synchronisation* bedingt sind.

In allen bisherigen Ansätzen zur Leistungsbewertung von Multicast-Synchronisationsprotokollen existiert keine solche Unterscheidung. Cristian [48] bewertet Synchronisationsprotokolle anhand der *Termination Time*. Sie definiert das Zeitintervall zwischen dem Senden einer Nachricht und der Auslieferung an den letzten der adressierten Empfänger. Chang und Maxemchuck [40] benutzen den Begriff *Commit Delay*, Garcia-Molina und Spauster [78] den Begriff *Elapsed Time* für ein äquivalentes Bewertungsmaß. In allen aufgezählten Fällen kann am endgültigen Bewertungsmaß nicht mehr abgeleitet werden, welcher Anteil davon auf die Synchronisation zurückzuführen ist.

5.6.1 Grundlagen

Zum Zwecke einer analytischen Diskussion soll ein vereinfachtes Multicast-Szenario bestehend aus einer Menge von Sendern und Empfängern

$$S = \{S_1, S_2, \dots S_m\}$$

$$E = \{E_1, E_2, \dots E_n\}$$

betrachtet werden. Die ausgetauschten Nachrichten stammen aus einer Menge

$$Q = \{q_1, q_2, \dots \}$$

und der Nachrichtenaustausch ist zuverlässig. Jede Nachricht aus Q wird von genau einem Sender aus S versandt und genau einmal an jeden Empfänger ausgeliefert. Formal gibt es eine *Initiatorfunktion I* mit

$$I = \begin{cases} Q \to \mathbb{R} \\ q \mapsto I(q) = \text{Zeitpunkt, zu welchem } q \text{ versandt wurde} \end{cases}$$

und eine *Delivery-Funktion*

$$D = \begin{cases} Q \to \mathbb{R}^n \\ q \mapsto (D^1(q), D^2(q), \dots D^n(q)) \end{cases}$$

wobei:

$D^i(q)$ = Zeitpunkt, zu welchem q an Empfänger E_i ausgeliefert wurde.

Die beiden Funktionen I und D sind aufgrund der Zuverlässigkeit der Übertragung total über Q und

$$D^i(q) > I(q) \; \forall q \; \forall i.$$

Es wird außerdem angenommen, daß zwei Nachrichten nicht gleichzeitig bei einem Empfänger ankommen, d.h.

$$\forall i : D^i(q_j) = D^i(q_k) \Rightarrow i = k.$$

Man beachte, daß eine physikalische Globalzeit, wie sie hier und auch im folgenden verwendet wird, nur der exakten analytischen Darstellung einer verteilten Berechnung dient. Das prinzipielle Fehlen einer Globalzeit während des Ablaufs eines verteilten Systems [105] spielt deshalb keine Rolle.

Mit Hilfe der Globalzeit kann beispielsweise die Semantik der Totalordnung formal definiert werden. Ein Ablauf realisiert eine Totalordnungssemantik auf der Menge der Nachrichten Q, wenn

$$\forall q_1, q_2 \in Q \;\; \forall 1 \le i,j \le n:$$

$$[\, D^i(q_1) < D^i(q_2) \,] \;\Rightarrow\; [\, D^j(q_1) < D^j(q_2) \,] \qquad (*)$$

In Worten ausgedrückt sind die Vektoren $D(q)$, $q \in Q$ totalgeordnet bezüglich des komponentenweisen Vektorvergleichs.

5.6.2 Synchronisationsverzögerung

Die Datentransferkomponente im Architektur-Referenzmodell ist zuständig für die Pufferung von Nachrichten, welche über die Basisschicht eintreffen. Hier treten ordnungsbedingte Verzögerungen auf; eine Definition der Synchronisationsverzögerung muß deshalb an dieser Stelle ansetzen. Für eine einzelne Kommunikationsinstanz wird neben der *Delivery*-Zeit einer Nachricht (Kapitel 5.6.1) die *Arrival-Zeit* definiert. Sie repräsentiert denjenigen Zeitpunkt, zu welchem die Nachricht von der Basisschicht an die Synchronisationsschicht übergeben wurde. Abbildung 42 stellt den Zusammenhang dar.

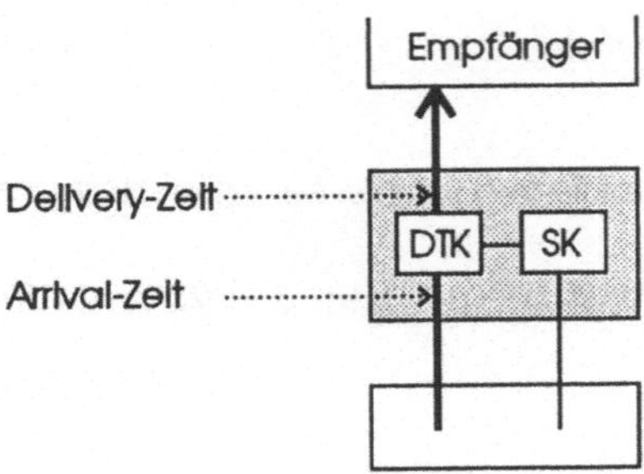

Abbildung 42.   Arrival- und Delivery-Zeit einer Nachricht

Äquivalent zur Definition der *Delivery*-Funktion erfolgt die formale Fassung
der *Arrival*-Funktion A:

$$A = \begin{cases} Q \to \mathbb{R}^n \\ q \mapsto (A^1(q), A^2(q), \dots A^n(q)) \end{cases}$$

wobei $A^i(q) = I(q) + N^i(q)$,

und $N^i(q)$ die durch die Basisschicht induzierte Netzverzögerung (im fol-
genden auch *N-Delay*) der Nachricht q auf dem Weg von ihrem Sender zu
Empfänger E_i wiedergibt. Auf der Basis der Funktion A kann die Synchro-
nisationsverzögerung Δ (im folgenden als *S-Delay* bezeichnet) als N-wertige
Funktion definiert werden, die die Aufenthaltsdauer der Nachrichten in der
Multicast-Synchronisationsschicht der jeweiligen Empfänger repräsentiert
(Abbildung 43):

$$\Delta = \begin{cases} Q \to \mathbb{R}^n \\ q \mapsto \Delta(q) = D(q) - A(q) \end{cases}$$

(Komponentenweise Vektorsubtraktion.)

Schließlich sei die Gesamtsynchronisationsverzögerung $\overline{\Delta}$ einer Nachricht q
definiert durch

$$\overline{\Delta}(q) = \sum_{i=1}^{n} \Delta^i(q) \quad \text{(komponentenweise Addition)}$$

Daraus ableitbar ist die *mittlere* Synchronisationsverzögerung für eine Nachricht q mit dem Wert $\overline{\Delta}(q)/n$. Da die mittlere Synchronisationsverzögerung das Auslieferungsverhalten aller beteiligten Instanzen berücksichtigt, repräsentiert dieser Wert anschaulich den Verlust an Durchsatz im System, der durch die Synchronisation auftritt.

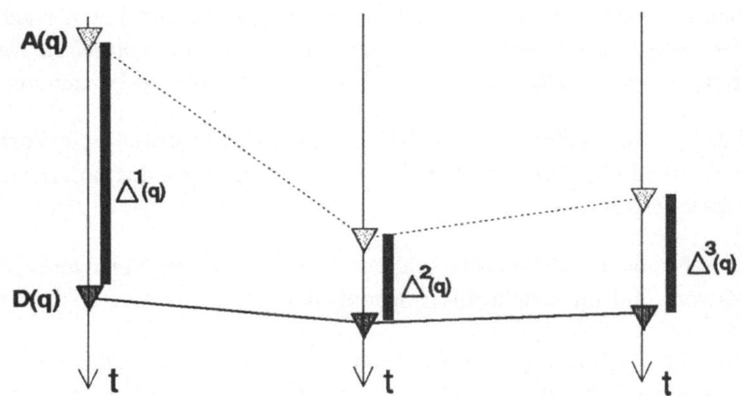

Abbildung 43.   Synchronisationsverzögerung

Ein weiterer Wert zur Leistungsbeurteilung ist die *maximale* Synchronisationsverzögerung

$$\overline{\Delta}_{\max}(q) = \max_{i=1..n} \{\Delta^i(q)\},$$

die beispielsweise dann von Relevanz ist, wenn der Initiator einer globalen Operation synchron warten will, bis jede der übrigen Instanzen diese ebenfalls ausgeführt hat.

Jede der beschriebenen Kenngrößen kann auf *Nachrichtenmengen* erweitert werden, beispielsweise soll als Gesamtsynchronisationsverzögerung des Systems der Wert $\overline{\Delta}$, mit

$$\overline{\Delta} = \sum_{q \in Q} \overline{\Delta}(q)$$

verwendet werden. Er ist korreliert mit dem Durchsatzverlust, den ein System aufgrund des Synchronisationsaufwandes erleidet.

5.6.3 Protokollbewertung

Die Synchronisationsverzögerung wurde im vorangehenden Kapitel eingeführt, um innerhalb des vorgestellten Architektur-Referenzmodells eine Leistungsbewertung von Multicast-Synchronisationsprotokollen vornehmen zu
können. Dieses Kapitel beschreibt die Vorgehensweise.

Eine Protokollausführung P ist ein Viertupel (Q, I, N, D) aus einer Menge von
Nachrichten Q und drei charakteristischen Funktionen auf diesen Nachrichten. P ist das mathematische Modell der Ausführung einer *einzelnen* Anwendung unter einem *spezifischen* Protokoll in einer *spezifischen* Umgebung:

- (Q, I, N) wird als *Protokolleingabe* bezeichnet und beschreibt die Vorgaben
  der Anwendung (Q,I) und das Verzögerungsverhalten des unterliegenden
  Netzwerkes (N).

- D beschreibt das Protokollverhalten als Ergebnis von Verzögerungen im
  Netzwerk und im Synchronisationsprotokoll.

Eine Protokollausführung (Q, I, N, D) sei *korrekt*, wenn die *Delivery*-Funktion
D die Bedingung (*) von Kapitel 5.6.1 erfüllt und Nachrichten nach der gewünschten Ordnungssemantik ausliefert.

Protokolle werden verglichen, indem Protokollausführungen unterschiedlicher Protokolle für dieselbe Protokolleingabe analytisch untersucht werden
(Abbildung 44).

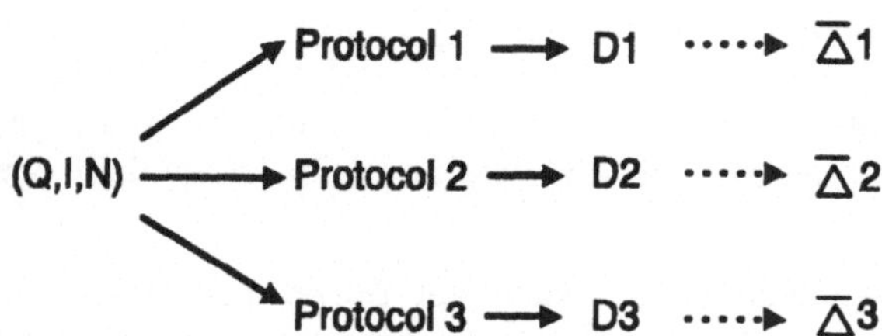

Abbildung 44. **Ansatz zum Protokollvergleich**

Die Gesamtverzögerungszeit $\overline{\Delta}$ eignet sich als einwertige Kenngröße insbesondere, um den Synchronisationsaufwand von Protokollen zu vergleichen.
Ein weiteres Leistungsmaß wäre $\overline{\Delta}_{max}$ und ein drittes die Anzahl der benötigten Synchronisationsnachrichten zur Realisierung des Protokolls.

Unabhängig von der konkreten Realisierung durch ein Protokoll existiert für eine gegebene Protokolleingabe immer (mindestens) eine *optimale Delivery-Funktion D*:

Eine Protokollausführung $P = (Q, I, N, D)$ sei *S-optimal*, wenn die folgenden Bedingungen gelten:

1. P ist eine gültige Protokollausführung.
2. Für die durch P definierte Gesamtverzögerungszeit $\overline{\Delta}_P$ gilt:

$$\overline{\Delta}_P = \min\{\overline{\Delta}_{\tilde{P}} : \tilde{P} = (Q, I, N, \tilde{D}) \quad und \quad \tilde{P} = gültige\ Protokollausführung\}.$$

In der Regel wird kein Protokoll es erreichen, für eine gegebene Eingabe eine S-optimale Ausführung zu erzeugen. Dies liegt daran, daß die Synchronisationskomponenten in den Instanzen der Multicast-Synchronisationsschicht kein globales Bild über die Protokolleingabe besitzen, für die sie eine Ausführung mitbestimmen. Einmal kennen sie zu jedem Zeitpunkt nur die Teilmenge der bis dahin angekommenen Nachrichten (d.h. *A* ist nur partiell definiert). Zum anderen kennen sie selbst für die eingetroffenen Nachrichten nicht den kompletten Wert der *Arrival*-Funktion, sondern nur die Vektorkomponente, die der eigenen Empfängerinstanz entspricht.

Trotzdem ist die Gesamtverzögerung für eine S-optimale Auslieferung ein nützlicher Wert, um Protokollabläufe einzuordnen. Je näher die Gesamtverzögerung eines realen Protokolls bei dem S-optimalen Wert liegt, desto besser ist das Protokoll im Sinne einer Durchsatzsteigerung für die Anwendung.

Was die Berechnungskomplexität für S-Optimalität angeht, so wird diese im allgemeinen Fall exponentiell mit der Anzahl der Nachrichten in Q ansteigen. Der Grund hierfür liegt darin, daß zumindest prinzipiell jede mögliche Auslieferungsreihenfolge von N Nachrichten möglich ist. Ohne eine zusätzliche Heuristik anzuwenden, müßten also N! korrekte *Delivery*-Funktionen gefunden und deren Synchronisationverzögerung berechnet werden.

5.6.4 Bewertungselemente für kooperative Systeme

Das soweit eingeführte Leistungsbewertungsschema war unabhängig von der Art der Anwendung und von den spezifischen Architekturelementen, die zur Unterstützung kooperativer Anwendungen benötigt werden. In diesem Kapitel sollen zusätzliche Bewertungsmaße eingeführt werden, die für Multicast-Synchronisationsprotokolle zur Unterstützung kooperativer Anwendungen Bedeutung haben.

Innerhalb einer kooperativen Anwendung ist eine sendende Instanz immer gleichzeitig Empfänger der eigenen Nachrichten. Abgebildet auf das Bewertungsschema bedeutet dies, daß die Menge der Sender S eine Teilmenge der Menge aller Empfänger E repräsentiert. Zur Vereinfachung sei für die weiteren Überlegungen angenommen, daß die beiden Mengen identisch sind, d.h.

$$m = n, \quad S_1 = E_1, S_2 = E_2, \dots, S_m = E_n$$

Kapitel 2.4.4 hat gezeigt, daß die Optimierung der Selbstauslieferung eine wichtige Anforderung kooperativer Systeme repräsentiert. Es soll hergeleitet werden, durch welche Bewertungsgrößen dieser Vorgang beschrieben wird. Dazu wird der durch Ellis [58] eingeführte Begriff der Antwortzeit verwendet.

* Die *Antwortzeit (engl. Response-Time)* $R(q)$ für eine Nachricht q von Sender i sei die Zeitdauer für ihre Selbstauslieferung, formal:

$$R(q) = D^i(q) - I(q)$$

Die Indentität von Sender und Empfänger hat zur Konsequenz, daß der N-Delay einer Nachricht q von Sender S_i in ihrer i-ten Komponente den Wert 0 aufweist ($S_i = E_i$; keine Netzwerkverzögerung). Damit errechnet sich die Antwortzeit $R(q)$ zu

$$R(q) = D^i(q) - I(q) = I(q) + N^i(q) + \Delta^i(q) - I(q) = \Delta^i(q)$$

Die Antwortzeit einer Nachricht ist also identisch mit dem zuvor definierten Begriff der Synchronisationsverzögerung. Bei einer Analyse von Protokollabläufen reicht es deshalb, zur Bewertung des Selbstauslieferungsverhaltens den S-Delay der Nachrichten zu betrachten.

5.6.5 Beispielanwendung

Das in Kapitel 5.6 eingeführte Beispiel (Abbildung 41 auf Seite 93) ist durch folgende Protokolleingabe beschrieben:

* $Q = \{ q_1, q_2 \}$
* $I(q_1) = I(q_2) = 0$
* $N(q_1) = (20, 70)$
  $N(q_2) = (50, 10)$

Wenn q_1 bei Empfänger E_1 bis zum Zeitpunkt $t = 51$, verzögert wird, so ergibt das eine *Delivery*-Funktion D mit

$$D(q_1) = (51, 70)$$
$$D(q_2) = (50, 10).$$

D stellt zusammen mit Q, I, und N eine korrekte Protokollausführung gemäß obiger Definition dar. Die Gesamtsynchronisationsverzögerung $\overline{\Delta}$ berechnet sich für diesen Fall zu

$$\overline{\Delta} = (51 - 20) + (70 - 70) + (50 - 50) + (10 - 10) = 31.$$

Diese Protokollausführung wäre gleichzeitig S-optimal, da für die alternative Auslieferungsfolge $q_1 \rightarrow q_2$ mit einer bestmöglichen *Delivery*-Funktion D' von

$$D'(q_1) = (20, 70)$$
$$D'(q_2) = (50, 71).$$

eine Gesamtverzögerung von

$$\overline{\Delta}' = (20 - 20) + (70 - 70) + (50 - 50) + (71 - 10) = 61$$

d.h. das doppelte des vorherigen Wertes, zustande käme.

Als mittlere Synchronisationsverzögerung für die Nachrichten ergeben sich im ersten Fall

$$\overline{\Delta}(q_1)/2 = 31/2 = 15.5 \;\; bzw. \;\; \overline{\Delta}(q_2)/2 = 0$$

und im zweiten Fall

$$\overline{\Delta}(q_1)/2 = 0 \;\; bzw. \;\; \overline{\Delta}(q_1)/2 = 61/2 = 30.5.$$

Zur Betrachtung des Selbstauslieferungsverhaltens sei davon ausgegangen, daß Sender und Empfänger übereinstimmen ($S_1 = E_1$, $S_2 = E_2$), entsprechend sei die N-Delay Funktion angepaßt zu:

$$N(q_1) = (0, 70)$$
$$N(q_2) = (50, 0)$$

Bei ansonst gleichem Synchronisationsverhalten resultiert dies für Verzögerungsalternative 1 in einem Antwortzeitverhalten von

$$R(q_1) = 51 \quad R(q_2) = 0$$

und bei Verzögerungsalternative 2 in

$$R(q_1) = 0 \quad R(q_2) = 71.$$

In beiden Fällen existiert also für zumindest eine der beteiligten Instanzen eine nicht vernachlässigbare Antwortzeit.

6 Ausgewählte Synchronisationsprotokolle

In diesem Kapitel sollen existierende Ansätze zur Synchronisation nebenläufiger Multicast-Nachrichten untersucht werden. Dabei soll das im letzten Kapitel erarbeitete Schema zur Klassifikation und Leistungsbewertung von Multicast-Synchronisationsprotokollen als Grundlage dienen. Gleichzeitig soll die Anwendbarkeit und Nützlichkeit des entwickelten Architektur-Referenzmodells sowie des Leistungsbewertungsschemas belegt werden.

6.1 ISIS

Das ISIS-System [19] [20] [11] [27] wurde von Birman und Joseph (Cornell Universität, USA) zur Unterstützung fehlertoleranter Anwendungen in lose gekoppelten verteilten Umgebungen entwickelt. ISIS besteht aus einer Familie von Multicast-Protokollen *(ABCAST, CBCAST, GBCAST)*, die einem Anwendungsprogrammierer über eine Dienstschnittstelle zur Verfügung gestellt werden. Darüber hinaus umfaßt das System eine Menge von Werkzeugen auf Anwendungsebene, die replizierte Datenhaltung [153] [125] [16] und zuverlässige verteilte Berechnungen [144] unterstützen. Der Schwerpunkt der Protokolle liegt darin, beliebige nichtbyzantinische Fehler der beteiligten Rechnerknoten und des zugrundeliegenden Weitverkehrsnetzwerkes tolerieren zu können. Der Anwender erhält aufeinander abgestimmte Komponenten *(Consistency Toolkit* [21]) zur Realisierung verteilter Konsistenzbedingungen.

Architekturell sind alle ISIS-Protokolle in einer Synchronisationsschicht oberhalb eines zuverlässigen Peer-to-Peer Datentransferdienstes zwischen Endinstanzen anzusiedeln. Die Realisierung des Multicast-Datentransfers ist kombiniert mit der Erbringung der Synchronisationsfunktion. Der Datentransfer ist direkt, d.h. jeder Empfänger erhält Nachrichten unmittelbar vom Sender, ohne Bearbeitung durch eine zwischenliegende Synchronisationsinstanz (siehe auch Kapitel 5.3).

Für die ISIS-Protokollfamilie existieren zwei Varianten, die 1987 [19] und 1991 [27] veröffentlicht wurden. Sie unterscheiden sich bezüglich der realisierten Dienstsemantik und der für das jeweilige Protokoll geltenden Leistungscharakteristik. Da beide Varianten in der Literatur vielbeachtete Protokolle repräsentieren, sollen sie - unterschieden durch das Veröffentlichungsjahr (z.B. *ABCAST87*) - in getrennten Kapiteln diskutiert werden.

6.1.1 ABCAST87

Der ABCAST-Dienst realisiert in beiden Protokollvarianten (ABCAST87 und ABCAST91) eine Totalordnungssemantik. Darüber hinaus kann mit ABCAST87 eine Bündelordnung (Kapitel 4.4.2) erzielt werden; mit Aufruf der Operation

ABCAST (msg, label, dests)

wird eine Nachricht asynchron an alle durch *dests* spezifizierten Adressaten versandt. Nachrichten mit identischem *Label* werden bei allen gemeinsamen Empfängern in derselben Reihenfolge ausgeliefert, Nachrichten mit unterschiedlichen Labels sind keiner Ordnung unterworfen.

Das Protokoll zur Realisierung der Ordnungssemantik ist dreiphasig (Abbildung 45) und benutzt Synchronisationskomponenten (SK) der sendenden Kommunikationsinstanzen zur Koordination der Auslieferung.

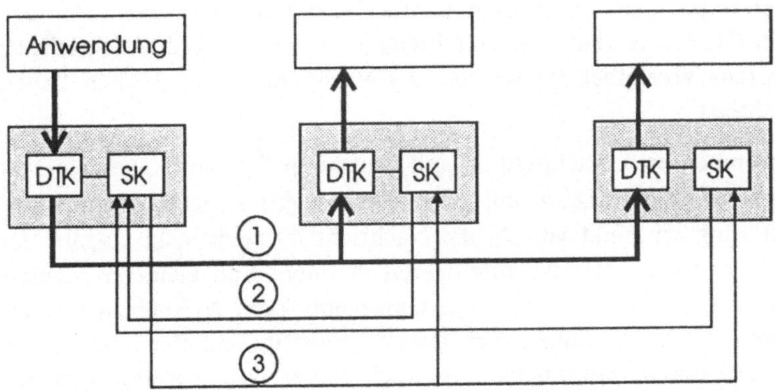

Abbildung 45.   ABCAST87 Protokollablauf

In der ersten Phase wird eine mit ABCAST übergebene Nachricht an die Datentransferkomponenten (DTK) aller Empfänger versandt und dort zwischengespeichert. Die Synchronisationskomponente eines Empfängers markiert die Nachricht als unauslieferbar (*undeliverable*) und weist ihr einen Zeitstempel zu, der größer ist als alle bisher verwendeten Zeitstempel an diesem Knoten. In der zweiten Phase wird der berechnete Zeitstempel zusammen mit einer Kennung der Nachricht an den Sender zurückgeschickt.

Die Synchronisationskomponente des Senders sammelt für jede Nachricht die Menge der Zeitstempel und bildet daraus das Maximum. Dieser Wert wird in der dritten Phase an die Synchronisationskomponenten der Empfänger zurückgesandt. Sobald der vom Sender berechnete Maximumwert bei einem Empfänger eingetroffen ist, wird dieser Wert der betreffenden Nachricht zugewiesen und die Nachricht selbst als auslieferbar (*deliverable*) markiert.

Die Datentransferkomponente eines Empfängers liefert eine Nachricht an die Anwendung aus, wenn folgende Bedingungen zutreffen:

1. Die Nachricht ist als auslieferbar markiert.

2. Keine der übrigen gepufferten Nachrichten (gleichgültig ob auslieferbar oder nicht auslieferbar) mit gleichem Label hat einen kleineren Zeitstempel.

Die Grundidee des Protokolls besteht darin, Nachrichten bei allen Empfängern in der Reihenfolge aufsteigender Zeitstempel auszuliefern. Da jede auslieferbare Nachricht bei allen Empfängern denselben Zeitstempel hat, wird dadurch implizit die Ordnungssemantik der Bündel- bzw. Totalordnung hergestellt. Die Korrektheit des Verfahrens wird durch folgende Schlußkette bewiesen (zur Vereinfachung werden nur Nachrichten mit gleichen Labels berücksichtigt):

Angenommen eine Nachricht N_2 mit Zeitstempel T_2 wird nach einer Nachricht N_1 mit Zeitstempel T_1 ausgeliefert und es gilt $T_2 < T_1$. Dann kann zum Auslieferungszeitpunkt von N_1 die Nachricht N_2 noch nicht eingetroffen gewesen sein; sonst hätte N_2 durch ihren in jedem Fall kleineren Zeitstempel die Auslieferung von N_1 blockiert. Umgekehrt kann N_2 auch nicht nach der Auslieferung von N_1 eingetroffen sein, da sonst ihr initialer Zeitstempel größer als alle bisher verwendeten, also auch größer als T_1 gewählt worden wäre. Die Maximumbildung durch den Sender hätte diesen Wert gleich belassen oder nochmals erhöht. Zusammen widerlegt dies die Annahme und beweist, daß Nachrichten bei allen Knoten in aufsteigender Reihenfolge (und damit totalgeordnet) ausgeliefert werden.

6.1.2 CBCAST

Das ISIS CBCAST-Protokoll [19] [27] [154] realisiert die kausale Ordnungs-semantik nach Kapitel 4.4.3. Da diese definite Form des Ordnungserhaltes nicht zentrales Thema der vorliegenden Arbeit ist, soll die Beschreibung des CBCAST-Protokolls lediglich die wichtigsten Protokollelemente und die zugrundeliegende Idee wiedergeben.

Im CBCAST87-Protokoll wird einer Nachricht N auf dem Weg zum Emp-fänger eine Liste von Nachrichten mitgegeben, die noch nicht bei allen Empfängern ausgeliefert sind und von denen N kausal abhängig ist. Auf der Empfangsseite wird N erst an die Anwendung übergeben, nachdem zuvor alle kausal vorangehenden Nachrichten ausgeliefert wurden. Dies geschieht da-durch, daß alle noch nicht eingetroffenen Kausalvorgänger aus der beigefüg-ten Liste entnommen und vor N ausgeliefert werden. Duplikate von Nach-richten werden erkannt und ignoriert.

Das Verfahren erzeugt keine Synchronisationsverzögerung, da jede Nachricht unmittelbar nach ihrem Eintreffen an einem Knoten ausgeliefert werden kann (sie hat alle kritischen Nachrichten im Huckepack). Der offensichtliche Nachteil des Protokolls liegt in seinem hohen Bedarf an Netzwerk-Resourcen, insbesondere Bandbreite. Jede Nachricht wird i.d.R. mehrmals übertragen, da sie Kausalvorgänger anderer Nachrichten sein kann und mit diesen erneut versandt werden muß.

Optimierungen des CBCAST87-Protokolls werden in [19] angedeutet und im CBCAST91 [27] realisiert. Statt einer Liste von Nachrichten wird nach diesem Ansatz lediglich eine Liste von *Referenzen* auf Nachrichten mitver-sandt. Dies optimiert die Länge der Protokolldateneinheiten vor allem bei umfangreichen Benutzernachrichten. Das Verfahren ist weiterhin in der Lage, mit einer Referenzliste konstanter Länge auszukommen, genauer mit einer Referenz pro beteiligtem Knoten.

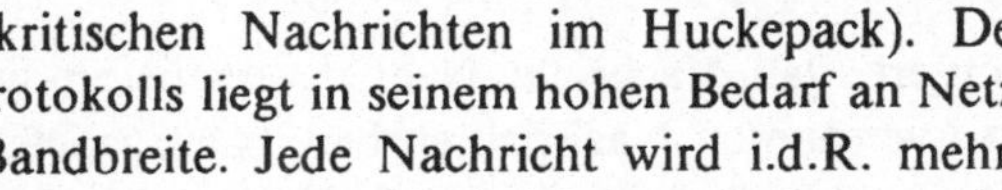

1   2   3   4   5

VT(2) | 5 | ... | 17 | ... | ... |

Abbildung 46. Vektorzeit

Grundlage des Protokolls ist die sogenannte *Vektorzeit (Vector Time)* von Schiper et al. [159]. Jeder Knoten i verwaltet einen Vektor VT_i, dessen Komponenten den aktuellen Stand der Auslieferung an diesem Knoten beschreiben. Die k-te Komponente des Vektors enthält die Referenznummer der zuletzt von Knoten k ausgelieferten Nachricht. Im Beispiel (Abbildung 46 auf Seite 105) hat das CBCAST-Protokoll an Knoten 2 zuletzt Nachricht 5 von Knoten 1 und Nachricht 17 von Knoten 3 ausgeliefert.

Der Sender i einer Nachricht N inkrementiert die i-te Komponente des Vektors VT_i und fügt die Vektorzeit der versendeten Nachricht bei. N wird vom CBCAST-Protokoll auf der Empfangsseite j so lange zwischengepuffert, bis:

1. $VT_i[i] = VT_j[i] + 1$

2. $VT_i[k] \leq VT_j[k] \quad \forall k \neq i$

Bei der Auslieferung wird die Vektorzeit von Knoten j in seiner i-ten Komponente inkrementiert (und repräsentiert damit wieder eine Referenz auf die zuletzt von Knoten i ausgelieferte Nachricht).

Bedingung 1 garantiert, daß Nachricht N erst ausgeliefert wird, wenn alle zuvor von Knoten i versandten Nachrichten bereits ausgeliefert worden sind (Quellordnung). Bedingung 2 stellt sicher, daß auch alle Nachrichten, die Knoten i zum Zeitpunkt des Versendens von N vorliegen hatte (potentielle Kausalvorgänger), an Knoten j vor N ausgeliefert werden.

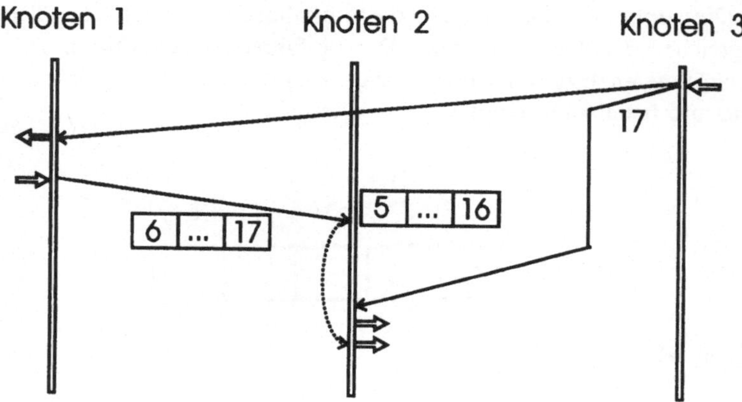

Abbildung 47. Beispiel zur kausalen Auslieferung mit Vektorzeit

Beispiel

Angenommen Knoten 1 versendet eine Nachricht M mit der Vektorzeit [6, ... , 17, ...], die bei Knoten 2 zu einem Zeitpunkt eintrifft, zu welchem dieser die eigene Vektorzeit [5, ... , 16, ...] hat. Dann kann M nicht ausgeliefert werden, da offensichtlich an Knoten 2 noch eine Nachricht (mit Referenz 17) fehlt. Diese war bei Knoten 1 zum Zeitpunkt des Versendens von M schon ausgeliefert (Wert 17 von Komponente 3) und könnte Kausalvorgänger von M sein (Abbildung 47).

6.1.3 ABCAST91

Das ABCAST91-Protokoll von Birman et al. ist *keine* direkte Weiterentwicklung des gleichnamigen Protokolls aus dem Jahre 1987. Zum einen realisiert es eine andere Dienstsemantik, nämlich eine kausale Totalordnung. Zum anderen beruht die Realisierung des Ordnungserhalts auf einer anderen Methode, die ähnlich wie ältere Multicast-Synchronisationsprotokolle [40] [102] einen ausgezeichneten Empfängerknoten als Sortierinstanz verwendet. Eine ausführlichere Diskussion des ABCAST91 erfolgt in Kapitel 6.1.3 bei der Beschreibung von *Primärempfängerverfahren*. Bereits jetzt sollen jedoch einige Charakteristika dieses Verfahrens herausgestellt werden: Das ABCAST91-Protokoll basiert auf dem CBCAST91-Protokoll als Basistransferdienst (Abbildung 48).

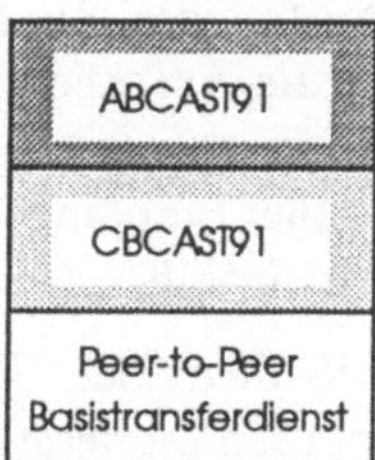

Abbildung 48.   ISIS-Systemarchitektur

Es ist daher ein Beispiel für eine architekturelle Schichtung von Multicast-Synchronisationsprotokollen. Ein Ziel dieses Vorgehens besteht darin, gleichzeitig zwei Ordnungssemantiken (totale und kausale Ordnung) zu realisieren. Darüber hinaus wird es durch eine eine solche Schichtung möglich, für die Realisierung des ABCAST91 eine mächtigere Dienstsemantik (basierend auf dem CBCAST91 und den oben beschriebenen Vektorzeiten) auszunutzen.

ABCAST91 verlangt, daß die Empfängermenge identisch sein muß für alle Nachrichten, die der gemeinsamen Ordnungssemantik unterliegen sollen. [154] präsentiert eine modifizierte Version des Protokolls, die es erlaubt, nichtidentische (aber überlappende) Empfängermengen zu behandeln. Da die vorliegende Arbeit von einer geschlossenen Gruppe ausgeht, in der jeder Empfänger alle Nachrichten erhält, soll auf eine Diskussion der Problematik überlappender Gruppen für den Multicast-Ordnungserhalt nicht näher eingegangen werden. Eine gute Zusammenfassung ist in [12] enthalten.

6.1.4 Weitere Protokolle und Eigenschaften

Neben der Totalordnungssemantik realisieren die ABCAST-Protokolle auch eine *atomare Auslieferung* von Multicast-Nachrichten. Diese Eigenschaft garantiert, daß entweder alle oder keiner der operationalen Adressaten eine Multicast-Nachricht erhalten. Der Atomaritätsbegriff für Multicast-Nachrichten unterscheidet sich von der Transaktionsatomarität der Datenbankwelt darin, daß nur operationale, d.h. korrekt arbeitende Knoten in die Semantik einbezogen sind. Demgegenüber ist es das Ziel von Transaktionen, die atomare Ausführung gleichermaßen für zeitweilig nicht verfügbare Knoten zu gewährleisten.

Aufgrund der auf operationale Knoten eingeschränkten Atomaritätssemantik basieren Protokolle zur Realisierung von atomarer Multicast-Kommunikation [19] [48] meist auf Vorwärtsfehlerbehebung (*Forward Error Recovery*). Im ABCAST87 übernimmt bei Ausfall des Senders während einer Multicast-Operation einer der Empfänger die Aufgabe, die bereits erhaltene Nachricht an die restlichen Empfänger weiterzuleiten. Hat keiner der Empfänger die Nachricht erhalten oder sind alle Empfänger nichtoperational, so ist die Dienstsemantik auf triviale Weise erfüllt.

Das GBCAST-Protokoll in ISIS dient der Verwaltung von Prozeßgruppen als den zentralen Einheiten eines fehlertoleranten Rechensystems. Jedes Element einer Prozeßgruppe realisiert redundant denselben Anwendungszustand und ist in der Lage, bei Ausfall eines oder mehrerer Knoten die Anwendungsfunktionalität alleine zu erbringen. Das GBCAST-Protokoll dient dazu, ausgefallene Rechnerknoten aus Prozeßgruppen zu entfernen und neu hinzukommende (z.B. solche, die nach Ausfall wieder funktionsfähig werden) zu integrieren. Entdeckt das System einen Knotenausfall (z.B. durch Verbindungsabbruchmeldung des Basistransferdienstes), so wird automatisch eine GBCAST-Nachricht mit der Identifikation des betreffenden Knotens an alle Prozeßgruppenmitglieder versandt. Die Auslieferung dieser Nachricht erfolgt geordnet im Verhältnis zu den übrigen nebenläufigen ABCAST- und

CBCAST-Nachrichten. Insbesondere kann die Anwendung davon ausgehen, daß nach GBCAST-Benachrichtigung über den Ausfall eines Knotens keine weiteren (Phantom-)Nachrichten von diesem Knoten mehr eintreffen werden.

Da in Kapitel 9 die Thematik der dynamischen Gruppenverwaltung eingehender untersucht wird, soll an dieser Stelle nicht näher auf die Prozeßgruppenverwaltung und ihre Realisierung eingegangen werden.

6.1.5 Leistungsbewertung

Als Bewertungsmaße für Multicast-Synchronisationsprotokolle spielen die Anzahl zu übertragender Nachrichten, deren Länge und die generierte Synchronisationsverzögerung (Kapitel 5.6) eine Rolle. Zur Untersuchung ihrer Einsetzbarkeit in kooperativen Systemen ist desweiteren das Antwortzeitverhalten (Kapitel 5.6.4.) von Bedeutung.

ABCAST87 [19] ist, wie schon erwähnt, ein dreiphasiges Synchronisationsprotokoll. Es wird in [119] bezüglich dessen Synchronisationsverzögerung analysiert. Es wird davon ausgegangen, daß Nachrichten zwischen einem gegebenen Sender S_i und einem Empfänger E_j eine konstante Netzwerkverzögerung (N-Delay) von δ_{ij} erfahren. Im folgenden wird eine einzelne Benutzernachricht q betrachtet, die zum Zeitpunkt $t = 0$ von einem Sender S_i an eine Gruppe von Empfänger $E_1, E_2, \dots, E_n$ versandt wird Der Nachrichtentransfer ist direkt, d.h. die *Arrival*-Funktion für q ist definiert durch

$$A(q) = (\delta_{i1}, \delta_{i2}, \dots, \delta_{in}).$$

Die Synchronisationskomponenten der Empfänger generieren unmittelbar Zeitstempel für eingetroffene Nachrichten und schicken diese in der zweiten Phase an die Sender zurück. Der Sender der Nachricht erhält den letzten dieser Zeitstempel zum Zeitpunkt

$$t = \max_{j=1..n} \{2 \times \delta_{ij}\}.$$

Erst zu diesem Zeitpunkt kann die Maximumbildung stattfinden. Die Auslieferung von q bei den einzelnen Empfängern j findet nach Erhalt des Maximumwertes statt, d.h. mit der Delivery-Funktion

$$D^j(q) = \max_{k=1..n} \{2 \times \delta_{ik}\} + \delta_{ij} \qquad j = 1, 2, \dots, n.$$

Dies ergibt einen S-Delay-Vektor von

$$\Delta^j(q) = \max_{k=1..n} \{2 \times \delta_{ik}\} \qquad j = 1, 2, \dots, n \qquad\qquad (*).$$

Folgende weitergehenden Schlüsse lassen sich aus der Formel ableiten:

- Bei gleichem N-Delay δ zwischen allen Knoten (z.B. in einem LAN) erhält man für eine einzelne Nachricht eine mittlere Synchronisationsverzögerung von

$$\overline{\Delta}/n \ = \ 2 \times \delta,$$

  d.h. zwei zusätzlichen Nachrichtenlaufzeiten zwischen zwei Knoten. Die mittlere Synchronisationsverzögerung ist dabei gleich der maximalen Synchronisationsverzögerung, also $\overline{\Delta}_{max}$.

- Die Synchronisationsverzögerung Δ^j eines bestimmten Empfängers E_j ist nicht nur abhängig vom Netzwerkverzögerungsverhalten zum Senderknoten, sondern ebenfalls von der Netzwerkverzögerung zwischen Sender und dritten Knoten, welche ebenfalls Empfänger einer Nachricht sind (durch die Terme δ_{ik} $k \neq j$).

- Insbesondere kann ein neu hinzukommender Empfänger das Auslieferungsverhalten aller bereits existierenden Mitglieder einer Multicast-Gruppe stören. Hat dieser Empfänger einen übermäßig hohen N-Delay zum Rest der Gruppe (beispielsweise weil er über eine langsame WAN-Verbindung gekoppelt ist), so wirkt sich das durch den Maximumoperator in (*) in Form einer großen Synchronisationsverzögerung auch für alle anderen Empfänger aus.

- Die Antwortzeit R für eine Nachricht, d.h. die Zeit bis zur Selbstauslieferung einer einzelnen Nachricht q von Sender i beträgt (gemäß Kapitel 5.6.4)

$$R(q) \ = \ \Delta^i(q) \ = \ 2 \times \max_{k=1..n} \{\delta_{ik}\}$$

  und liegt damit ebenfalls in der Größenordnung von zwei zusätzlichen Nachrichtenlaufzeiten. Insbesondere ist die Antwortzeit abhängig von der langsamsten der Verbindungen zu anderen Knoten.

- Die berechneten Verzögerungswerte sind untere Schranken. Die Auslieferung der Nachricht eines Senders kann sich darüber hinaus weiter verzögern, wenn nebenläufige Nachrichten anderer Sender durch einen niedrigen Zeitstempel die Auslieferung blockieren.

Die Anzahl der Nachrichten betreffend, werden in Phase 2 und 3 zusätzlich zu den in Phase 1 notwendigen N Nachrichten für die Übertragung der Benutzerdaten weitere

$$2 * N$$

Synchronisationsnachrichten gebraucht. Prinzipiell könnten die in Phase 1 und 3 an alle Empfänger versandten Nachrichten durch ein Hardware-Broadcast unterstützt werden. ISIS nutzt diese Möglichkeit allerdings nicht aus, da die Architektur auf einem *Peer-to-Peer* Basisdatentransfer beruht.

6.2 Primärempfängerverfahren

6.2.1 Ansatz

Die totalgeordnete Auslieferung nebenläufiger Multicast-Nachrichten ist einfach lösbar, wenn nur ein einziger Sender Nachrichten verschickt. In diesem Fall kann die Totalordnungssemantik durch ein Protokoll zur Erzeugung der Quellordnung realisiert werden. Dies ist die Grundidee des Primärempfängerverfahrens. Alle Nachrichten von Multicast-Sendern werden an einen zentralen Knoten, den *Primärempfänger* geleitet, der als *Sortierinstanz* fungiert und die eigentliche Versendung an die Empfängergruppe übernimmt. Eine Quellordnungssemantik sorgt dafür, daß alle anderen Empfänger die Nachrichten in der gleichen Reihenfolge, d.h. in der Reihenfolge des Versendens durch den Primärempfänger, erhalten (Abbildung 49).

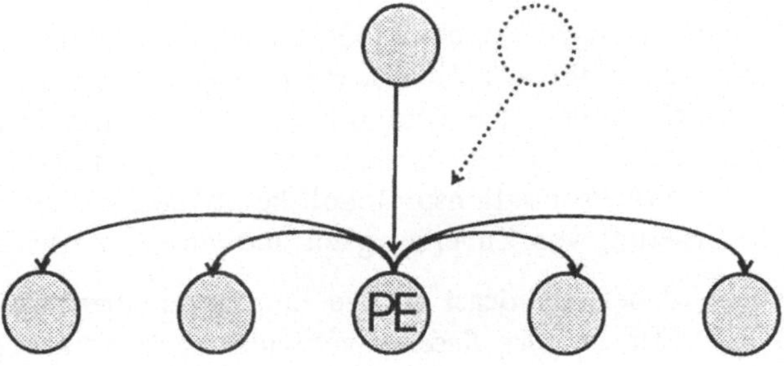

Abbildung 49. **Primärempfängerverfahren**

6.2.2 Protokollvarianten

Verschiedene Protokolle aus der Literatur machen das Primärempfängerverfahren zur Grundlage einer Realisierung der Totalordnung:

AMOEBA

Das von Kaashoek/Tanenbaum als Teil des verteilten Betriebssystems AMOEBA entworfene Multicast-Protokoll [102] [103] realisiert eine Totalordnungssemantik nach dem Primärempfängerverfahren. Jede Multicast-Nachricht wird mittels einer Punkt-zu-Punkt-Nachricht an einen ausgezeichneten *Sequencer* versandt, welcher die Nachricht zusammen mit einer Sequenznummer an alle übrigen Empfänger verschickt. Nach der Klassifikation von Kapitel 5.3 ist das Protokoll damit ein Verfahren mit *indirektem* Datentransfer. Die Synchronisationsfunktion wird kombiniert mit Funktionen zur zuverlässigen Datenübertragung (negative Quittungen, Sendewiederholung durch *Sequencer*) und Multicast-Simulation (wenn kein physikalisches Broadcast verfügbar ist).

Navaratnam et al.

Das Protokoll von Navaratnam, Chanson und Neufeld [126] basiert ebenfalls auf einem Primärempfänger (*Funnel Process*) und indirektem Datentransfer. Im Gegensatz zu Kaashoek/Tanenbaum wird eine zuverlässige Punkt-zu-Punkt-Übertragung als Basistransferdienst vorausgesetzt. Die Quellordnungssemantik zwischen dem Primärempfänger und den restlichen Empfängern wird durch synchrones Versenden von Nachrichten erzielt. Das heißt, der Primärempfänger überträgt eine neue Nachricht erst dann, wenn die vorherige Nachricht bei allen Empfängern ausgeliefert wurde.

Chang/Maxemchuk

Das Protokoll von Chang/Maxemchuk [40] ist das älteste und bekannteste der Primärempfängerverfahren. Es realisiert im Gegensatz zu den beiden zuvor vorgestellten Protokollen eine Totalordnung mit *direktem* Datentransfer. Als Basistransferdienst wird ein unzuverlässiger Broadcast-Mechanismus vorausgesetzt. Das Synchronisationsprotokoll kombiniert die Ordnungsfunktion mit der Realisierung von Zuverlässigkeit und atomarer Auslieferung.

Jede Nachricht wird per Broadcast an alle Empfänger übertragen und dort zwischengepuffert. Der *Primary Receiver* versendet nach Erhalt einer Nachricht per Broadcast eine Quittung, die gleichzeitig als Synchronisationsnachricht für den Ordnungserhalt dient. Jede Quittung enthält eine Sequenznummer, welche die Reihenfolge der Auslieferung bestimmt (Abbildung 50).

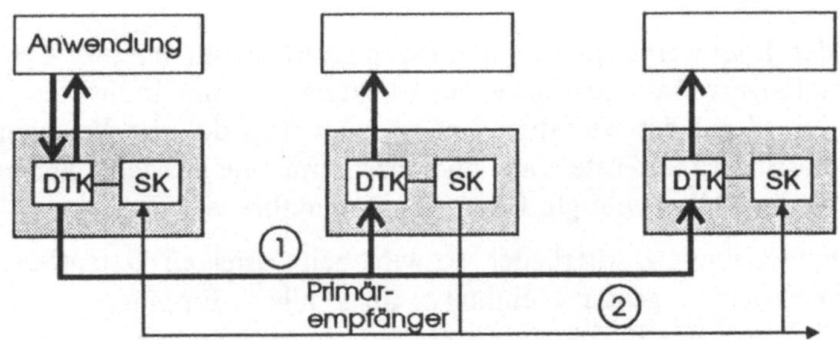

Abbildung 50.   Primärempfängerverfahren nach Chang/Maxemchuk

Zur Realisierung der Zuverlässigkeit existiert zwischen Primärempfänger und Sender ein positives Quittungsverfahren, zwischen Primärempfänger und weiteren Empfängern ein negatives: der Primärempfänger quittiert jede Sendernachricht; weitere Empfänger melden den Verlust von Nachrichten an den Primärempfänger (feststellbar durch Lücken in der Sequenznummer). Sendewiederholungen und Timeout-Mechanismen vervollständigen das Protokoll.

Darüber hinaus verfügt das Chang/Maxemchuk-Protokoll über ein ausgeklügeltes Verfahren zur atomaren Multicast-Auslieferung. Dazu wird der Quittungsmechanismus kombiniert mit der zyklischen Weitergabe der Primärempfängerrolle. Wird eine Nachricht erst nach L-maligem Wechsel des Primärempfängers ausgeliefert, so kann auch bei bis zu L gleichzeitigen Knotenausfällen noch eine atomare Auslieferung sichergestellt werden (L-*Resiliency*).

ABCAST91

Das im vorangehenden Kapitel eingeführte ABCAST91-Protokoll [27] basiert ebenfalls auf dem Primärempfängeransatz mit direktem Datentransfer. Ein *Token-Holder* ist dafür zuständig, Synchronisationsnachrichten für eintreffende Benutzernachrichten zu erzeugen und an alle Empfänger zu verschicken. Der Token-Holder hat dabei die Möglichkeit, mehrere Benutzernachrichten abzuwarten, bevor er die entsprechenden Synchronisationsnachrichten gebündelt in Form einer einzelnen *Sets-Order*-Nachricht verschickt. Die Reihenfolge der Einträge in dieser Nachricht bestimmt ihre Auslieferungsreihenfolge für alle Empfänger. Die verzögerte Übertragung von Synchronisationsnachrichten optimiert die Anzahl der zu übertragenden Nachrichten. Gleichzeitig erhöht sie die mittlere Synchronisationsverzögerung.

6.2.3 Leistungsbewertung

Wie aus den Literaturbeispielen zu entnehmen ist, existieren zwei Typen von Primärempfängerverfahren: solche mit direktem und mit indirektem Datentransfer. Die Wahl des Verfahrens hängt vom Typ des zur Verfügung stehenden Basistransferdienstes ab und bestimmt die Anzahl notwendiger Nachrichten und die benötigte Übertragungsbandbreite.

Umfaßt eine Gruppe n Mitglieder, so wird beim direkten Datentransfer die Benutzernachricht genau einmal an alle Empfänger versandt ($n - 1$ *Full_Msgs*), der Primärempfänger verschickt weitere $n - 1$ kurze Synchronisationsnachrichten (*Short_Msgs*). Kann ein unterliegendes Broadcast-Medium verwendet werden, so reduziert sich der Aufwand auf 2 Nachrichten (1 *Full_Msg* + 1 *Short_Msg*).

Demgegenüber wird die Benutzernachricht beim indirekten Datentransfer zweimal versandt, einmal in Form einer Peer-to-Peer-Nachricht an den Primärempfänger (1 *Full_Msg*), zum anderen in $n - 1$ Nachrichten an die weiteren Empfänger ($n - 1$ *Full_Msgs*). (Man beachte, daß der Sender die Nachricht ebenfalls noch einmal empfangen muß, um die Selbstauslieferung zu synchronisieren.) Broadcast-Optionen können nur für den zweiten Teil des Übertragungsvorganges ausgenutzt werden, d.h. der Aufwand bleibt bei 2 Nachrichten (1 *Full_Msg* + 1 *Full_Msg*).

	Broadcast		Non-Broadcast	
	Full_Msg	**Short_Msg**	**Full_Msg**	**Short_Msg**
Direkt	1	1	n-1	n-1
Indirekt	2	-	n	-

Tabelle 2.   **Nachrichtenaufwand für Primärempfängerverfahren**

Die Zusammenfassung der Analyse in Tabelle 2 zeigt, daß die Synchronisation bei direktem Datentransfer im allgemeinen Fall eine höhere Anzahl von Nachrichten braucht, allerdings im Mittel kürzere Nachrichten generiert. Vor allem für längere Benutzernachrichten scheint die direkte Variante auch deshalb sinnvoller, weil die zweimalige, nicht parallelisierbare Verarbeitung einer vollen Nachricht Einfluß auf die Verzögerungszeit haben kann.

Zur genaueren Bestimmung der Synchronisationsverzögerung sollen für das Primärempfängerverfahren mit direktem Datentransfer die entsprechenden Bewertungsmaße ermittelt werden. Es wird dabei von denselben Voraussetzungen wie im letzten Kapitel ausgegangen (N-Delay δ_{ij}, $I(q) = 0$). Primärempfänger sei Knoten $E_1(= S_1)$. Als Delivery-Funktion für Nachricht q von Sender S_i ergibt sich:

$$D^j(q) = \max\{\delta_{ij}, \delta_{i1} + \delta_{1j}\} \qquad j = 1..n.$$

Dabei modelliert der Maximumoperator die Tatsache, daß ein Empfänger eine Nachricht erst ausliefern kann, wenn sowohl die Nachricht an sich als auch die Synchronisationsnachricht (Sequenznummer) für diese Nachricht eingetroffen ist. Als S-Delay Funktion ergibt sich:

$$\Delta^j(q) = \max\{0, \delta_{i1} + \delta_{1j} - \delta_{ij}\} \qquad j = 1..n. \qquad (**)$$

Wie zuvor sollen die Ergebnisse diskutiert werden:

- Bei gleichem N-Delay δ zwischen allen Knoten (z.B. bei Verwendung eines Broadcasts in einem LAN) vereinfacht sich die Formel für die Synchronisationsverzögerung zu:

$$\Delta^j(q) = \begin{cases} 0 & \textit{für } i = 1 \\ 0 & \textit{für } j = 1 \\ 2 \times \delta & \textit{für } i = j \\ \delta & \textit{sonst} \end{cases}$$

Man sieht, daß sowohl Nachrichten, die an den Primärempfänger gesendet werden, als auch Nachrichten, die von ihm stammen, keiner Synchronisationsverzögerung unterliegen. Benutzernachrichten erfahren eine zusätzliche Synchronisationsverzögerung von einer Nachrichtenlaufzeit.

- Die Selbstauslieferung von Nachrichten $(i = j)$ und damit die Antwortzeit R berechnet sich nach obiger Formel zu

$$R(q) = \Delta^i(q) = \begin{cases} 0 & \textit{für Primärempfänger } (i = j = 1) \\ 2 \times \delta & \textit{für alle anderen } (i = j \neq 1) \end{cases}$$

d.h. für jeden Knoten außer demjenigen, der als Sortierinstanz fungiert, werden alle Nachrichten um zwei Laufzeiten verzögert. Die Antwortzeit ist für diese Knoten damit gleich der maximalen Synchronisationsverzögerung $\overline{\Delta}_{max}$.

- Die mittlere Synchronisationsverzögerung für Nachrichten von Knoten, die nicht Primärempfänger sind, ergibt sich zu

$$\overline{\Delta}/N = ((N - 2) \times \delta + 0 + 2 \times \delta)/N = \delta,$$

entspricht also einer Nachrichtenlaufzeit.

• Für eine gegebene Netzverzögerungscharakteristik (in Form einer N-Delay Matrix δ_{ij}) und einer gegebenen Häufigkeitsverteilung von Nachrichten, initiiert durch die beteiligten Knoten (in Form eines Gewichtsvektors G), läßt sich eine *optimale* Zuordnung der Primärempfängerrolle berechnen, d.h. eine Zuordnung, die eine minimale mittlere Synchronisationsverzögerung für alle Nachrichten erbringt. Dies geschieht durch Berechnung der Gesamtsynchronisationsverzögerung für Nachrichten unterschiedlicher Sender (gewichtet mit der entsprechenden Komponente aus G) und Variation der Position des Primärempfängers. Der Algorithmus ähnelt der Berechnung des minimalen spannenden Baumes in einem Graphen.

• Ein Beispiel für eine gute und eine schlechte Zuordnung der Primärempfängerrolle zeigt Abbildung 51 bei gleicher Nachrichtenhäufigkeit von allen Knoten.

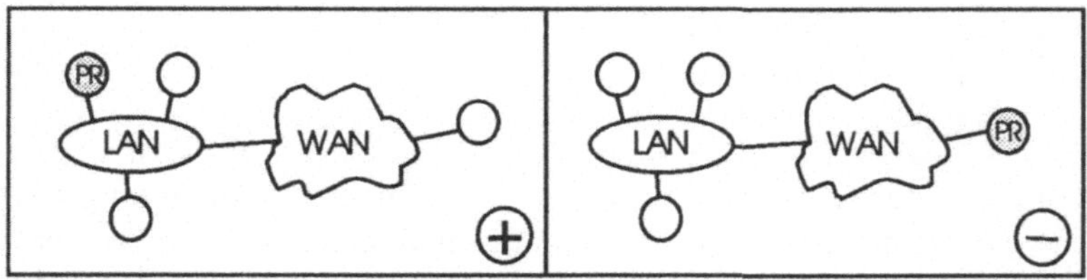

Abbildung 51. Knotenzuordnung des Primärempfängers

• Das Hinzufügen eines neuen Knotens hat für das Primärempfängerverfahren geringere Bedeutung als für das im vorangehenden Kapitel beschriebene ABCAST-Protokoll. Dies ist aus der Formel für die Delivery-Funktion (**) ableitbar. Die Synchronisationsverzögerung für einen einzelnen Empfänger E_j ist nur abhängig von den N-Delays im Dreieck E_j - Sender - Primärempfänger (δ_{ij}, δ_{1j}, δ_{i1}). Sofern ein Knoten nur passiv hinzukommt (d.h. er empfängt Nachrichten, sendet aber nicht), beeinflußt er damit das Verzögerungsverhalten der anderen Empfänger *nicht* [119].

6.3 Zeitgesteuerte Verfahren

Das Protokoll von Cristian et al. [48] realisiert eine Totalordnungssemantik und wurde zur Unterstützung fehlertoleranter Systeme entwickelt [51] [52].

Das Verfahren nutzt Eigenschaften verteilter *Realzeitsysteme* aus; die Korrektheit des Verfahrens ist insbesondere gekoppelt an eine obere Schranke für die *Host-to-Host*-Nachrichtenlaufzeit zwischen benachbarten Knoten in einem Netzwerk. Außerdem sind hinreichend synchronisierte Uhren und ein echtzeitfähiger Ablauf der Protokollmaschinen erforderlich.

6.3.1 Ansatz

Das Verfahren beruht auf der Idee, den Sender einer Nachricht N abschätzen zu lassen, wann diese spätestens beim letzten der Empfänger eingetroffen ist. Dieser extrapolierte Wert wird der Nachricht als Zeitstempel T(N) mitgegeben und eine empfangende Synchronisationsinstanz liefert N erst aus, wenn ihre lokale Uhr T(N) anzeigt. (Haben zwei Nachrichten denselben Zeitstempel wird nach Priorität ausgeliefert.) Gleichgültig, wie weit die lokalen Uhren synchronisiert sind, stellt dieser Mechanismus sicher, daß alle Empfänger die Nachrichten in der Reihenfolge aufsteigender Zeitstempel (und damit totalgeordnet) ausliefern.

Vorbedingung für dieses Verfahren ist eine korrekte Abschätzung des Wertes T(N): Die Nachricht N *muß* bei jedem Empfänger tatsächlich eingetroffen sein, wenn dessen lokale Uhr T(N) anzeigt. Deshalb sind Sorgfalt bei der Abschätzung und die Verwendung von Echtzeiteigenschaften erforderlich.

6.3.2 Protokoll

Das Protokoll von Cristian ist entworfen für eine allgemeine Netzwerktopologie, d.h. einen unvollständig vermaschten Graphen korrekter und fehlerhafter Rechnerknoten. Drei Protokollfamilien zur Behandlung von Systemklassen mit Auslassungsfehlern (unzuverlässige Datenübertragung), mit Zeitfehlern (Verletzung der Realzeitgarantien) oder mit byzantinischen Fehlern werden vorgestellt. Zusätzlich zur Totalordnungssemantik realisieren die Protokolle die Zuverlässigkeit und Atomarität der Nachrichtenübertragung.

In diesem Kapitel soll ein vereinfachtes Modell der Umgebung verwendet werden, um das Synchronisationsverhalten des Protokolls analysieren zu können. Dazu wird davon ausgegangen, daß je zwei Knoten im Netzwerk einander benachbart sind (wie z.B. in einem Ring- oder Bus-LAN). Die maximale Verzögerungszeit zwischen zwei Knoten i und j sei - wie bei der bisherigen Protokollbewertung - mit δ_{ij} bezeichnet. Die lokalen Uhren je zweier Knoten seien bis auf den Betrag ε synchronisiert.

Der Sender S_i einer Nachricht q kann davon ausgehen, daß diese

$$\max_{j=1..n} \{\delta_{ij}\}$$

Zeiteinheiten nach Absenden bei allen Empfängern eingetroffen ist. Zusätzlich muß er einkalkulieren, daß die lokale Uhr eines Empfängers im schlimmsten Fall um ε Zeiteinheiten seiner eigenen Uhr vorangeht. Um sicherzustellen, daß die Nachricht bei allen Empfängern zum lokalen Auslieferungszeitpunkt tatsächlich vorliegt, wählt er deshalb als Zeitstempel für die Nachricht q

$$T(q) = \max_{j=1..n} \{\delta_{ij}\} + \varepsilon$$

Die Nachricht wird mit diesem Zeitstempel versehen und an alle Empfänger versandt. Jeder Empfänger puffert eintreffende Nachrichten, bis die lokale Uhr den Wert anzeigt, der im Zeitstempel mitgegeben wurde, und stößt dann die Auslieferung an die Anwendung an (Abbildung 52).

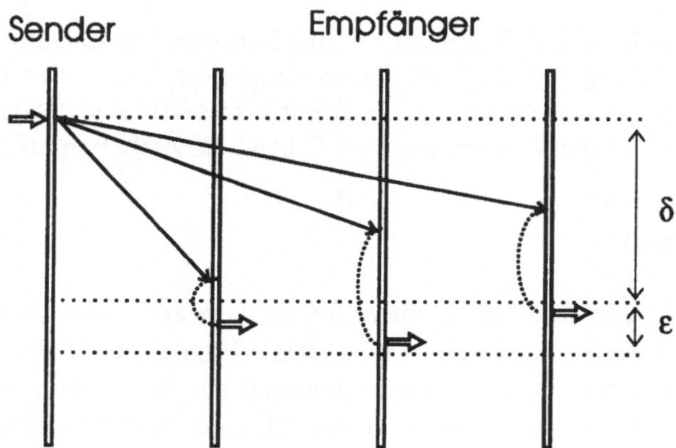

Abbildung 52.   **Zeitgesteuertes Verfahren nach Cristian**

6.3.3 Leistungsbewertung

Das Verfahren ist bezüglich der Anzahl notwendiger Nachrichtenübertragungen optimal. Der von seiner Länge her vernachlässigbare Zeitstempel wird den normalen Benutzernachrichten beigefügt, spezielle Synchronisationsnachrichten sind im normalen Betrieb nicht erforderlich.

Die Synchronisationsverzögerung ist stark abhängig von der Abschätzung der maximalen Nachrichtenlaufzeiten zwischen Rechnerknoten. Geht man davon aus, daß die maximale und die tatsächliche Verzögerung von Nachrichten übereinstimmen und durch die N-Delay-Matrix δ_y beschrieben werden, so kommt man (bei gleichen Voraussetzungen wie in den Vorkapiteln) zu folgenden Ergebnissen:

Die Delivery-Funktion für eine Nachricht q von Sender S_i ist

$$D^j(q) = \varepsilon + \max_{k=1..n} \{\delta_{ik}\} \qquad j = 1, 2, \dots, n$$

die Synchronisationsverzögerung

$$\Delta^j(q) = \varepsilon + \max_{k=1..n} \{\delta_{ik}\} - \delta_{ij} \qquad j = 1, 2, \dots, n$$

Qualitativ lassen sich die Ergebnisse folgendermaßen bewerten:

- Bei gleichem N-Delay δ zwischen allen Knoten (z.B. im LAN) und vollständig synchronisierten Uhren ($\varepsilon = 0$) vereinfacht sich die Formel für die Gesamtsynchronisationsverzögerung zu

$$\overline{\Delta} = 0 \,,$$

  d.h. im Idealfall tritt kein S-Delay auf.

- Unterscheiden sich die N-Delays, so steigt der S-Delay ungefähr proportional mit der Varianz der N-Delays im Verhältnis zu ihrem Maximalwert. Dies kann man durch Umschreiben der Formel für die Gesamtsynchronisationsverzögerung erkennen:

$$\overline{\Delta} = n \times \varepsilon + \sum_{k=1}^{n} (\overline{\delta} - \delta_{ik}) \qquad \text{mit: } \overline{\delta} = \max_{k=1..n} \{\delta_{ik}\}$$

  Je enger zusammen die Werte der N-Delays liegen, desto geringer ist der S-Delay.

- Kommt im Protokoll von Cristian ein neuer Netzwerkknoten hinzu, so kann dies das Synchronisationsverhalten der übrigen Knoten verschlechtern. Ein hoher N-Delay zu den übrigen Knoten muß bei der Abschätzung von T(N) mitberücksichtigt werden und kann dazu führen, daß alle übrigen Empfänger ihre Nachrichten länger puffern müssen als bisher.

- Weicht zwischen zwei Knoten der *maximale* N-Delay stark ab vom mittleren *N-Delay*, so ist die Synchronisationsverzögerung ebenfalls nicht vernachlässigbar. Beträgt in einem Netzwerk die mittlere Netzwerkverzögerung δ_{avg}, so beträgt die mittlere Synchronisationsverzögerung

$$\overline{\Delta}/N \;=\; \delta \;-\; \delta_{avg} \;+\; \varepsilon$$

- Die Antwortzeit R für eine Nachricht q von Sender S_i, d.h. die Zeit für die Selbstauslieferung, ist

$$R(q) \;=\; \Delta^i(q) \;=\; \varepsilon \;+\; \max_{k=1..n} \{\delta_{ik}\}$$

und entspricht damit den Komponenten der Delivery-Funktion der übrigen Empfänger.

6.4 X-Kernel

Das *PSYNC*-Protokoll [135], als Teil des X-Kernels von Peterson, Buchholz und Schlichting an der Universität von Arizona entwickelt, realisiert eine kausale Multicast-Ordnungssemantik. Im Gegensatz zum CBCAST-Protokoll [27] und ähnlichen Ansätzen [149] stellt PSYNC an der Schnittstelle zur Anwendung zusätzlich Operationen zur Inspektion einer Nachrichtenhistorie zur Verfügung. Aufbauend auf der kausalen Auslieferung und dieser als *Kontextgraph* bezeichneten Nachrichtenhistorie ist die Anwendung in der Lage, weitergehende Ordnungssemantiken, wie z.B. die Totalordnung, selbst zu realisieren.

Das Ziel dieser Architektur ist es, eine einfache Basissemantik in Form des PSYNC-Protokolls zur Verfügung zu stellen und es dem Anwendungsprogrammierer zu überlassen, auf seine Bedürfnisse zugeschnittene höhere Synchronisationsfunktionen zu realisieren.

Jede Instanz im PSYNC-Protokoll verwaltet einen Kontextgraphen, der als Knoten alle Nachrichten enthält, die diese Instanz bisher gesendet oder empfangen hat. Die gerichteten Kanten des Graphen geben die kausalen Abhängigkeiten der Nachrichten wieder, d.h. eine von Nachricht N_1 kausal abhängige Nachricht N_2 ist im Graphen Nachfolger von N_1 ($N_1 \rightarrow N_2$).

Beim Senden einer Nachricht N wird neben der eigentlichen Nachricht eine Liste der Nachrichten, von denen N abhängig ist, verschickt. Diese Liste wird durch Bestimmung der *Blätter* des Kontextgraphen ermittelt. Die Länge der Liste ist nach oben begrenzt durch die Anzahl beteiligter Instanzen, da transitive Abhängigkeiten nicht berücksichtigt werden müssen. Gleichzeitig wird die versandte Nachricht als Knoten eingetragen. Auf Empfangsseite wird der lokale Kontextgraph ebenfalls aktualisiert und die Nachricht zur Auslieferung freigegeben, falls alle kausalen Vorgänger ebenfalls auslieferbar wurden.

Der Anwendung stehen eine Reihe von Funktionen zur Verfügung, um den Kontextgraphen zu inspizieren, beispielsweise

$$node\_set = LEAVES\ (\ contextgraph\ ) \qquad (*\ Blattknoten\ *)$$
$$node\_set = PREV\ (\ contextgraph,\ node\ ) \qquad (*\ Vorgängerknoten\ *)$$

Insbesondere bietet die PSYNC Dienstschnittstelle ein Prädikat

$$stable\ (contextgraph,\ node),$$

welches wahr ist, wenn der bezeichnete Knoten mindestens einen Nachfolgerknoten von jeder anderen an der Kommunikation beteiligten Instanz besitzt. Genauer gilt für eine Nachricht N_P von Instanz P:

$$stable(N_P) \Leftrightarrow \forall Q\, \exists N_Q : N_P \rightarrow N_Q$$

Das *Stable*-Prädikat ist für eine Anwendungsinstanz wichtig, da es anzeigt, wann alle anderen Anwendungsinstanzen die Nachricht ebenfalls als Teil ihres lokalen Kontextgraphen vorliegen haben.

Das *Stable*-Prädikat kann von der Anwendung verwendet werden, um oberhalb des PSYNC-Dienstes eine Totalordnung zu erzeugen. Das Prinzip des Ordnungsprotokolls besteht darin, alle beteiligten Instanzen dieselbe *Auslieferungsfunktion* verwenden zu lassen, um an allen Orten aus dem jeweils lokal vorhandenen Kontextgraphen dieselbe Auslieferungsfolge abzuleiten. Da sich der Kontextgraph für die Instanzen kontinuierlich verändert, indem neue Nachrichten als Blätter eingefügt werden, ist dabei eine Voraussetzung für die korrekte Funktionsweise, daß sich die Auslieferungsfunktion nur auf stabile Teile des Graphen bezieht, d.h. auf solche, die von allen Instanzen identisch gesehen werden. Das *Stable*-Prädikat dient dazu, solche Teile zu identifizieren.

Die Knoten im Kontextgraphen werden vom Totalordnungsprotokoll in *Wellen (Waves)* eingeteilt und ausgeliefert. Eine Welle W ist eine Menge von Nachrichten, deren sämtliche Vorgänger bereits ausgeliefert wurden. Eine Welle heißt *vollständig*, wenn sie mindestens eine Nachricht enthält, die das *Stable*-Prädikat erfüllt (Abbildung 53 auf Seite 122).

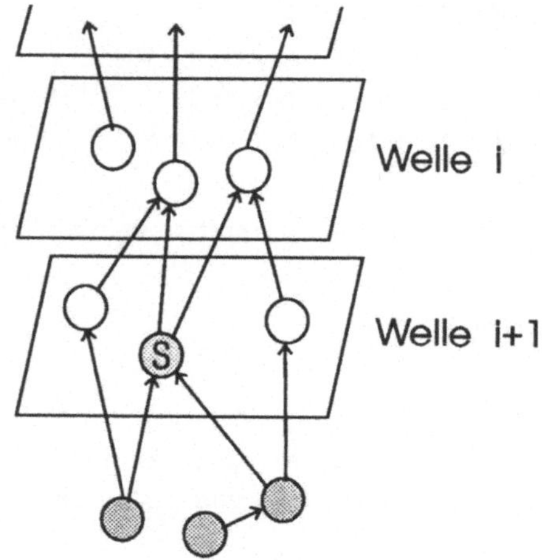

Abbildung 53.   Vollständige Welle mit Stable-Knoten

Der vom Ordnungsprotokoll verwendete Algorithmus zur Auslieferung sieht
folgendermaßen aus:

1. Füge alle Nachrichten, deren Vorgänger bereits ausgeliefert
   wurden, in Welle W_i ein
2. Warte, bis W_i eine vollständige Welle darstellt
3. Wende die Auslieferungsfunktion auf W_i an, um
   alle in der Welle enthaltenen Nachrichten auszuliefern.
4. Beginne eine neue Welle W_{i+1}

Das Protokoll arbeitet korrekt, wenn alle Instanzen jeweils *dieselbe* vollständige Welle bestimmen. Dies kann dadurch gezeigt werden, daß jede vollständige Welle gleichzeitig eine *maximale* Welle darstellt. Die Welle W_i wird
als vollständig erkannt, weil für mindestens eine ihrer Nachrichten N das
Stable-Prädikat gilt. Dies hat zur Konsequenz, daß jede weitere eintreffende
Nachricht Nachfolger von N sein muß. Alle in Zukunft eintreffenden Nachrichten gehören deshalb nicht mehr zur aktuellen Welle, die Welle ist maximal. Da alle Nachrichten von W_i irgendwann auch bei allen anderen Instanzen eintreffen, kommt an jedem Ort nach endlicher Zeit dieselbe maximale
Welle zustande.

Die ordnungserzeugenden Protokollmechanismen im X-Kernel haben den
Vorteil hoher Flexibilität. Der Anwendungsprogrammierer hat als
Grundfunktionalität die kausale Nachrichtenauslieferung, kann aber mit dem

ihm zur Verfügung stehenden Kontextgraphen diese Ordnungssemantik auf seine Bedürfnisse erweitern. Als Beispiel wurde die Realisierung der Totalordnung hergeleitet. Demgegenüber steht aber beim X-Kernel ein beträchtlicher Aufwand für die Anwendung. Die korrekte Funktionsweise der Synchronisation hängt von der korrekten Implementierung der Ordnungssemantik für alle beteiligten Anwendungsinstanzen ab.

Das PSYNC-Protokoll realisiert die Kausalordnung mit einem Aufwand, der bezüglich Nachrichtenanzahl und Synchronisationsverzögerung vergleichbar ist mit dem des CBCAST [27]. Der bei Birman et al. in Form der Vektorzeit repräsentierte Auslieferungszustand (Kapitel 6.1.2) hat bei Peterson die Gestalt des Kontextgraphen. Die Länge der mit einer Nachricht zu übertragenden Synchronisationsinformation ist in beiden Fällen konstant und proportional zu der Anzahl der beteiligten Instanzen. Die lokale Speicherung des Kontextgraphen benötigt dagegen bei Peterson mehr Betriebsmittel.

Die Synchronisationsverzögerung für eine totalgeordnete Auslieferung ist für PSYNC nur schwierig analytisch zu bestimmen. Eine Nachrichtenauslieferung findet erst statt, wenn eine vollständige Welle identifiziert wurde. Dies kann erst dann geschehen, wenn eine Welle maximal ist und eine Nachricht als stabil identifiziert wurde, d.h. Kausalnachfolger von allen beteiligten Instanzen eingetroffen sind. Das Eintreffen dieser Nachrichten hängt prinzipiell von der Sendefrequenz der einzelnen Instanzen ab. Kann man nicht bei allen Instanzen von einer kontinuierlichen Sendefolge ausgehen, so helfen nur zyklische Pseudonachrichten, um eine längere Blockierung zu vermeiden.

6.5 Protokoll von Garcia-Molina und Spauster

Viele existierende Ansätze gehen davon aus, daß die Empfängergruppen aller versandten Nachrichten übereinstimmen, d.h. es existiert nur eine einzige Gruppe, und jede Nachricht wird an alle Mitglieder dieser Gruppe versandt. Garcia-Molina und Spauster [77] [78] verallgemeinern diese Grundannahme, indem sie von mehrfachen, sich wechselseitig überlagernden Gruppen ausgehen (Abbildung 54, Abbildung 55).

Der Sender einer Nachricht, der selbst Mitglied mehrerer Multicast-Gruppen sein kann, legt fest, für welche Empfängergruppe die Nachricht bestimmt ist. Werden zwei Multicast-Nachrichten nebenläufig für unterschiedliche Gruppen übertragen, so bezieht sich eine gemeinsame Ordnungssemantik lediglich auf Empfänger, die in der Schnittmenge beider Gruppen angesiedelt sind.

Für den Fall der Totalordnungssemantik, wie sie durch Garcia-Molina und Spauster realisiert wird, bedeutet dies, daß alle Empfänger in der Schnitt-

menge zweier Gruppen Nachrichten in derselben Reihenfolge erhalten.
Birman et al. [12] weisen auf eine interessante Problematik bei dieser Form
der Ordnungsdefinition für überlappende Gruppen hin. Angenommen n
Gruppen G_1, G_2, ... G_n überlappen sich in der Form, daß jeweils zwei Gruppen
(G_i, G_{i+1}), $i = 1..n-1$ sowie (G_n, G_1) genau ein gemeinsames Element haben. Bei
dieser Form der zyklischen Überlappung wäre nach der zuvor gegebenen
Definition keine Synchronisation erforderlich, da die Nachrichten einer
einelementigen Knotenmenge per Definition geordnet sind. Nichtsdesto-
weniger kann eine beliebige Auslieferungsordnung zu einer ungewünschten
Semantik führen, in der es nicht möglich ist, zwischen zwei Multicast-
Nachrichten eine eindeutige *Vor-Nach* Beziehung festzustellen. Dies soll am
Beispiel verdeutlicht werden. (Abbildung 54).

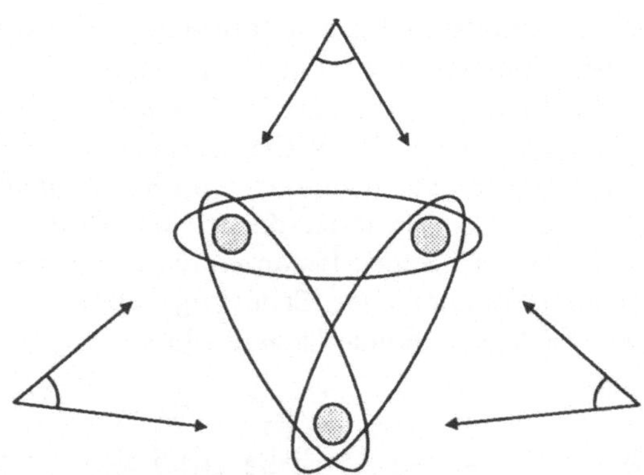

Abbildung 54.   Zyklisch überlappende Gruppen

In jeder der Gruppen G_1, G_2, G_3 werde genau eine Nachricht N_1, N_2, bzw. N_3
versandt. In den Überlappungen sei eine Auslieferung $N_1 \rightarrow N_2$,
$N_2 \rightarrow N_3$, $N_3 \rightarrow N_1$ zustandegekommen. Damit ist, beispielsweise für N_1 und
N_2 keine eindeutige relative Zuordnung möglich. Einerseits gilt N_2 *nach* N_1 in
der Überlappung von G_1 und G_2. Andererseits wird N_2 vor N_3 ausgeliefert und
N_3 wiederum vor N_1, d.h. im transitiven Schluß N_2 *vor* N_1.

Dieses Verhalten kann zum Problem werden, wenn die totalgeordnete
Multicast-Auslieferung zur Betriebsmittelverwaltung eingesetzt wird. Ein
gutes Beispiel hierfür ist das *Dining Philosophers*-Problem von Dijkstra [56].
Jeder Knoten repräsentiert ein Besteckteil (z.B. ein Eßstäbchen), die
Multicast-Operation dient dazu, zwei Besteckteile (eines links, das andere

rechts) anzufordern, um mit dem Essen beginnen zu können. Bei einer Auslieferung der Nachrichten wie im Beispiel führt dies zu einer Verklemmung, und keiner der Philosophen wird satt.

Das Beispiel zeigt, daß Ordnungssemantiken für überlappende Gruppen unerwartete Problematiken bergen. Eine strikte Definition der Totalordnungssemantik müßte eine globale Zyklenfreiheit umschließen, d.h. eine Auslieferungsordnung, die keine widersprechenden *Vor-Nach*-Beziehungen zuläßt. Die Realisierung einer globalen Totalordnung impliziert andererseits einen größeren Synchronisationsaufwand, da für einen beliebigen Multicast alle Gruppen an der Synchronisation beteiligt sein müssen.

Das Ziel von Garcia-Molina und Spauster ist es, den Synchronisationsaufwand für die Totalordnung in überlappenden Gruppen zu reduzieren, indem statt einer zentralen Sortierinstanz (wie z.B. in [40], [102]) mehrere Instanzen verwendet werden, die in den Schnittmengen sich überlappender Gruppen angesiedelt sind. Diese verteilten Sortierinstanzen sind in Form eines *Propagation Graph* strukturiert, der in graphentheoretischer Terminologie die Gestalt eines *aufspannenden Waldes* (Menge von *Bäumen*) hat. Nachrichten werden entlang der Kanten eines solchen Baumes zu den Empfängern befördert. Nebenläufige Nachrichten werden dabei gleichzeitig im Verhältnis sortiert und erreichen ihre Empfänger bereits in geordneter Form.

Das Verfahren besteht aus zwei Komponenten:

- Ein Graphgenerator, der für eine gegebene Menge sich überlappender Gruppen eine Kantenmenge errechnet, entlang derer eine Ordnungserzeugung für alle Empfänger möglich ist. Diese Komponente tritt typischerweise nur sehr selten in Aktion, im Normalfall nur zu Beginn einer Kommunikationsbeziehung und bei dynamischen Änderungen der Gruppenzusammensetzung.

- Ein Synchronisationsprotokoll, das, basierend auf dem zuvor berechneten Graphen, die Totalordnung herstellt. Es ist bis auf Rekonfigurierungsphasen ständig in Funktion.

Der Graphgenerator, auf dessen Optimierungsstrategie hier nicht eingegangen werden soll, garantiert, daß es pro Gruppe G eine ausgezeichnete *Primärinstanz* $P(G)$ gibt und daß für jeden Knoten aus G ein eindeutiger Pfad zu P(G) existiert.

Im Graphen ist der Primärempfänger einer Gruppe derjenige, der der Wurzel des Baumes am nächsten ist. Der Sender einer Multicast-Nachricht verschickt die Nachricht mit Hilfe einer Peer-to-Peer-Übertragung zur Primärinstanz der Zielgruppe. Die Primärinstanz leitet sie weiter an alle Subbäume, in denen

Mitglieder der Gruppe existieren. Ein Beispiel ist in Abbildung 55 auf Seite 126 dargestellt. Knoten 1, 2 und 4 sind Primärinstanzen. Ist Knoten 2 der Auslöser eines Multicast N_1 für die Gruppe $\{1, 2, 4, 5\}$, so leitet er N_1 zunächst an die Primärinstanz der Gruppe (Knoten 1). Dieser propagiert N_1 weiter zu Knoten 2 und 4, Knoten 4 gibt N_1 an Knoten 5. Durch die Form der Weiterleitung wird sichergestellt, daß ein von Knoten 6 initiierter Multicast N_2 bei den Knoten 4 und 5 geordnet im Verhältnis zu N_1 ausgeliefert wird.

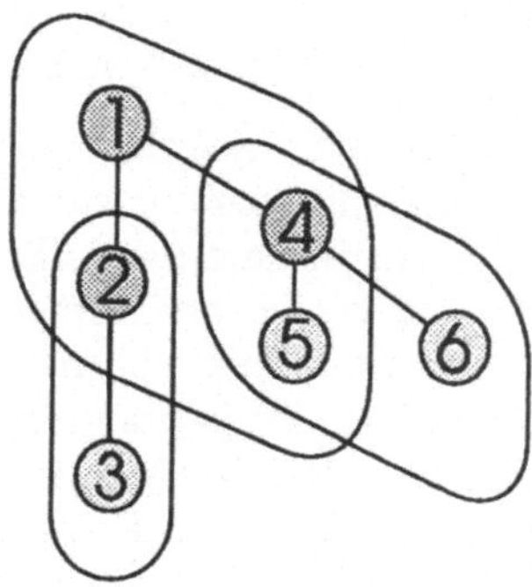

Abbildung 55.   Propagation Graph

Das Synchronisationsprotokoll von Garcia-Molina und Spauster ist nach Kapitel 5.3 ein Protokoll mit indirektem Datentransfer. Wie am Beispiel erkennbar, wird eine Nachricht zur Auslieferung innerhalb einer Gruppe in der Regel über mehrere Zwischenknoten hinweg befördert. Da der Generator für den *Propagation Graph* lediglich die Pfadlänge optimiert, die unterliegende Netzwerktopologie aber nicht berücksichtigt, kann der indirekte Transfer zu einer erheblichen Verzögerung der Nachrichtenauslieferung führen. Ist N die Kardinalität einer Gruppe G, so wird eine Nachricht q auf ihrem Weg von einem Sender S_i zu einem Empfänger E_j im schlimmsten Fall über N Zwischenknoten weitergeleitet $(S_i \rightarrow Primärinstanz \rightarrow ...E_j)$. Bei einer durchschnittlichen Netzwerkverzögerung von δ zwischen zwei Knoten entspricht dies einer Delivery-Funktion

$$D^j(q) = N \times \delta.$$

Die Anzahl der ausgetauschten Nachrichten entspricht in jedem Fall der Anzahl der Knoten (N) der Gruppe. Broadcast-Optionen der unterliegenden Schicht können nur für den Nachrichtentransport zu den direkten Nachfolgern eines Knotens im *Propagation Graph* verwendet werden.

Für den Fall einer einzigen Gruppe kollabiert das Protokoll zu einem normalen Primärempfängerverfahren (Kapitel 6.2) mit entsprechendem Leistungsverhalten.

6.6 TRANS- und TOTAL-Protokolle

Ein von Melliar-Smith, Moser und Agrawala [122] entworfenes Protokoll realisiert Kausal- und Totalordnungssemantiken in Lokalen Netzwerken (LANs) unter Ausnutzung von Broadcastfähigkeiten des unterliegenden Mediums. Wie in mehreren bereits beschriebenen Ansätzen ist das Protokoll in Form zweier aufeinander aufbauender Komponenten realisiert (Abbildung 56).

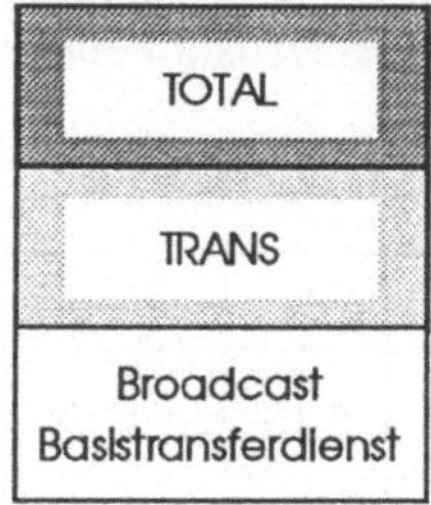

Abbildung 56.   TRANS/TOTAL Systemarchitektur

Das *TRANS*-Protokoll realisiert Zuverlässigkeit und eine kausale Ordnungssemantik. Die Anzahl ausgetauschter Nachrichten wird optimiert, indem Quittungen für Broadcast-Nachrichten anderen Broadcast-Nachrichten des jeweiligen Knotens mitgegeben werden (*piggybacking*). Außerdem können Quittungen durch Beobachtung des Quittungsverhaltens anderer Knoten im LAN eingespart werden. Anhand der Sequenznummern versandter Datenpakete kann ein Knoten entscheiden, wann er Nachrichten beliebiger Sender nicht erhalten hat. Dies führt zu negativer Bestätigung und Sendewiederholung.

Das *TOTAL*-Protokoll benutzt die durch das *TRANS*-Protokoll erhaltenen Kausalbeziehungen, um sukzessive eine totalgeordnete Auslieferung zu erreichen. Das Vorgehen ist dabei ähnlich dem im X-Kernel [135] verwendeten Mechanismus: Aus der Menge der Nachrichten, deren sämtliche Kausalvorgänger bereits ausgeliefert wurden, wird nach einem vordefinierten Schema eine geordnete Liste erzeugt, in deren Reihenfolge die Nachrichten ausgeliefert werden. Während im X-Kernel durch das Warten auf einen *sta-*

bilen Knoten sichergestellt wird, daß alle Instanzen dabei von derselben Grundmenge ausgehen, geschieht dies im *TOTAL*-Protokoll durch ein Abstimmungsverfahren über sogenannte *Kandidatenmengen*. Der Algorithmus garantiert, daß sich alle Instanzen auf dieselbe Kandidatenmenge einigen. (Diese muß nicht notwendigerweise, wie dies im X-Kernel der Fall ist, eine *maximale* Kandidatenmenge sein.)

Die Leistung des Protokolls und insbesondere die induzierte Synchronisationsverzögerung ist abhängig von der Häufigkeit von Broadcast-Nachrichten im lokalen Netzwerk. Die Leistungsfähigkeit steigt mit höherer Sendefrequenz der einzelnen Knoten. Melliar-Smith et al. geben durch Messungen ermittelte Wahrscheinlichkeiten dafür an, daß eine Broadcast-Nachricht nach Empfang von N weiteren Broadcasts ausgeliefert werden kann.

Tabelle 3 gibt einen Ausschnitt dieser Wahrscheinlichkeiten für 10 Knoten, die kontinuierlich senden und den Ausfall eines einzelnen Knotens tolerieren können.

Anzahl Broadcasts	2	5	6	7	8	10
Wahrscheinlichkeit der Auslieferung	0.05	0.15	0.35	0.6	0.75	0.9

Tabelle 3.   Auslieferungsverhalten des TOTAL-Protokolls

Beispielsweise wird eine Broadcast-Nachricht mit der Wahrscheinlichkeit von 0.7 nach Empfang von 6 weiteren Broadcasts ausgeliefert.

6.7 Protokoll von Luan und Gligor

Der Ansatz von Luan und Gligor [110] basiert auf dem *Majority Consensus*-Protokoll von Thomas [173]. Die Grundidee besteht darin, die Realisierung von Totalordnung als ein Kopienabgleichproblem zu sehen. Jede Multicast-Nachricht entspricht einer Änderungsoperation auf einem gemeinsamen replizierten Datenobjekt, nämlich der Liste auszuliefernder Nachrichten. Wird dieses Objekt an allen Knoten konsistent verändert, so werden die korrespondierenden Nachrichten an allen Orten in derselben Reihenfolge an die Anwendung übergeben.

Man beachte, daß diese Art des Vorgehens entgegengesetzt ist zur üblichen Betrachtungsweise, in welcher Totalordnungsprotokolle dazu verwendet werden, um Replikationskontrollmechanismen zu unterstützen [121] [17] [104].

Das Protokoll von Luan und Gligor wurde für eine beliebige Netzwerkumgebung entworfen, die nur über unzuverlässige Punkt-zu-Punkt-Verbindungen verfügt. Neben der Totalordnung existieren Protokollelemente zur zuverlässigen Datenübertragung und zur Realisierung der atomaren Auslieferung von Multicast-Nachrichten. Drei Phasen bestimmen den Ablauf:

Einladungsphase

Jeder Knoten puffert eintreffende Nachrichten. Nach einer lokalen Strategie entscheidet er, wann ein Protokoll gestartet wird, um die Auslieferung der gepufferten Nachrichten anzustoßen. Dies kann beispielsweise an das Überschreiten einer bestimmten Zeitschranke oder an einen drohenden Pufferüberlauf gekoppelt sein. In der ersten Phase werden an alle anderen Knoten *Einladungen* verschickt. Diese antworten, indem sie an den Initiator eine Liste der aktuell gepufferten Nachrichten zurücksenden.

Benachrichtigungsphase

Der Initiator einer Einladung bildet aus der Menge der zurückgesandten Listen die größte gemeinsame Schnittmenge. Diese wird in beliebiger Weise als Liste geordnet und wiederum an alle Teilnehmer verteilt. Die Teilnehmer stimmen nach Empfang über die vorgeschlagene gemeinsame Auslieferungsliste ab und senden ihre Stimme zurück an den Initiator. Nein-Stimmen treten dabei dann auf, wenn konkurrierende Einladungen unterschiedlicher Knoten vorliegen und deren Vorschläge kollidieren.

Commit-Phase

Der Initiator sammelt alle Stimmen und betrachtet seinen Vorschlag als angenommen (*committed*), wenn mehr als $N/2$ der Knoten ihm zugestimmt haben (*Majority Consensus*). In diesem Fall liefert er alle Nachrichten in seiner Vorschlagsliste an die Anwendung aus und versendet die *Commit*-Nachricht an alle anderen Knoten. Diese übergeben die Nachrichten daraufhin ebenfalls in der festgelegten Reihenfolge an die Anwendung.

Protokollelemente zur Herstellung von Zuverlässigkeit und zur Behandlung von Knotenausfällen wurden in obiger Beschreibung zur leichteren Verständlichkeit weggelassen. Das Protokoll erfordert im Minimalfall $4 \times N$ Synchronisationsnachrichten zur Entscheidung über eine Auslieferungsliste. Dabei wird angenommen, daß die Benachrichtigungsphase bereits begonnen wird, sobald mehr als $N/2$ Antworten auf die Einladung zurückgekommen sind. Entsprechend werden im Minimalfall nur $N/2$ Knoten in die Abstimmung einbezogen, so daß sich die Nachrichtenanzahl wie folgt auf die Phasen verteilt:

Einladungsphase:	$N + N$
Benachrichtigungsphase:	$N/2 + N/2$
Commit-Phase:	N

Bei hoher Sendefrequenz der beteiligten Knoten kann diese Nachrichtenanzahl noch durch *Piggybacking* reduziert werden. Geht man davon aus, daß jede eintreffende Nachricht zur Initiierung des Protokolls führt, so berechnet sich die Synchronisationsverzögerung für einen Knoten bei gleichen Netzwerkverzögerungen δ zu $\Delta^l = 4 \times \delta$.

7 Eine Realisierung der abschnittsweisen Ordnung

7.1 Motivation

In Kapitel 4.6 wurde gezeigt, daß sich die funktionalen Synchronisationsanforderungen replizierter kooperativer Anwendungen auf Anforderungen an die Ordnungssemantik eines unterliegenden Multicast-Kommunikationsprotokolls abbilden lassen. Die Totalordnung, als stärkste der beschriebenen Ordnungssemantiken, ist zwar in der Lage, die beschriebenen Synchronisationsanforderungen zu befriedigen, erweist sich jedoch bezüglich ihres Leistungsverhaltens als unzureichend. Insbesondere die Synchronisationsverzögerung für die Selbstauslieferung von Nachrichten ist für eine kooperative Anwendung unannehmbar groß (mindestens zwei zusätzliche Nachrichtenlaufzeiten für den allgemeinen Fall).

Umgekehrt kann eine Quellordnung zwar einfach und prinzipiell ohne Auftreten jeglicher Synchronisationsverzögerung realisiert werden (Kapitel 4.4.1), sie kann jedoch die Nachrichten unterschiedlicher Sender nicht in eine gemeinsame Ordnungssemantik einbinden und ist daher zu schwach, um die Synchronisationsanforderungen kooperativer Anwendungen vollständig zu erfüllen.

In diesem Kapitel soll ein Multicast-Synchronisationsprotokoll für die in Kapitel 4.4.4 beschriebene abschnittsweise Ordnungssemantik realisiert werden. Diese Semantik wird von kooperativen Anwendungen verwendet, um starke Checkpoint-Operationen (Kapitel 2.4.2) zu unterstützen. Checkpoint-Operationen werden in *Abschnittsnachrichten* (*Multicast Checkpoints*) umgesetzt und von dem zu implementierenden Protokoll bei allen Empfängern geordnet zu den *regulären* Nachrichten ausgeliefert.

Die abschnittsweise Ordnung repräsentiert eine stärkere Ordnungssemantik als eine reine Quellordnung, da sie die Nachrichten unterschiedlicher Sender in eine gemeinsame Ordnungsbeziehung einbindet. Gleichzeitig ist diese

Ordnungssemantik jedoch schwächer als eine Totalordnung, da sie für die regulären Nachrichten, d.h. Nachrichten, die nicht als Abschnittsnachrichten versandt werden, keine Ordnung vorschreibt.

Eine wichtige Zielsetzung beim Entwurf des Synchronisationsprotokolls ist es, die abgeschwächte Ordnungssemantik der abschnittsweisen Ordnung in ein Protokoll umzusetzen, das ein verbessertes Leistungsverhalten im Vergleich zu einem Protokoll zur Realisierung der Totalordnung aufweist (Abbildung 57). Die Realisierung entspricht einer erweiterten Variante des in [118] vorgestellten Protokolls.

Das Kapitel soll gleichzeitig als Einführung in Vorgehensweise und Spezifikationsmethode für Multicast-Synchronisationsprotokolle dienen und so das Verständnis des im nächsten Kapitel (Kapitel 8) beschriebenen komplexeren Protokolls zur attributierten Ordnung erleichtern.

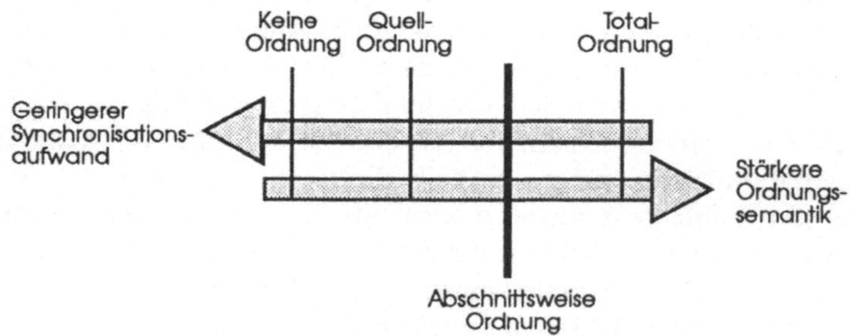

Abbildung 57.   Ordnungssemantik und Synchronisationsaufwand

7.2 Der CCAST-Dienst

Der im folgenden als *CCAST* bezeichnete Dienst erlaubt es dem Benutzer, seine Nachrichten als *reguläre* Nachrichten oder als *Abschnittsnachrichten* zu kennzeichnen. Die Darstellung der Dienstprimitive erfolgt dabei in einer abstrakten, an die ISO-Notation des Referenzmodells [89] angelehnten Form. Der Informationsfluß zum Kommunikationssystem wird mit *Requests (req)* modelliert, der umgekehrte Fluß mit *Indications (ind)*. Reguläre Nachrichten werden in CCAST mit dem Dienstelement

$c\_data.req \ (< Group\_Id > , \ < Message >)$

an alle Mitglieder der Gruppe einschließlich des Senders übertragen und dort über das Dienstprimitiv *c_data.ind (< Group_Id >, < Originator_Id >, < Message >)*

angezeigt. Die Realisierung von Abschnittsnachrichten (Checkpoints) geschieht über ein Dienstprimitiv

c_checkpoint.req (< Group_Id >, < Message >)

zum Erzeugen der Abschnittsnachrichten und einem Dienstprimitiv

c_checkpoint.ind (< Group_Id >, < Originator_Id >, < Message >)

zur Anzeige der Abschnittsnachrichten bei allen beteiligten Instanzen (einschließlich des Initiators). Gemäß der Semantik der abschnittsweisen Ordnung garantiert das Protokoll, daß zwei zu beliebigen Nachrichten gehörige Indications (*c_data, c_checkpoint*) bei allen Empfängern in derselben Reihenfolge angezeigt werden, wenn eines davon eine *c_checkpoint.ind* darstellt.

Weitergehende Dienstelemente, insbesondere solche zur Verwaltung der durch *Group_Id* spezifizierten Kommunikationsbeziehung innerhalb einer Gruppe von Instanzen, sollen hier nicht berücksichtigt werden. Sie sind Gegenstand von Kapitel 9. Ebenso soll für eine Behandlung von Fehlersituationen auf Kapitel 8.6 verwiesen werden.

7.3 Das CCAST-Protokoll

Vor der eigentlichen Spezifikation des CCAST-Protokolls ist es notwendig festzulegen, welche generelle Spezifikationsmethode für Multicast-Synchronisationsprotokolle verwendet werden soll. Die Alternativen gehen hierbei von einer informellen Darstellung des Protokolls bis hin zu einer strengen Spezifikation mit Hilfe eines formalen Spezifikationsverfahrens. Mehrere dieser Methoden wurden auf ihre sinnvolle Einsetzbarkeit hin untersucht. Besonders geeignet erscheint der von Chandy und Misra entwickelte *UNITY*-Kalkül [41] zur Spezifikation paralleler Abläufe. Er ist elegant einsetzbar, um durch bewußtes Zulassen von indeterministischen Abläufen sehr knappe Spezifikationen zu erhalten. Dies kommt bei der Definition von Multicast-Synchronisationsprotokollen insbesondere für *indefinite* Multicast-Ordnungssemantiken zum Tragen, da dort ein indeterministisches Verhalten bezüglich der konkreten Auslieferungsordnung immanent ist. Nachteil des Verfahrens sind die unanschauliche (rein mathematische) Darstellung des Protokolls und die Komplexität des Beweiskalküls, der auch einfache Beweise nicht mehr leicht nachvollziehbar macht. Eine ähnliche Problematik entsteht bei der Verwendung *temporaler Logik* [81]. Aus didaktischen Gründen wurde deswegen auf eine Spezifikation mit diesen Methoden verzichtet.

Die Verwendung formaler Spezifikationen auf der Basis erweiterter endlicher Automaten (z.B. ESTELLE [95], PASS [63]) ist für die verwendeten Protokolle insofern weniger geeignet, als Zustandsübergänge ausschließlich die *Erweiterungen* betreffen würden, während der Zustandsgraph nur aus einem einzigen Knoten bestünde. Die Komplexität der Darstellung wird deswegen nicht reduziert, sondern lediglich verlagert in die programmiersprachliche Formulierung der Regeln für die Zustandsübergänge.

Im folgenden soll eine semiformelle Spezifikationsmethode für Multicast-Synchronisationsprotokolle verwendet werden. Sie ermöglicht einerseits, die wesentlichen Funktionsprinzipien des Protokolls auf einer abstrakten Ebene zu erklären und andererseits, Beweise mit hinreichender Schärfe zu führen. Dabei wird - angelehnt an den Spezifikationsstil von Mattern [115] - der Austausch von Protokollnachrichten durch eine Menge von *Regeln* spezifiziert.

Zusätzlich zu den in Kapitel 5.4 beschriebenen, allgemeinen architekturellen Voraussetzungen, unterliegen dem Protokoll folgende Annahmen:

- Der zugrundeliegende Multicast-Basisdienst erbringt bereits eine Quellordnungssemantik, d.h. Nachrichten eines einzelnen Senders werden in *FIFO*-Reihenfolge ausgeliefert.
- Der zugrundeliegende Basisdienst garantiert die Auslieferung jeder Nachricht nach einer endlichen Übertragungszeit. Oberschranken für maximale Übertragungszeiten zwischen zwei Knoten seien jedoch nicht bekannt.

Bei der Beschreibung des Protokolls wird im folgenden sprachlich unterschieden zwischen *Benutzernachrichten*, die an der Dienstschnittstelle sichtbar sind (SDUs, im Sprachgebrauch des ISO-Referenzmodells), und *Protokollnachrichten*, die, für den Benutzer unsichtbar, zur Realisierung des Dienstes benötigt werden (PDUs nach ISO).

7.3.1 Basisprotokoll

Im CCAST-Dienst gibt es zwei Typen von Benutzernachrichten: reguläre Nachrichten und Abschnittsnachrichten. Zunächst soll der Fall betrachtet werden, in dem gleichzeitig nur eine einzelne Abschnittsnachricht bearbeitet wird. Dann beschreibt die folgende Menge von Regeln den Ablauf eines Protokolls zur Realisierung der abschnittsweisen Ordnung. Die Grundidee besteht dabei darin, die Quellordnungssemantik des Basistransferdienstes auszunutzen und durch Einfügen von *Flush*-Protokollnachrichten in den Strom regulärer Nachrichten allen Empfängern ein Mittel an die Hand zu geben, um über eine gemeinsame Auslieferungsordnung zu entscheiden.

C1: Jede über ein *c_data.req* an der Dienstschnittstelle übergebene reguläre Nachricht N wird an alle Empfänger (einschließlich der sendenden Instanz) als Protokollnachricht

$$NPDU(\ id(N),\ sender(N),\ N)$$

übertragen.

C2: Jede über ein *c_checkpoint.req* an der Dienstschnittstelle übergebene Abschnitts-(Checkpoint-)nachricht C wird als Protokollnachricht

$$CPDU(\ id(C),\ sender(C),\ C)$$

an alle Empfänger (einschließlich der sendenden Instanz) übertragen und dort zwischengespeichert.

C3: Das Eintreffen einer CPDU für Abschnittsnachricht C initiiert (unsichtbar oberhalb der Dienstschnittstelle) das Versenden einer *Flush*-Nachricht F mit einer Identifikation des Checkpoints $(c\_id(F) = id(C))$ als Protokollnachricht

$$FPDU(\ id(F),\ c\_id(F),\ sender(F))$$

an alle Kommunikationsinstanzen (einschließlich des Initiators).

C4: Auf Empfangsseite werden alle NPDUs und FDPUs entsprechend der Reihenfolge ihres Eintreffens in Datenstrukturen vom Typ *Queue (FIFO-Schlange)* eingefügt. Für jeden Sender i existiert dabei eine eigene Queue Q_i für NPDUs und FPDUs dieses Senders (d.h. *sender(N) = i,* bzw. *sender(F) = i*).

Die Auslieferung von Nachrichten geschieht durch Ausfügen aus der Menge der Queues:

C5: NPDUs an der Spitze einer Queue werden sofort ausgefügt und die darin enthaltene Benutzernachricht unmittelbar durch Anzeige eines *c_data.ind* an die Anwendung ausgeliefert.

C6: Befindet sich an der Spitze einer Queue eine FPDU, so wird die Auslieferung dieser Queue verzögert, bis *alle* Queues eine FPDU an ihrer Spitze haben. Ist dies der Fall so werden alle FPDUs gleichzeitig ausgefügt und die durch sie spezifizierte (und zwischengespeicherte) Checkpoint-Nachricht $(id(C) = c\_id(F))$ mittels eines *c_checkpoint.ind.* an die Anwendung ausgeliefert.

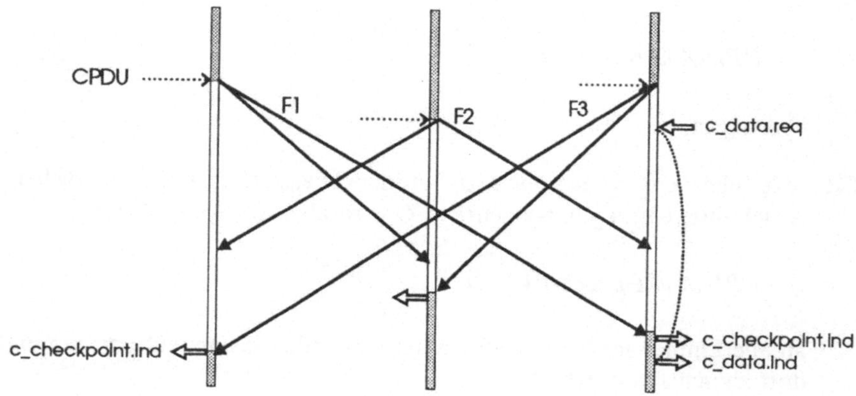

Abbildung 58.   Nachrichtenaustausch beim Checkpointing

Die Regeln C5 und C6 sorgen für zwei sich abwechselnde Phasen des Protokollablaufs (siehe Abbildung 58):

• Sind keine Abschnittsnachrichten in Bearbeitung, so werden alle Nachrichten unmittelbar ausgeliefert.

• Wurde eine Abschnittsnachricht generiert, so erfolgt eine selektive Auslieferung, bei der Nachrichten bis zur Auslieferung der Abschnittsnachricht koordiniert zwischengespeichert werden.

7.3.2 Korrektheit

Vor der Herleitung eines Beweises sollen zunächst in allgemeiner Form diejenigen Komponenten des Protokollverhaltens definiert werden, welche die *Korrektheit* eines Multicast-Synchronisationsprotokolls ausmachen. Dies geschieht stellvertretend für alle auch in späteren Kapiteln entwickelten Protokollbausteine. Die Korrektheit eines Multicast-Synchronisationsprotokolls setzt sich aus den folgenden Komponenten zusammen:

- *Ordnungstreue*

  Das Protokoll garantiert, daß alle Multicast-Nachrichten gemäß der an der Dienstschnittstelle spezifizierten Ordnungssemantik ausgeliefert werden. Für die Realisierung einer abschnittsweisen Ordnung bedeutet dies: Zwei Multicast-Nachrichten werden bei allen Empfängern in derselben Reihenfolge ausgeliefert, wenn eine von beiden eine Abschnittsnachricht darstellt.

- *Verklemmungsfreiheit*

  Das Protokoll erzeugt keinen Systemzustand, in dem eine Menge von Multicast-Nachrichten aufgrund von zyklischen Wartebedingungen blockiert sind. Dabei werden Wartezustände, die durch einen Ausfall des Basistransferdienstes oder anderer, externer Systemkomponenten zustandekommen, nicht berücksichtigt.

- *Fairness*

  Das Protokoll garantiert, daß jede Multicast-Nachricht irgendwann an jeden der Empfänger ausgeliefert wird. Diese Definition entspricht nach Francez [64] einer *schwachen* Form von Fairness; sie ist äquivalent zu dem ebenfalls verwendeten Begriff *Freedom of Starvation*.

Der Beweis der Ordnungstreue für das CCAST-Protokoll basiert auf der Quellordnungssemantik des unterliegenden Basistransferdienstes:

<u>Ordnungstreue</u>

Angenommen, eine Nachricht N von Sender K_1 werde von einer Kommunikationsinstanz K_2 *nach* einer Checkpoint-Nachricht C ausgeliefert. Dann erfolgte die Auslieferung, weil alle Queues von K_2, also insbesondere auch die Queue Q_1, an ihrer Spitze eine Flush-Nachricht hatten (Regel C6). Für Q_1 sei dies die zu C gehörige Flush-Nachricht F (Abbildung 59). N muß hinter F eingeordnet sein, da es nach dem Checkpoint ausgeliefert wurde. Wegen der Quellordnungssemantik des Basistransferdienstes muß daher die Instanz K_1 die NPDU für N nach der FPDU für F versandt haben (Regel C5). Wiederum aufgrund der Quellordnungssemantik muß daher aber jede andere Kommunikationsinstanz, z.B. K_3, die beiden Nachrichten ebenfalls in dieser Reihenfolge empfangen und in ihre entsprechende Queue für Instanz K_1 eingefügt haben. N kann damit bei K_3 erst ausgeliefert werden, nachdem F aus der Queue entfernt wurde. Daraus folgt, daß der durch F spezifizierte Checkpoint C bei Instanz K_3 ebenfalls *vor* N an die Anwendung übergeben wird (Abbildung 59 auf Seite 138).

Checkpoint-Nachrichten werden damit geordnet ausgeliefert im Verhältnis zu regulären Nachrichten. Zwei Checkpoint-Nachrichten unter sich werden auf triviale Weise bei allen Empfängern in derselben Reihenfolge ausgeliefert, weil sie zeitlich nacheinander bearbeitet werden.

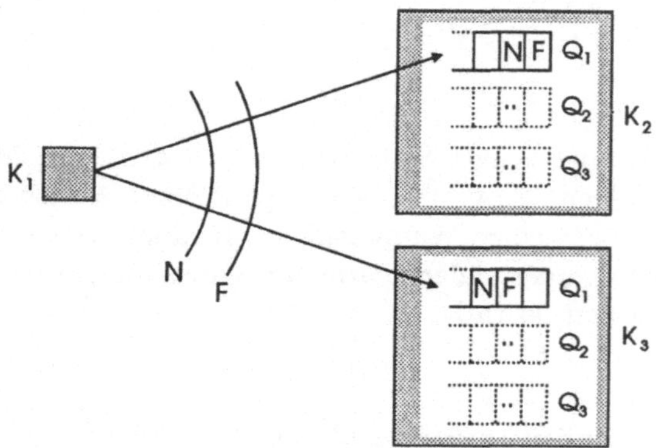

Abbildung 59.   Queue-Einfügereihenfolge für einen Sender

Verklemmungsfreiheit

Ein Wartezustand tritt für eine reguläre Nachrichten N nur auf, wenn sie nach Regel C6 in einer Queue hinter einer an der Spitze befindlichen Flush-Nachricht eingeordnet wird, d.h. während der Bearbeitung einer Checkpoint-Nachricht C. Es entsteht in diesem Fall eine Warteabhängigkeit $N \rightarrow C$. C wird so lange blockiert, bis alle Queues an ihrer Spitze eine Flush-Nachricht haben. Da C an alle Instanzen versandt wurde (C2) und jede dieser Instanzen ihrerseits eine Flush-Nachricht an alle Empfänger versendet, erhält jede Instanz nach endlicher Zeit von jedem Sender eine Flush-Nachricht. Zusammen mit Regel C5 ist damit sichergestellt, daß nach endlicher Zeit alle Queues eine Flush-Nachricht an ihrer Spitze haben und diese gemeinsam werden entfernen können (C6). Insbesondere ist die Auslieferung von C nicht von der Auslieferung anderer Nachrichten abhängig, d.h. es können keine zyklischen Wartezustände auftreten.

Fairness

Durch die Abarbeitung der Nachrichten in Quellordnung ist sichergestellt, daß jeder Nachricht von Sender *i* nur eine endliche Menge weiterer Nachrichten dieses Senders vorangehen, die dementsprechend nach endlicher Zeit ausgeliefert werden. Nachrichten anderer Sender beeinträchtigen die

Fairness-Eigenschaft des Protokolls nicht, solange sichergestellt ist, daß Regel C5 keine der Queues bezüglich der Auslieferung von Nachrichten bevorzugt. Dies ist beispielsweise durch Anwendung eines *Round-Robin*-Verfahrens [180] bei der Abarbeitung der Queues erreichbar.

7.3.3 Nebenläufige Abschnittsnachrichten

Das beschriebene Protokoll realisiert eine abschnittsweise Ordnungssemantik für den Fall nicht-kollidierender Abschnittsnachrichten. Obwohl Abschnittsnachrichten zur Realisierung von schwachen Checkpoint-Operationen (gemäß der Anforderungsanalyse von Kapitel 2.4) nur selten auftreten, muß der Kollisionsfall vom Protokoll abgefangen werden. Der Einführung zusätzlicher Protokollelemente für die Kollisionsbehandlung soll - als Motivation - ein Beispiel für einen Kollisionsfall ohne zusätzliche Vorkehrungen vorangehen (Abbildung 60).

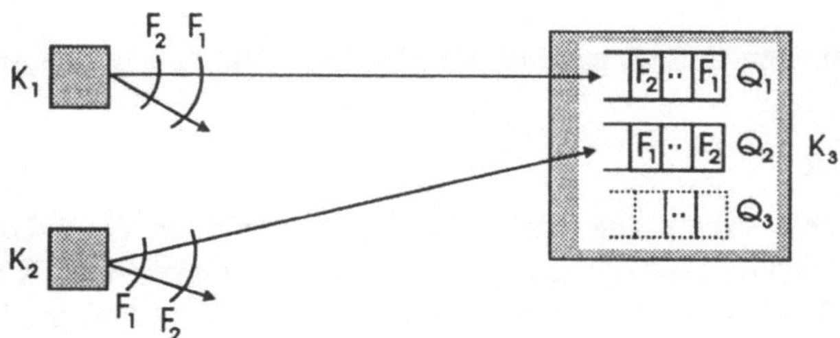

Abbildung 60.   Kollidierende Checkpoints

Beispiel:

> Zwei Instanzen versenden zur gleichen Zeit Checkpoint-Nachrichten C_1 bzw. C_2. Jede der Checkpoint-Nachrichten löst an allen Knoten das Versenden von Flush-Nachrichten F_1 (für C_1) bzw. F_2 (für C_2) an die übrigen Instanzen aus. Dabei ist es aufgrund des ungeordneten Eintreffens der CPDUs möglich, daß die Flush-Nachrichten von Knoten in unterschiedlicher Reihenfolge $F_1 \rightarrow F_2$ oder $F_2 \rightarrow F_1$ versendet werden (Abbildung 60 zeigt dies am Beispiel zweier Knoten K_1 und K_2). Durch die Quellordnungssemantik ist in diesem Fall die Anordnung der Flush-Nachrichten in unterschiedlichen Queues eines Knotens ebenfalls unterschiedlich. Abbildung 60 verdeutlicht dies für eine Instanz K_3 am Beispiel von Queue Q_1 (für Nachrichten von K_1) und Queue Q_2 (für Nachrichten von K_2).

Die Anzahl der Flush-Nachrichten pro Queue ist zwar gleich, jedoch sind es bei Auswertung der Regel C6 unterschiedliche Flush-Nachrichten, die an der Spitze der Queues stehen (im Beispiel F_1 in Queue Q_1 und F_2 in Queue Q_2). Regel 6 wird damit uneindeutig, es gibt keine einzelne Checkpoint-Nachricht mehr, die durch die Spitzenelemente der Queues bestimmt wäre.

Eine Kollisionsauflösung wird möglich, indem eine der beteiligten Queues, z.B. Q_1, ausgezeichnet wird. Dazu wird Regel C6 durch folgende Regel ergänzt:

C7:   Haben alle Queues eine FPDU an ihrer Spitze und spezifizieren diese FPDUs unterschiedliche Checkpoint-Nachrichten $(c\_id(F_1) \neq c\_id(F_2)$, ...), so wird als nächstes diejenige Checkpoint-Nachricht C ausgeliefert, die durch die Flush-Nachricht von Q_1 spezifiziert wird (d.h. $id(C) = c\_id(F_1)$). Ist die zugehörige CPDU noch nicht eingetroffen, so wird die Auslieferung bis zum Zeitpunkt des Eintreffens verzögert.

Wiederum müssen Ordnungstreue, Verklemmungsfreiheit und Fairness nachgewiesen werden:

<u>Ordnungstreue</u>

Die geordnete Auslieferung von regulären Nachrichten (NPDUs) im Verhältnis zu Checkpoint-Nachrichten ist durch den Beweis von Kapitel 7.3.2 bereits abgedeckt. Die geordnete Auslieferung von Checkpoint-Nachrichten unter sich folgt aus der Bindung an eine bestimmte Queue (Q_1). Durch die Quellordnungssemantik fügen alle Instanzen Protokollnachrichten in derselben Reihenfolge in Q_1 ein. Dies bewirkt, daß bei jeder Anwendung von Regel C6 bei allen Instanzen dieselbe Flush-Nachricht an der Spitze von Q_1 steht. Damit werden aber bei allen Instanzen nach Regel C7 Checkpoints in derselben Reihenfolge ausgeliefert.

<u>Verklemmungsfreiheit</u>

Es treten keine zusätzlichen Wartezustände auf. Der Beweis von Kapitel 7.3.2 gilt damit weiterhin.

<u>Fairness</u>

Die Auslieferung von regulären Nachrichten nach endlicher Zeit ist durch den Beweis von Kapitel 7.3.2 erbracht. Für Checkpoint-Nachrichten ergibt sich die gleiche Eigenschaft durch folgende Überlegung: Zum Zeitpunkt des Eintreffens einer Checkpoint-Nachricht C bei Kommunikationsinstanz K_1 hat

K_1 nur für eine endliche Anzahl weiterer Checkpoint-Nachrichten bereits Flush-Nachrichten erzeugt. , Aufgrund der Quellordnungssemantik können der Flush-Nachricht für C deshalb in Queue Q_1 nur endlich viele weitere Flush-Nachrichten vorangehen. Nach deren Auslieferung wird auch C ausgeliefert.

7.4 Leistungsbewertung

Zur Bewertung des CCAST-Protokolls sollen die in Kapitel 5.6 hergeleiteten Leistungskenngrößen ermittelt werden. Dazu gehören Synchronisationsverzögerung sowie Anzahl und Länge der übertragenen Nachrichten. Darüber hinaus ist für kooperative Anwendungen das Antwortzeitverhalten (Kapitel 5.6.4) wichtig, wobei es insbesondere um die Selbstauslieferung geht.

Anzahl Nachrichten	Broadcast Medium		Non-Broadcast Medium	
	Full_Msg	Short_Msg	Full_Msg	Short_Msg
Ungeordnete Auslieferung	1	0	N-1	0
CCAST [reguläre Nachrichten]	1	0	N-1	0
CCAST [Checkpoint-Nachrichten]	1	N	N-1	N*(N-1)

Tabelle 4.   Nachrichtenaufwand für abschnittsweise Ordnung

Anzahl und Länge der erzeugten Protokollnachrichten variieren bei regulären und bei Checkpoint-Nachrichten: Ist N die Anzahl der beteiligten Instanzen, so werden für jede reguläre Nachricht $N - 1$ NPDUs mit Hilfe des Basistransferdienstes übertragen (bei Broadcast-Unterstützung reicht eine NPDU). Das heißt, es werden neben den Nutznachrichten keine weiteren Synchronisationsnachrichten benötigt. Auch die Länge der übertragenen Protokollnachricht wird durch Einschluß einer eindeutigen Nachrichtenkennung (*id*) und einer Senderkennung (*sender*) nur geringfügig vergrößert. Beide Anteile sind außerdem Protokollkontrollinformationen, die bereits Teil des verwendeten Basistransferdienstes sein können.

Dagegen erzeugt eine Abschnittsnachricht eine nicht unerhebliche Menge zusätzlicher Synchronisations-PDUs. Für eine Abschnittsnachricht C werden zunächst N-1 CPDUs übertragen, die C enthalten und daher als *Full_Msgs* bezeichnet werden. Jede der Instanzen erzeugt außerdem N-1 FPDUs. Da diese neben einer Kennung des korrespondierenden Checkpoints nur eine eindeutige Nachrichten- und Senderkennung enthalten, sollen sie als *Short_Msgs* gezählt werden.

Tabelle 4 gibt einen Überblick über die Anzahl ausgetauschter Nachrichten verglichen mit dem Verhalten bei Fehlen einer Ordnungssemantik. Nachrichten, die im Rahmen der Selbstauslieferung von einer Instanz an sich selbst versendet werden, sind in diesem Vergleich nicht berücksichtigt, da sie den Basistransferdienst nicht belasten.

Für die Bewertung der Synchronisationsverzögerung können zwei globale Systemzustände unterschieden werden:

Fall I: Keine Abschnittsnachrichten in Bearbeitung

In diesem Fall enthält keine der Queues Flush-Nachrichten, d.h. jede eintreffende NPDU wird sofort an die Anwendung ausgeliefert. Somit ist die Synchronisationsverzögerung und gleichzeitig die Antwortzeit R für alle Nachrichten

$$\overline{\Delta} = R = 0$$

und entspricht damit dem Auslieferungsverhalten ohne Synchronisationsprotokoll.

Fall II: Abschnittsnachrichten in Bearbeitung

Zunächst soll die Synchronisationsverzögerung für eine Abschnittsnachricht ermittelt werden. Geht man von einer gleichbleibenden Netzverzögerung δ aus, so ergibt sich die *Arrival*-Funktion für eine Checkpoint-Nachricht C von Sender i zu Empfänger j zu

$$A^j(C) = \begin{cases} 0 & \textit{für } i = j \\ \delta & \textit{sonst.} \end{cases}$$

Eine Abschnittsnachricht wird ausgeliefert, wenn jede Instanz eine Flush-Nachricht von den übrigen Instanzen erhalten hat. Da Flush-Nachrichten erst nach Eintreffen der CPDU generiert werden, ergibt sich eine *Delivery*-Funktion (entsprechend dem längsten Weg voneinander abhängiger Protokollnachrichten) zu:

$$D^j(C) = 2 \times \delta.$$

Zusammen erhält man eine Synchronisationsverzögerung Δ mit

$$\Delta^j(C) = \begin{cases} 2 \times \delta & \text{für } i = j \\ \delta & \text{sonst.} \end{cases}$$

Dabei entspricht der erste der beiden Terme der Antwortzeit R(C) für eine Checkpoint-Nachricht.

Zusätzlich muß betrachtet werden, wie sich das Auslieferungsverhalten regulärer Nachrichten während der Bearbeitung von Checkpoint-Nachrichten verändert. Wartezustände für reguläre Nachrichten treten auf, wenn eine Flush-Nachricht an die Spitze einer Queue gewandert ist und nicht entfernt werden kann, weil eine Flush-Nachricht an der Spitze anderer Queues noch fehlt. Ein Checkpoint C sei von Kommunikationsinstanz K_1 initiiert worden. Dann erhält eine Instanz K_j von einer Instanz K_i nach der Zeit t eine Flush-Nachricht für C, mit:

$$t = \begin{cases} 0 & \text{für } i = 1 = j \\ \delta & \text{für } i = 1 \neq j \\ \delta & \text{für } i = j \neq 1 \\ 2 \times \delta & \text{sonst.} \end{cases}$$

Eine reguläre Nachricht N, die von einer Kommunikationsinstanz K_i initiiert wurde, wird bei Instanz K_j verzögert, wenn vor ihr eine Flush-Nachricht F in Queue Q_j steht, die nicht ausgeliefert werden kann, weil noch nicht von allen übrigen Instanzen eine Flush-Nachricht eingetroffen ist (Regel C6). Eine maximale Verzögerung für N tritt offensichtlich dann ein, wenn N unmittelbar nach F bei Instanz K_j eintrifft und bis zum Eintreffen der letzten Flush-Nachricht zwischengespeichert wird. Die maximalen Verzögerungszeiten ergeben sich damit aus der Differenz zwischen Eintreffen der Flush-Nachricht von K_i und Eintreffen der letzten Flush-Nachricht. Tabelle 5 konkretisiert diese Analyse, wobei davon ausgegangen wird, daß zum Zeitpunkt $t = 0$ ein Checkpoint initiiert wird.

	Eintreffzeitpunkt von F	Eintreffzeitpunkt der letzten Flush-Nachricht	Maximale Synchronisationsverzögerung $\Delta_{max}^j(N)$
$i = 1 = j$	0	$2 \times \delta$	$2 \times \delta$
$i = 1 \neq j$	δ	$2 \times \delta$	δ
$i = j \neq 1$	δ	$2 \times \delta$	δ
sonst	$2 \times \delta$	$2 \times \delta$	0

Tabelle 5.   **Maximale Synchronisationsverzögerung regulärer Nachrichten**

Zusammengefaßt impliziert die Tabelle, daß nur Nachrichten der Checkpoint-Initiatoren ($i = 1$) und selbstausgelieferte Nachrichten ($i = j$) einer Verzögerung (von δ bzw. $2 \times \delta$) unterliegen.

Kollidierende Checkpoint-Nachrichten ändern nichts an dem maximalen Verzögerungsverhalten. Im Gegenteil, das modifizierte Protokoll (Regel C7) ist in der Lage, Flush-Nachrichten von der Spitze einer Queue früher zu entfernen, indem Flush-Nachrichten, die zu unterschiedlichen Checkpoints gehören, mitverwendet werden.

Das Protokoll zur Realisierung einer abschnittsweisen Ordnungssemantik erbringt eine im Vergleich zur Totalordnung abgeschwächte Ordnungssemantik mit einem gleichzeitig besseren Leistungsverhalten. Insbesondere ist bei Abwesenheit von Checkpoint-Nachrichten kein zusätzlicher Synchronisationsaufwand (Synchronisationsnachrichten, Nachrichtenverzögerung, Pufferung) notwendig.

7.5 Optimierungen

Zur Realisierung von Abschnittsnachrichten muß eine nicht unerhebliche Menge von kurzen Synchronisationsnachrichten übertragen werden. Es ist sinnvoll, diese Nachrichtenmenge durch die Verwendung von Konkatenierungsregeln zu reduzieren.

Zunächst ist es möglich, die Versendung der CPDU mit der unmittelbar folgenden Versendung einer FPDU für einen gegebenen Checkpoint zu

kombinieren. Darüber hinaus können bei nebenläufiger Initiierung von Checkpoints und regulären Nachrichten durch unterschiedliche Sender FPDUs mit NPDUs konkateniert werden. Dazu wird die Auswertung der Regel C3 mit einem *Timeout* kombiniert:

C3': Eine eintreffende CPDU für einen Checkpoint C wird gepuffert. Wird von der lokalen Kommunikationsinstanz innerhalb eines Timeouts $\overline{\delta}$ keine NPDU oder CPDU verschickt, so werden isolierte Flush-Nachrichten gemäß Regel C3 an alle Instanzen versandt. Ansonsten werden die Flush-Nachrichten in konkatenierter Form mit der entsprechenden NPDU oder CPDU versandt.

Eine solche Modifikation bewahrt die Korrektheit des Protokolls, da ein Verhalten nach Regel C3' nicht unterscheidbar ist von einem Protokollablauf bei einer übermäßigen Verzögerung der CPDUs auf dem Weg vom Checkpoint-Initiator zur ausführenden Instanz.

Bei einem hohen Nachrichtenaufkommen der beteiligten Instanzen kann die Regel C3 im günstigsten Fall dazu führen, daß überhaupt keine Synchronisationsnachrichten mehr versandt werden müssen. In jedem Fall repräsentiert

$$2 \times \delta + \overline{\delta}$$

die maximale Synchronisationsverzögerung von regulären Nachrichten während der Abarbeitung von Abschnittsnachrichten.

8 Eine Realisierung der attributierten Ordnung

8.1 Motivation

Neben der abschnittsweisen Ordnung zur Realisierung von starken Checkpoint-Operationen spielt die *attributierte Ordnung*, insbesondere zur Realisierung von schwachen Checkpoint-Operationen, eine wichtige Rolle für kooperative Anwendungen.

Die attributierte Ordnungssemantik stellt dem Benutzer ein Spezifikationsmittel zur Verfügung, mit der dieser auf feinere Weise, als dies durch Ordnungsdienste aus der Literatur bisher möglich war, festlegen kann, welche Nachrichten zueinander in Konflikt stehen und daher in derselben Reihenfolge ausgeliefert werden müssen.

Der zusätzliche Aufwand zur Realisierung eines Protokolls, welches die verfeinerte Ordnungssemantik erbringt, läßt sich jedoch nur dann rechtfertigen, wenn dieses Protokoll in der Lage ist, eine abgeschwächte Ordnungsspezifikation durch den Benutzer tatsächlich in einen Leistungsvorteil beim realen Ablauf umzusetzen.

Abbildung 61 auf Seite 147 verdeutlicht diese Anforderung in graphischer Form. Ziel eines in diesem Kapitel zu realisierenden Protokolls für die attributierte Ordnung ist es, die in der Abbildung dargestellte Linie horizontal über die beiden Koordinatenachsen Ordnungssemantik und Synchronisationsaufwand verschieben zu können. Eine Abschwächung der Ordnungssemantik (Verschiebung nach links) und mithin eine schwächere Kopplung des Auslieferungsverhaltens unterschiedlicher Empfänger soll den Synchronisationsaufwand reduzieren. Im Vordergrund steht dabei, die Synchronisationsverzögerung und insbesondere das Antwortzeitverhalten (Kapitel 5.6.4) existierender Protokolle zu verbessern.

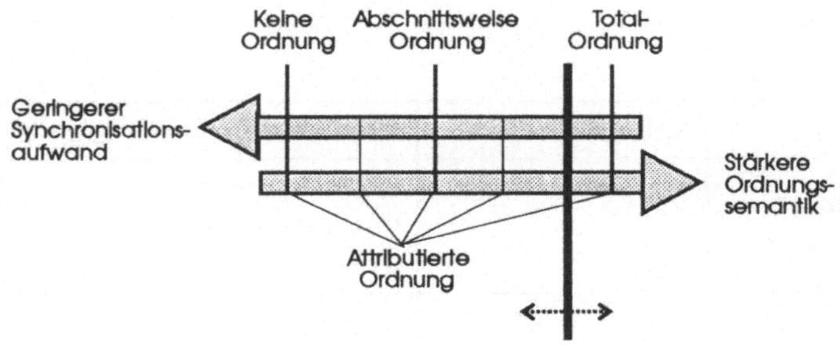

Abbildung 61. Ordnungssemantik und Synchronisationsaufwand

8.2 Projektionsoptimalität

Das Ziel der attributierten Ordnungssemantik besteht darin, dem Benutzer eine flexible Spezifikation seiner Ordnungsanforderungen zu erlauben, mit der ein Spektrum von Ordnungssemantiken abgedeckt werden kann. Wie in Kapitel 4.4 nachgewiesen, können mit einer attributierten Ordnungssemantik insbesondere auch die Ordnungssemantiken Quellordnung, Bündelordnung, abschnittsweise Ordnung, Totalordnung und kausale Totalordnung als sogenannte *Projektionssemantiken* spezifiziert werden. Beispielsweise ist die Totalordnung als attributierte Ordnung mit nur einem Attribut spezifizierbar.

Eine Grundanforderung an ein attributiertes Ordnungsprotokoll besteht darin, jede der Projektionssemantiken mit einem mindestens ebenso guten Leistungsverhalten zu realisieren, wie dies durch ein dediziertes Protokoll, das ausschließlich für die spezielle Semantik entwickelt wurde, möglich wäre. Beispielsweise sollte sich ein attributiertes Ordnungsprotokoll bei nur einem Attribut nicht schlechter verhalten als ein Totalordnungsprotokoll (z.B. [40]).

Diese als *Projektionsoptimalität* bezeichnete Eigenschaft definiert die Eckwerte einer Protokolloptimierung. Tabelle 6 auf Seite 148 konkretisiert diese Anforderungen durch Angabe von Referenzprotokollen für jede der Projektionssemantiken.

Als Referenzprotokolle wurden in allen Fällen solche Protokolle gewählt, die von ihrer Protokollarchitektur her von denselben Annahmen ausgehen wie der vorliegende Ansatz. Dies umschließt insbesondere das Fehlen von Realzeiteigenschaften des unterliegenden Netzes und die Verwendung eines zuverlässigen Multicast-Basistransferdienstes. Die Protokolle stellen außerdem für die von ihnen realisierte Semantik die im Literaturvergleich effizienteste Lösung dar.

Semantik	Referenz	Anforderung
Ungeordnete Auslieferung	VMTP [Che86]	Keine Synchronisationsverzögerung $(\overline{\Delta} = 0)$
Quellordnung	ST-II [CIP90]	Keine Synchronisationsverzögerung $(\overline{\Delta} = 0)$
Abschnittsweise Ordnung	Multicast Checkpointing [Ma92a]	Keine Synchronisationsverzögerung bei Abwesenheit von Checkpoints $(\overline{\Delta} = 0)$
Bündelordnung	ABCAST87 [BJ87a]	Mittlere Synchronisationsverzögerung nicht größer als $\overline{\Delta}/N = 2 \times \delta$
Totalordnung	Chang/Maxemchuk [CM84]	Mittlere Synchronisationsverzögerung nicht größer als $\overline{\Delta}/N = \delta$

Tabelle 6.   Anforderungen der Projektionsoptimalität

8.3 Protokollbausteine

8.3.1 Multiple Sortierinstanzen

Die in Kapitel 6 vorgenommene Analyse existierender Ansätze zur Totalordnung von Multicast-Nachrichten hat gezeigt, daß in Umgebungen, die nicht über Realzeiteigenschaften verfügen, Primärempfängerverfahren [40] [102] [126] den senderkoordinierten Verfahren [19] [97] überlegen sind. Aus diesem Grund soll das den Primärempfängerverfahren zugrundeliegende Konzept der *Sortierinstanzen* (siehe Kapitel 6.2) als Ausgangspunkt eines Protokollentwurfs für die attributierte Ordnungssemantik dienen. Ziel ist es dabei, die den Primärempfängerverfahren inhärenten Nachteile durch Ausnutzung der abgeschwächten Synchronisationsanforderungen einer attributierten Ordnungssemantik zu kompensieren. Nachteile von Primärempfängerverfahren resultieren vor allem aus der für sie charakteristischen Zentralisierung der Ordnungsfunktion:

- Zentralisierte Verfahren bergen ein grundsätzliches Problem in bezug auf die Verfügbarkeit des durch sie realisierten Dienstes. Fällt die zentrale Sortierinstanz aufgrund eines Rechner- oder Netzwerkzusammenbruchs aus, so ist der Dienst in sämtlichen funktionalen Komponenten unterbrochen, und keine der anderen Instanzen kann auch nur eingeschränkt weiterarbeiten.

  Weiterhin ist ein i.d.R. komplexes verteiltes Protokoll notwendig, um aus der Menge der funktionsfähigen Instanzen - die untereinander alle gleichberechtigt sind - für alle eindeutig einen Nachfolger als zentrale Instanz auszuwählen.

- Zentrale Instanzen werden innerhalb einer verteilten Umgebung leicht zum Leistungsengpaß des gesamten Systems, insbesondere bezüglich der Betriebsmittel Kommunikationsbandbreite und Rechenkapazität. Dies trifft in besonderem Maße für Sortierinstanzen der Multicast-Synchronisation zu. Für jede Benutzernachricht eines beliebigen Senders muß eine Multicast-Sortierinstanz, wie beispielsweise der von Chang und Maxemchuk [40] beschriebene *Primary Receiver*, alle Empfänger mit Synchronisationsnachrichten versorgen. Seine Last entspricht damit der Summe der in allen Sendern erzeugten Lasten. Verfügt das unterliegende physikalische Netzwerk außerdem nicht über die Möglichkeit, ein Hardware-Broadcast auszunutzen, so resultiert jede Benutzernachricht, sowohl beim Sender (für die Nachricht selbst) als auch zusätzlich bei der Sortierinstanz (für die Synchronisationsnachricht) in einer 1:N-Vervielfachung von Kommunikations- und Rechenlast (N = Anzahl der Empfänger).

Wie in Kapitel 2.4 diskutiert, ist eine sendende Instanz innerhalb einer kooperativen Anwendung normalerweise gleichzeitig Empfänger der eigenen Nachrichten. Ein weiterer Nachteil eines Verfahrens mit einer einzelnen zentralen Sortierinstanz liegt in den Antwortzeiten für diesen als Selbstauslieferung bezeichneten Vorgang. Durch die Zentralisierung ist genau eine Instanz, nämlich diejenige, welche gleichzeitig die Sortierinstanz repräsentiert, bezüglich der Selbstauslieferungszeiten bevorzugt. Wie in Kapitel 6.2.3 gezeigt, hat sie eine vernachlässigbare Synchronisationsverzögerung für alle Nachrichten, während alle anderen Instanzen einer kooperativen Anwendung ebenso für alle Nachrichten eine Verzögerung erfahren, die einer zweifachen Nachrichtenlaufzeit entspricht. Es besteht bei einem zentralen Verfahren keine Möglichkeit, bezüglich dieses Zeitverhaltens zwischen verschiedenen Nachrichten zu differenzieren. Dies steht im Widerspruch zu der in Kapitel 2.4 abgeleiteten Kommunikationscharakteristik kooperativer Anwendungen, die Operationsklassen identifiziert, welche bezüglich *unterschiedlicher* Sender in ihrer Selbstauslieferung optimiert sein sollten.

Als Konsequenz dieser Überlegungen wird zur Realisierung des attributierten Multicast-Protokolls ein Verfahren mit *multiplen Sortierinstanzen* vorgeschlagen, das die Vorteile einer zentralen und einer vollständig verteilten Synchronisationslösung vereinigt:

Jede Sortierinstanz verwaltet ein oder mehrere der vom Dienstbenutzer verwendeten Attribute. Die Zuordnung ist eindeutig, d.h. umgekehrt ist jedes definierte Attribut genau einer Sortierinstanz zugeordnet. Die Aufgabe einer Sortierinstanz ist es, innerhalb des Synchronisationsprotokolls für die geordnete Auslieferung derjenigen Nachrichten zu sorgen, die mindestens eines der von ihr verwalteten Attribute besitzen.

Wird eine Nachricht nur mit einem einzelnen Attribut, z.B. A, verschickt, so ist die zugehörige Sortierinstanz SI_A allein für die Sortierung dieser Nachricht verantwortlich. Umfaßt die Attributmenge der Nachricht dagegen mehrere Elemente, z.B. $\{A, B ...\}$, so sind alle Sortierinstanzen, die eines dieser Attribute verwalten, am Ordnungserhalt beteiligt (Abbildung 62).

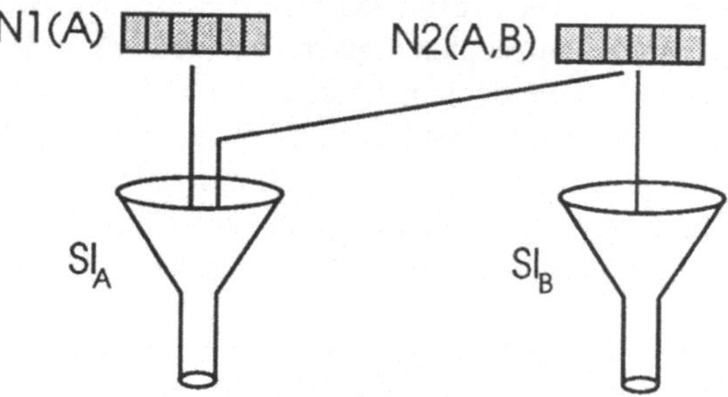

Abbildung 62.   Multiple Sortierinstanzen

Folgende Nachteile eines zentralisierten Verfahrens werden durch diese Vorgehensweise aufgehoben:

- Ist eine Sortierinstanz durch Rechnerausfall oder (temporäre) Kommunikationsunterbrechung nicht verfügbar, so können weiterhin alle Nachrichten ausgeliefert werden, die keine Attribute dieser Sortierinstanz besitzen. Eine Teilverfügbarkeit des Systems ist damit gewährleistet. Wird weiterhin auf der Menge der Attribute eine Ordnung definiert, so ergibt sich daraus eine einfache Möglichkeit, den Verlust einer Sortierinstanz zu kompensieren. Beispielsweise könnte die Sortierinstanz mit dem nach dieser Ordnung höchstwertigsten Attribut die Ordnungsfunktion für die Attribute der ausgefallenen Sortierinstanz übernehmen.

- Die Synchronisationslast wird durch den beschriebenen Ansatz auf mehrere Instanzen verteilt. Da im Falle von mehrelementigen Attribut-mengen eine Nachricht durch mehr als eine Sortierinstanz bearbeitet wird, muß allerdings genauer untersucht werden, inwieweit sich die Summe der Synchronisationslasten der beteiligten Instanzen auch vergrößern kann. Diese Untersuchung findet im Anschluß an die genaue Beschreibung des Protokolls in Kapitel 8.7 statt. Ein Zunahme der Gesamtlast erscheint in dem Moment als vertretbar, in dem die Synchronisationsverzögerungen im Mittel verringert werden.

- Durch die Verwendung unterschiedlicher Sortierinstanzen für Nachrichten mit unterschiedlichen Attributen bietet sich eine Möglichkeit, die Selbst-auslieferungszeiten für die einzelnen Nachrichten zu differenzieren. Bei-spielsweise können durch geeignete Plazierung der Sortierinstanzen Nachrichten mit Attribut A an Ort 1 unmittelbar ausgeliefert werden, während dies für Nachrichten mit Attribut B zur gleichen Zeit an Ort 2 erfolgt.

Ein Nachteil der Verwendung multipler Sortierinstanzen liegt in der erhöhten Komplexität der verwendeten Protokolle. Dies erhöht die Fehleranfälligkeit bei der Übertragung von Mehrattribut-Nachrichten. Darüber hinaus muß besonders darauf geachtet werden, daß wegen der Existenz mehrerer aktiver Instanzen keine Verklemmungen zustande kommen (siehe Kapitel 8.5.2.2).

8.3.2 Dynamische Attributzuordnung

Der Ort einer Sortierinstanz in einem Netzwerk kann, wie in [119] nachge-wiesen, entscheidenden Einfluß darauf haben, welche Synchronisationsverzö-gerungen Nachrichten unterschiedlicher Sender erfahren (siehe auch Kapitel 6.2). Mit der Semantik des attributierten Ordnungserhaltes und ihrer Reali-sierung durch multiple Sortierinstanzen läßt sich das Synchronisationsver-halten für Nachrichten differenzieren. Mit einer gegebenen Verteilung von Attributen auf Sortierinstanzen ist jedoch die Topologie des Synchronisa-tionsprotokolls und damit auch das zeitliche Synchronisationsverhalten fest-gelegt. Zwar kann durch Awendung der in [119] angegebenen Formel der

Ort einer Sortierinstanz im Hinblick auf eine minimale mittlere Synchronisationsverzögerung aller Nachrichten optimiert werden. Eine derartige Optimierung kann jedoch die typische Kommunikationscharakteristik einer kooperativen Anwendung, die häufig eine über der Zeitachse wechselnde Sendefrequenz von Benutzern an unterschiedlichen Orten aufweist, nicht berücksichtigen. Insbesondere kann eine *externe Serialisierung* nach Kapitel 2.3.3 durch das Protokoll nicht ausgenutzt werden.

Darüber hinaus kann eine statische Zuordnung von Attributen lediglich die Selbstauslieferung für die Multicast-Nachrichten eines einzelnen Senders optimieren (dadurch, daß diesem Sender gleichzeitig die Sortierinstanz für dieses Attribut zugeordnet wird). Jede Sendesequenz eines anderen Benutzers wird in dem Sinne benachteiligt, daß alle Nachrichten eine zweifache end-to-end Synchronisationsverzögerung erleiden.

Diese Beobachtung legt es nahe, die Zuordnung von Attributen zu Sortierinstanzen nicht statisch, sondern dynamisch zu gestalten. Im beschriebenen Fall ist es sinnvoll, die Sortierinstanz immer demjenigen Sender zuzuordnen, der zu diesem Zeitpunkt als *Primärsender* auftritt, d.h. den vorwiegenden Anteil der Sendeoperationen durchführt. Dies impliziert, daß an der Schnittstelle zur attributierten Multicast-Kommunikation Dienstprimitive für den Transfer der Sortierinstanz-Rolle für eine gegebenes Attribut zur Verfügung stehen müssen.

Der dynamische Wechsel der Rolle der Sortierinstanz wird auch in verschiedenen Ansätzen aus der Literatur diskutiert. Chang und Maxemchuk [40] übertragen die Rolle des *Primary Receiver* nach einer bestimmten Anzahl sortierter Nachrichten (im Minimalfall nach jeder Nachricht) an den Nachfolger der in einem logischen Ring angeordneten Instanzen. Der Grund des *Token-Transfers* liegt dabei allerdings nicht darin, Synchronisationsverzögerungen zu minimieren, sondern Robustheitseigenschaften des Protokolls zu gewährleisten. Ein L-facher Wechsel des *Primary Receiver* garantiert in diesem Protokoll die atomare Auslieferung einer Nachricht auch bei maximal L gleichzeitigen Knotenausfällen.

Die in kooperativen Systemen übliche Synchronisationsmethode des Floorpassing, wie sie in Kapitel 3.2 beschrieben wurde, kann ebenfalls als Transfer der Sortierrolle angesehen werden. Der jeweilige *Floorholder* kann Nachrichten sofort ausliefern, da er als einzige Instanz, die Nachrichten erzeugt, auch automatisch als Sortierinstanz fungiert. Durch explizite Anfrage und einem daraufhin initiierten Floorpassing wechselt diese Rolle zu einem anderen Benutzer. Der Unterschied zum Transfer der Sortierinstanzrolle für Attribute liegt darin, daß bei der Methode des Floorpassing das konkurrierende Senden von Multicast-Nachrichten a priori verhindert wird. Nur nach Transfer des

Floors ist eine Instanz in der Lage, eine Nachricht an das Kommunikationssystem zu übergeben. Ein attributiertes Multicast-Protokoll garantiert dagegen in jedem Fall das nebenläufige Versenden von Nachrichten unterschiedlicher Sender. Der Transfer der Sortierinstanzrolle ändert nichts an der Semantik der Multicast-Kommunikation, sondern optimiert lediglich deren Leistungsverhalten. Dabei wird, wie bei den übrigen Protokollelementen, eine zuverlässige Übertragung vorausgesetzt.

8.4 Der ATCAST-Dienst

Das vorherige Kapitel beschrieb Protokollbausteine zur Realisierung eines attributierten Multicast-Dienstes. Die Einführung der Protokollbausteine erfolgte (entgegen dem üblichen Vorgehen) vor der *Dienst*-Beschreibung, da sich einige Dienstelemente (z.B. Dienstprimitive für die dynamische Attributzuordnung) erst aus der Kenntnis der Optimierungsansätze ableiten lassen.

Der im folgenden als *ATCAST* bezeichnete Dienst gibt dem Benutzer die Möglichkeit, über das Konzept der Attribute die Ordnungsbedingungen für die versandten Nachrichten selbst festzulegen und damit gleichzeitig den Synchronisationsaufwand für den Ordnungserhalt entsprechend seinen Bedürfnissen zu regulieren.

8.4.1 Dienstelemente für den Datentransfer

Das zentrale Dienstprimitiv zum Versenden von Nachrichten mit Hilfe der ATCAST-Kommunikationsplatform hat die abstrakte Form

$$at\_data.req\ (\ <Group\_Id>,\ <Attribute\_Set>,\ <Message>\ )$$

$$mit\ <Attribute\_Set>\ =\ List\ of\ <Attribute\_Id>.$$

Das Primitiv bewirkt die zuverlässige Übertragung einer einzelnen Nachricht an alle Mitglieder der bezeichneten Gruppe. Dabei muß die sendende Instanz selbst Mitglied der Gruppe sein. Die Nachricht wird geordnet ausgeliefert im Verhältnis zu allen anderen Nachrichten beliebiger Sender, die mindestens ein Attribut mit den Attributen der spezifizierten Attributmenge gemeinsam haben.

Mathematisch exakt (siehe Anmerkung von Kapitel 4.4.5), entspricht eine in der Dienstbeschreibung als *Attributmenge* bezeichnete Datenstruktur einer Menge von Trippeln mit Attributname (*Attribute_Id*), Attributtyp *Boolean* und Attributwert *TRUE*.

Attribute, die an der Schnittstelle zwischen Benutzer und Kommunikationsdienst verwendet werden, besitzen rein syntaktischen Charakter: Das Kommunikationssystem verbindet also keine weitere inhaltliche Bedeutung mit der Übergabe eines Attributs und beachtet lediglich, ob das jeweilige Attribut für ein Dienstelement spezifiziert wurde oder nicht. Dies ermöglicht es der Anwendung, Attribute frei an bestimmte Operationen zu koppeln und so die Reihenfolge der Ausführung durch die Auslieferungsreihenfolge der Nachrichten festzulegen. Für die Verwendung von Attributen zur Spezifikation von Ordnungsbeziehungen seien folgende Annahmen getroffen:

- Attribute sind Elemente einer endlichen, durch das System vorgegebenen Grundmenge.

- Die einzige für das Kommunikationssystem definierte Operation auf Attributen ist die Unterscheidung auf Gleichheit bzw. Ungleichheit des Attributbezeichners (*Attribute_Id*).

- Die Attributmenge, die alle existierenden Attribute umfaßt, wird durch den Bezeichner *ALL* (in der Sprechweise auch *ALL-Attribut*) repräsentiert.

- Für die leere Attributmenge wird der Bezeichner *NIL* (*NIL-Attribut*) verwendet.

Nachrichten mit ALL-Attribut werden gemäß dieser Definition zu allen anderen Nachrichten sortiert, Nachrichten mit NIL-Attribut bleiben unsortiert.

Jedes *at_data.req* Dienstprimitiv bewirkt die Anzeige eines

$$at\_data.ind \ (\ <Group\_Id>, \ <Originator\_Id>, \\ <Attribute\_Set>, \ <Message>\ )$$

bei allen durch *Group_Id* spezifizierten Mitgliedern. Insbesondere erhält die sendende Instanz eine Auslieferung der versandten Nachricht.

Prinzipiell bestünde aus Sicht des Kommunikationssystems keine Notwendigkeit, den Empfängern zusätzlich zur Nachricht selbst die Attribute einer Multicast-Nachricht anzuzeigen. Die Funktion der Sortierung durch Attribute ist zum Zeitpunkt der Auslieferung bereits abgeschlossen. Durch die Möglichkeit der dynamischen Attributzuordnung (Kapitel 8.3.2) kann eine Anwendung, bzw. insbesondere ein der Anwendung vorgeschalteter Optimierer (siehe Kapitel 8.7.3), jedoch gezielt das zeitliche Synchronisationsverhalten verändern. Zur Schaffung einer Grundlage für eine derartige Optimierung kann es deshalb notwendig sein, der Anwendung die Information an die Hand zu geben, welche Instanzen welche Attribute verwenden.

8.4.2 Dienstelemente für die Attributverwaltung

Da das Kommunikationssystem Attribute mit der Bereitstellung von Synchronisationsinstanzen verknüpft, muß es die Attribute kennen, die eine Anwendung während eines Ablaufs verwenden wird. Dies wird an der Dienstschnittstelle durch Operationen zum Erzeugen und Löschen von Attributen realisiert. Das Dienstprimitiv

at_create.req (< Group_Id > , < Attribute_Name >)

erzeugt ein Attribut, das nachfolgend durch ein

at_create.ind (< Originator_Id > , < Group_Id > ,
< Attribute_Name > , < Attribute_Id >)

allen Mitgliedern der spezifizierten Gruppe (einschließlich des erzeugenden Mitglieds) angezeigt wird. Erst ab dem Zeitpunkt der Anzeige an einen Dienstbenutzer kann dieser das Attribut beim Senden von Nachrichten verwenden. Die Anzeige eines neuen Attributs ist geordnet im Verhältnis zu allen anderen Anzeigen des Kommunikationssystems, d.h. das Verhalten an der Benutzerschnittstelle ist so, als würde eine Create-Nachricht mit dem ALL-Attribut verschickt werden.

Wie aus der Dienstbeschreibung zu ersehen, sind Attribute an der Schnittstelle von Dienstbenutzer und Diensterbringer in zweierlei Form repräsentiert:

- Der Attributidentifikator (Attribute_Id) ist die durch das Kommunikationssystem generierte eindeutige Kennung eines Attributs. Er wird als Bestandteil aller weiteren Dienstprimitive verwendet und innerhalb eines Anwendungsablaufs höchstens einmal erzeugt.
- Beim Erzeugen von Attributen kann der Benutzer außerdem einen Attributbezeichner (Attribute_Name) angeben. Dieser Parameter ist für das Kommunikationssystem transparent und wird ohne weitere Bearbeitung allen Gruppenmitgliedern angezeigt.

Der Attributbezeichner soll es der Anwendung ermöglichen, ein gemeinsames Verständnis über die Semantik eines Attributs herzustellen, um eine konsistente Verwendung der Attributidentifikatoren zu ermöglichen.

Beispiel:

Eine kooperative Anwendung realisiere eine gemeinsame Benutzeroberfläche, die aus mehreren Bildschirmfenstern besteht. Um die Nachrichten

zu ordnen, die ein einzelnes Benutzerfenster mit dem Anwendungsbe-
zeichner 'BOARD01' betreffen, soll ein Attribut verwendet werden. Zu
diesem Zweck erzeugt ein Dienstbenutzer ein *at_create.req* mit
"BOARD01" als Attributbezeichner. Zusammen mit einem vom Kommunikationssystem generierten Attributidentifikator (z.B. 17) wird dieser
allen Gruppenmitgliedern angezeigt. Für alle weiteren Schnittstellenope-
rationen wird von den Gruppenmitgliedern lediglich der Attributidentifikator (also 17) verwendet, jedoch verfügen alle über dieselbe Abbildung zwischen Identifikator und anwendungsdefinierter Semantik
(Abbildung 63).

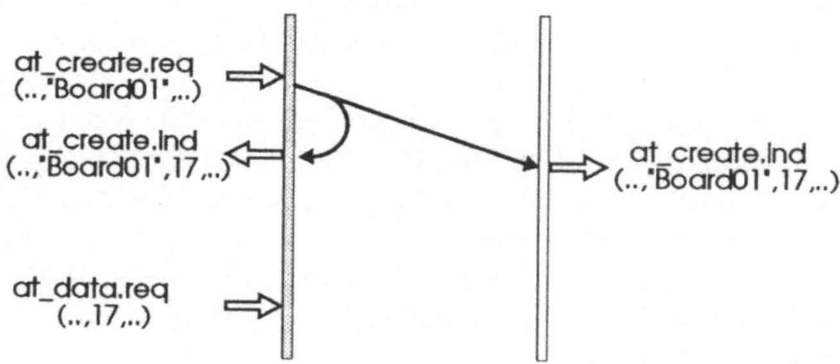

Abbildung 63.   Attributbenutzung

Die Verwendung von systemerzeugten Attributidentifikatoren zusätzlich zu
anwendungsdefinierten Attributbezeichnern entspricht dem bei System-
schnittstellen üblichen Vorgehen und unterstützt in erster Linie die
Schnittstelleneffizienz. Attributidentifikatoren können beispielsweise bereits
Zugriffspfade zu systeminternen Datenstrukturen (*Descriptor Handles*) für
Attribute umfassen.

Es ist zu beachten, daß durch dieses Vorgehen das Kommunikationssystem
keinerlei anwendungsdefinierte Konsistenzbedingungen auf Attributen überprüft. Beispielsweise wird es nicht als Fehler betrachtet, wenn für denselben
Attributbezeichner mehrfach ein Attribut erzeugt wird und Attributbezeichner demnach nicht mehr eindeutig sind.

Mit dem Dienstprimitiv

at_delete.req (< Group_Id > , < Attribute_Id >)

und der korrespondierenden Anzeige

at_delete.ind (< *Group_Id* > , < *Originator_Id* > , < *Attribute_Id* >)

werden Attribute gelöscht. Wie beim Erzeugen von Attributen erfolgt die Delete-Anzeige geordnet im Verhältnis zu allen anderen Anzeigen. Es ist gewährleistet, daß nach Anzeige der erfolgten Löschung eines Attributs keine weiteren Nachrichten mehr mit diesem Attribut eintreffen.

Das Löschen eines Attributs erscheint aus dem Blickwinkel der Anwendung als eine nicht unbedingt erforderliche Operation, da ebenso die Benutzung des Attributs eingestellt werden könnte. Aus Systemsicht erlaubt ein Delete-Dienstprimitiv jedoch die Freigabe von Betriebsmitteln und die Reduzierung der zu verwaltenden Zustandsinformation. Außerdem müßte bei Verwendung des ALL-Attributs implizit auch ein sonst nicht mehr benutztes Attribut und die zugeordnete Sortierinstanz einbezogen werden.

8.4.3 Dienstelemente für die dynamische Attributzuordnung

Wie im vorangehenden Kapitel hergeleitet, existiert im attributierten Multicast-Protokoll für jedes Attribut eine Sortierinstanz, die Nachrichten mit diesem Attribut ordnet. Da der Ort einer Sortierinstanz wesentliche Bedeutung für das Leistungsverhalten eines Synchronisationsprotokolls hat [119] (siehe auch Kapitel 6.2), soll die Zuordnung der Sortierinstanzrolle für ein bestimmtes Attribut zu einem bestimmten Ort dynamisch gestaltet werden.

Grundsätzlich gibt es dabei zwei Möglichkeiten. Der Wechsel der Attributzuordnung kann *implizit* durch das Protokoll initiiert werden, d.h. in einer für den Dienstbenutzer transparenten Weise. Dies hat den Nachteil, daß semantisches Wissen der Anwendung nicht verwendet werden kann, um den Ort der Sortierinstanz gezielt zu verändern. Die zweite Möglichkeit, die im ATCAST verfolgt wird, geht daher davon aus, daß an der Schnittstelle zur Anwendung *explizite* Dienstelemente zur Steuerung des Transfers der Sortierinstanz zur Verfügung stehen.

Da Sortierinstanzen ein Konzept der *Protokollwelt* darstellen, das oberhalb der Dienstschnittstelle nicht mehr sichtbar sein sollte, muß zunächst eine Umsetzung dieses Optimierungsansatzes in die *Anwendungswelt* definiert werden. In einer für den Anwendungsentwickler verständlichen Form soll dies an der Schnittstelle zum ATCAST-Dienst durch das Konzept des *Primärbenutzers (Primary User)* geschehen.

Für die Anwendung wird die Rolle des Primärbenutzers mit einer Semantik belegt, die ein im Vergleich zu anderen Instanzen verbessertes Leistungsverhalten zum Ausdruck bringt:

> Alle Nachrichten, die ein Primärbenutzer für Attribut A mit der Attributmenge $\{A\}$ versendet, haben dasselbe Leistungsverhalten wie Nachrichten mit dem NIL-Attribut.

Dies umfaßt insbesondere die beiden Leistungsaussagen:

- Jede Multicast-Nachricht eines Primärbenutzers wird ihm selbst unmittelbar angezeigt (d.h. die Antwortzeit ist 0).
- Jede Multicast-Nachricht eines Primärbenutzers wird unmittelbar nach ihrem Eintreffen bei einem entfernten Empfänger ausgeliefert (d.h. es existiert keine Synchronisationsverzögerung).

Die folgenden Dienstprimitive realisieren den dynamischen Attributtransfer. Mit dem Dienstprimitiv

$$at\_primary.req\ (<Group\_Id>,\ <Attribute\_Id>,\ <Freeze\_Option>)$$

fordert ein Dienstbenutzer die Rolle des Primärbenutzers für ein bestimmtes Attribut vom Kommunikationssystem an. Durch einen Parameter (*Freeze_Option*) kann er steuern, ob er diese Rolle nur durch explizite Freigabe oder auch implizit durch Request eines anderen Dienstbenutzers wieder abgeben will.

Das Dienstprimitiv

$$at\_primary.ind\ (<Group\_Id>,\ <Originator\_Id>,$$
$$<Attribute\_Id>,\ <Freeze\_Option>)$$

zeigt allen Gruppenmitgliedern einen neuen Primärbenutzer für das spezifizierte Attribut an. Die Anzeige erfolgt geordnet im Verhältnis zu allen anderen Nachrichten für dieses Attribut.

Mit dem Dienstprimitiv

$$at\_release.req\ (<Group\_Id>,\ <Attribute\_Id>)$$

kann ein Dienstbenutzer die Primärbenutzerrolle explizit freigeben, falls er diese zuvor mit der Freeze-Option angefordert hatte.

Entscheidend für das Verständnis der Rolle der dynamischen Attributzuordnung ist die Entkopplung von Ordnungssemantik und Primärbenutzerverwaltung: Unabhängig davon, ob und wie ein Dienstbenutzer die Primitive zur Primärbenutzerverwaltung verwendet, wird in jedem Fall die von der Anwendung definierte Dienstfunktionalität, d.h. die gewünschte Ordnungssemantik gewährleistet. Abbildung 64 verdeutlicht diesen Zusammenhang.

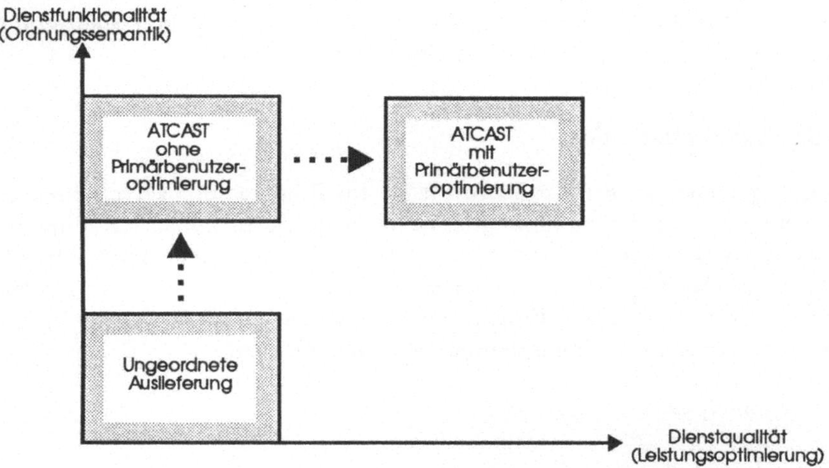

Abbildung 64. Rolle der Primärbenutzeroptimierung

8.5 Das ATCAST-Protokoll

In Kapitel 8.3 wurde ein neuer Ansatz zur Optimierung von Multicast-Synchronisationsprotokollen durch den Einsatz multipler Sortierinstanzen und durch eine dynamische Zuordnung der Attribute beschrieben. Das vorliegende Kapitel konkretisiert diese Optimierungsansätze, indem es ein Protokoll zur Realisierung des in Kapitel 8.4 spezifizierten ATCAST-Dienstes definiert. [69] enthält eine Beschreibung der Implementierung wesentlicher Teile dieses Protokolls.

Das Protokoll soll in mehreren Stufen, gekoppelt mit zunehmender Funktionalität und Komplexität, hergeleitet werden. Für jede der Zwischenstufen soll die Korrektheit des Protokolls gemäß den in Kapitel 7.3.2 hergeleiteten Kriterien nachgewiesen werden.

Im Gegensatz zur Realisierung der abschnittsweisen Ordnung wird für die Protokolle der attributierten Ordnung lediglich für den Transport von Synchronisationsnachrichten eine Quellordnungssemantik des Basistransferdienstes verlangt. Dagegen wird für die Übertragung der die Benutzernachrichten enthaltenden Protokollnachrichten ein beliebiger, zuverlässiger und *ungeordneter* Übertragungsdienst angenommen. Dies stellt eine Verallgemeinerung dar, da zur Übertragung der unter Umständen sehr umfangreichen Nutzdaten hierdurch unter einer größeren Menge existierender Dienste ein optimales Protokoll ausgewählt werden kann. Eine derartige Trennung entspricht ebenfalls der in Kapitel 5.5 hergeleiteten generischen Architektur eines Multicast-Synchronisationsprotokolls mit ihrer Trennung in Datentransferkomponente (DTK) und Synchronisationskomponente (SK).

8.5.1 Ausgangspunkt

Ausgangspunkt des Protokollentwurfs ist ein Primärempfängerverfahren zur Realisierung von Totalordnung. Eine einzelne *Sortierinstanz* (Kapitel 6.2) entscheidet für eine gegebene Menge von Nachrichten über deren Auslieferungsfolge. Sie tut dies, indem sie jeder Nachricht N eine *Ordnungsnummer* *on(N)* zuordnet und alle Empfänger Nachrichten grundsätzlich in Reihenfolge aufsteigender Ordnungsnummern ausliefern, d.h.

$$N_1 \ vor \ N_2 \Leftrightarrow on(N_1) < on(N_2).$$

Folgende Regeln beschreiben den genaueren Ablauf des Protokolls:

R1: Jede über ein *at_data.req* an der Dienstschnittstelle übergebene Multicast-Nachricht N wird an alle Empfänger (einschließlich der sendenden Instanz) als Nutznachricht

$$NPDU(\ id(N), \ sender(N), \ N)$$

übertragen und dort zwischengespeichert.

R2: Eine der empfangenden Kommunikationsinstanzen ist gleichzeitig Sortierinstanz. Bei Eintreffen einer NPDU für Nachricht N erzeugt sie eine Synchronisationsnachricht

$$SPDU(\ id(N), \ on(N))$$

mit der jeweils nächsthöheren bisher noch nicht vergebenen Ordnungsnummer *on(N)* und verschickt diese an alle Empfänger.

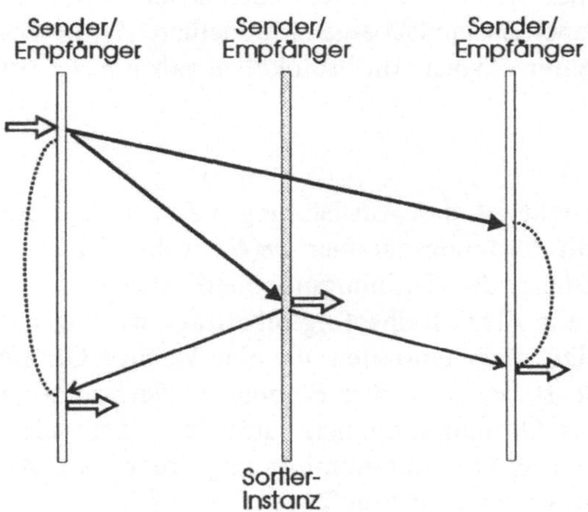

Abbildung 65.   Ordnungserhalt mit einer Sortierinstanz

Über die Auslieferung einer zwischengespeicherten Nachricht N entscheidet
ein *Auslieferungsprädikat*. Zur Realisierung einer Totalordnung mittels einer
einzelnen Sortierinstanz wird das Auslieferungsattribut AP1 verwendet:

```
AP1(N) =  NPDU(id(N), .., N) eingetroffen.
               und
          SPDU(id(N), on(N)) eingetroffen.
               und
          Die Ordnungsnummer on(N) ist die kleinste
          Ordnungsnummer aller vorliegenden SPDUs.
```

AP1 wird in einer dritten Regel R3 verwendet:

R3: Alle Empfänger realisieren als spontanen Zustandsübergang zur Auslieferung von Nachrichten das Protokollelement

```
while true
do forany (N)
   do if AP1(N)
       then at_data.ind (N, sender(N))
   do
od
```

Abbildung 65 beschreibt den Protokollablauf an einem Beispiel. Regel R3 wurde als spontaner Zustandsübergang modelliert, da die Nachrichtenauslieferung durch mehrere Typen von Protokolleingaben ausgelöst werden kann.

Ordnungstreue

Zu jedem Zeitpunkt ist das Auslieferungsprädikat AP1 für maximal eine Nachricht N mit Ordnungsnummer $on(N)$ wahr. Da eine Sortierinstanz SPDUs mit aufsteigenden Ordnungsnummern erzeugt (Regel R2) und die Basisschicht diese in FIFO-Reihenfolge überträgt, wird nach der Auslieferung von N keine SPDU mehr eintreffen, die eine kleinere Ordnungsnummer hat als $on(N)$. Damit ist bewiesen, daß Empfänger Nachrichten in aufsteigender Reihenfolge ihrer Ordnungsnummern ausliefern. Da jeder Nachricht auf eindeutige Weise eine Ordnungsnummer zugeordnet ist, ist damit die Auslieferungsreihenfolge bei allen Empfängern identisch.

Verklemmungsfreiheit und Fairness

Zunächst gilt, daß für jede Nachricht, die an der Schnittstelle zum ATCAST übergeben wird, nach endlicher Zeit eine NPDU und eine SPDU bei jeder Kommunikationsinstanz eintreffen (R1 und R2). Erhält eine gegebene Nachricht N von der Sortierinstanz die Ordnungsnummer $on(N)$, so ist die Anzahl der Nachrichten mit kleinerer Ordnungsnummer durch $on(N) - 1$ nach oben beschränkt. Das Auslieferungsprädikat AP1 garantiert, daß höchstens diese Nachrichten vor N ausgeliefert werden. Die Auslieferung von N an einen beliebigen Empfänger erfolgt spätestens nach Eintreffen einer SPDU und NPDU für jede dieser Nachrichten und für N selbst (R3). Dies ist ein Beweis der *Fairness* des Protokolls und umschließt deshalb den Nachweis der Verklemmungsfreiheit.

Das beschriebene Protokoll mit einer einzigen Sortierinstanz und einem einzigen Attribut entspricht den in der Literatur diskutierten Primärempfängerverfahren [40] [102] und ist nach Kapitel 6.2.3 die effizienteste Realisierung einer Totalordnungssemantik. Dies ist der Grund, das Prinzip des Protokolls als Kernansatz einer Optimierung zu verwenden.

8.5.2 Realisierung multipler Sortierinstanzen

Beim Übergang von einem einzelnen systemweiten Attribut zu mehrfachen benutzerspezifizierten Attributen erweist sich das im letzten Kapitel entworfene Auslieferungsprädikat als unzureichend. Würde die Auslieferung der Nachrichten weiterhin an eine einzelne Ordnungsnummer gekoppelt, so käme eine abgeschwächte Ordnungssemantik nicht zum Tragen. Jede Auslieferung unter dem Prädikat AP1 entspricht einer Totalordnung und verursacht dementsprechend den dafür typischen Synchronisationsaufwand.

8.5.2.1 Basisprotokoll

Die Idee des attributierten Multicast-Protokolls ist es deshalb, jedem Attribut A und jeder Nachricht N mit diesem Attribut eine eigene Ordnungsnummer $on(A,N)$ zuzuordnen und das Auslieferungsprädikat AP1 durch ein differenzierteres Auslieferungsprädikat AP2 zu ersetzen:

```
AP2(N) =  NPDU(id(N), aset(N), .., N) eingetroffen.
                und
          forall A ∈ aset(N):
                SPDU(id(N), A, on(A,N)) eingetroffen.
                          und
                Die Ordnungsnummer on(A,N) ist die
                kleinste Ordnungsnummer aller vorliegenden
                SPDUs für Attribut A.
```

Mit diesem Prädikat ist die Auslieferung einer Nachricht von den Ordnungsnummern der Attribute dieser Nachricht und genau von diesen abhängig. Im Gegensatz zu AP1 ist es mithin möglich, daß AP2 für mehrere Benutzernachrichten gleichzeitig zutrifft. Der in Regel R3 des vorangehenden Kapitels beschriebene Auslieferungsalgorithmus wird damit indeterministisch und kann bei zwei Empfängern unterschiedliche Auslieferungsreihenfolgen produzieren. Einhergehend mit diesem Indeterminismus erzeugt AP2 jedoch einen zusätzlichen Freiheitsgrad des Protokolls: Haben zwei Nachrichten keine gemeinsamen Attribute, so muß keine der Nachrichten verzögert werden, weil die jeweils andere noch nicht eingetroffen ist.

Das beschriebene Verhalten entspricht damit in diesen Teilen der Semantik, wie sie durch das attributierte Multicast-Protokoll intendiert wurde, also einer Abschwächung der Ordnungssemantik und einer dadurch bedingten Beschleunigung der Auslieferung. Zur Substantiierung dieser Aussage bedarf es im folgenden allerdings einer genaueren Analyse des gesamten Protokolls. Folgende Protokollelemente konkretisieren den Ansatz mit multiplen Attributen und multiplen Sortierinstanzen:

M1: Für jede mittels *at_data.req* an der Schnittstelle zum ATCAST-Dienst mit der Attributmenge Aset übergebene Nutznachricht N wird eine Protokollnachricht

$$NPDU(id(N),\ aset(N),\ sender(N),\ N)$$

an die Kommunikationsinstanzen aller Empfänger übertragen und dort zwischengespeichert.

M2: Für jedes Attribut $A \in aset(N)$ einer Nachricht N existiert ein ausgezeichneter Empfänger als Sortierinstanz und erzeugt für N eine Synchronisationsnachricht

$$SPDU\ (id(N),\ A,\ on(A,\ N))$$

mit der nächsthöheren, bisher noch nicht vergebenen Ordnungsnummer $on(A, N)$ für A. Jede SPDU wird an die Kommunikationsinstanz aller Empfänger übertragen.

M3: Über die Auslieferung einer zwischengespeicherten Nachricht N entscheidet das modifizierte Auslieferungsprädikat AP2.

```
while true
do forany (N)
   do if AP2(N)
      then at_data.ind (N, aset(N), sender(N))
   od
od
```

M4: Mit Auslieferung einer Nachricht N werden bei jeder Kommunikationsinstanz alle unter id(N) zwischengespeicherten Protokolldateneinheiten (d.h. im vorliegenden Fall NPDU(id(N),..) und SPDU(id(N),..) gelöscht.

Zum Beweis der Ordnungstreue ist der Nachweis zu erbringen, daß Nachrichten mit gleichen Attributen nicht in unterschiedlicher Reihenfolge an Empfänger ausgeliefert werden.

Ordnungstreue

Alle Empfänger realisieren das Auslieferungsprädikat AP2. Angenommen, zwei Nachrichten N_1 und N_2 mit gemeinsamem Attribut A werden von Kommunikationsinstanz K_1 in der Reihenfolge $N_1 \rightarrow N_2$ ausgeliefert. Dann existierte zum Zeitpunkt der Auslieferung von N_1 eine $SPDU(id(N_1), A, on(A, N_1))$ mit kleinster Ordnungsnummer $on(A, N_1)$ unter allen SPDUs für A (Regel M3). Eine SPDU für N_2 muß deshalb eine größere Ordnungsnummer $on(A, N_2) > on(A, N_1)$ erhalten. Da SPDUs für ein Attribut mit aufsteigenden Ordnungsnummern erzeugt und übertragen werden (Regel M2 und FIFO-Eigenschaft des Basisdienstes), kann es daher nicht sein, daß $AP2(N_2)$ für eine zweite Kommunikationsinstanz K_2 wahr wird, solange N_1 noch nicht ausgeliefert wurde.

Abbildung 66 verdeutlicht die Ordnungsnummernvergabe und die Auslieferung für drei Nachrichten N_1, N_2, N_3 beliebiger Sender mit unterschiedlichen Attributmengen $\{A\}, \{A,B\}$ und $\{B\}$.

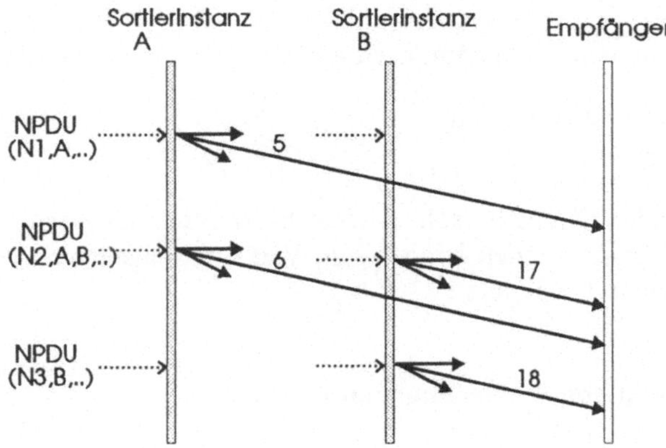

Abbildung 66. Ordnungserhalt mit mehreren Sortierinstanzen

8.5.2.2 M-Nachrichten und das Verklemmungsproblem

Hat eine Nachricht mehrere Attribute, so wird für jedes Attribut eine gesonderte Ordnungsnummer von der für das jeweilige Attribut zuständigen Sortierinstanz erzeugt. Als *M(ultiple)-Nachrichten* sollen Nachrichten bezeichnet werden, deren Attribute durch multiple Sortierinstanzen an unterschiedlichen Orten verwaltet werden.

Werden gleichzeitig mehrere M-Nachrichten mit nichtdisjunkten Attributmengen übertragen, so kann dies bei der bisher vorgestellten Methode der Ordnungsnummernvergabe zu Verklemmungen führen. Dies wird am Beispiel zweier Multicast-Nachrichten N_1 und N_2 deutlich, die nebenläufig im Kommunikationssystem transportiert werden und zufällig dieselbe Attributmenge $\{A, B,\}$ besitzen. Für die beiden Attribute seien zwei unterschiedliche Sortierinstanzen SI_A, bzw. SI_B an verschiedenen Orten zuständig. SI_A hat bezüglich Attribut A zuletzt die Ordnungsnummer 17 vergeben und SI_B für Attribut B die Ordnungsnummer 23. Nimmt man weiterhin an, daß die Nachrichten durch unterschiedliche Netzverzögerungen bei SI_A in der Reihenfolge N_1,N_2, bei SI_B aber in der umgekehrten Reihenfolge ankommen, so haben die Nachrichten bezüglich der beiden Attribute folgende Ordnungsnummern:

$$N_1 : \ < A_{18}, B_{25} >$$
$$N_2 : \ < A_{19}, B_{24} >$$

Wendet man das Auslieferungsprädikat AP2 auf diese beiden Nachrichten an, dann ist es in keinem Fall erfüllt. Ein Empfänger, der keine weiteren Nachrichten zu bearbeiten hat, befindet sich damit in einer Verklemmungssituation.

Zur Behandlung von Verklemmungen gibt es prinzipiell zwei Ansätze [180]:

- Entdeckung und Auflösung
- Vermeidung

In den folgenden Kapiteln soll untersucht werden, inwieweit die Regeln M1,..M3 modifiziert werden können, um Verklemmungen nach einem dieser beiden Ansätze zu behandeln.

8.5.2.3 Auflösung von Verklemmungen

Im Beispiel des vorhergehenden Kapitels war die Entdeckung einer Verklemmung relativ einfach. Bei Nachrichten mit nur teilweise überlappenden Attributmengen, wie beispielsweise für die drei Nachrichten

$$N_1: < A_{18}, B_{25} >$$
$$N_2: < B_{24}, C_6 >$$
$$N_3: < A_{19}, C_5 >$$

können jedoch auch indirekte Verklemmungssituationen auftreten, welche die Entdeckung erschweren.

Wie in anderen Fällen kann die Entdeckung von Verklemmungen auf die Zyklenerkennung in gerichteten Graphen zurückgeführt werden: Zwei Nachrichten N_1 und N_2 eines Empfängers seien genau dann durch eine Kante $N_1 \rightarrow N_2$ verbunden, wenn die Nachricht N_1 erst ausgeliefert werden kann, nachdem N_2 ausgeliefert wurde. Eine derartige Abhängigkeit wird dadurch erzeugt, daß die Ordnungsnummer eines Attributs von N_1 größer ist als die entsprechende Ordnungsnummer von N_2 (Beispiel: Attribut B im vorhergehenden Beispiel).

Der Verklemmungsentdeckung muß eine Verklemmungsauflösung folgen. Dies bedeutet konkret, daß mindestens ein Knoten aus dem Graphen des Verklemmungszyklus entfernt, d.h. die entsprechende Nachricht ausgeliefert werden muß, obwohl sie das Auslieferungsprädikat AP2 nicht erfüllt.

Bei der Verklemmungsauflösung für das Multicast-Synchronisationsprotokoll ist es dabei von entscheidender Bedeutung, daß alle Empfänger die Auflösung in der gleichen Weise vollziehen, um bei der Auslieferung der Nachrichten die spezifizierte Ordnungssemantik einzuhalten. Insbesondere muß also die Auswahl der Nachricht, welche die Verklemmung auflöst, bei allen Empfängern identisch sein.

Eine Voraussetzung für diese Bedingung besteht darin, daß eine Verklemmung entweder bei *allen* Instanzen oder bei *keiner* der Instanzen auftritt (*Konvergenzbedingung*). Die Konvergenzbedingung läßt sich aus folgender Überlegung ableiten:

> *Gibt es eine Verklemmung, so existiert eine Menge V0 von Nachrichten, die im Graph einen Zyklus bilden und nicht ausgeliefert werden können. Alle Elemente von V0 müssen bei allen Empfängern irgendwann mit denselben Ordnungsnummern eingetroffen sein, und keines dieser Elemente befriedigt AP2. Nach Eintreffen des letzten Elementes von V0 existiert folglich bei jedem der Empfänger eine Verklemmung.*

Für einen gegebenen Zyklus wäre damit eine Auflösung nach irgendeiner vordefinierten Sortierreihenfolge der Nachrichten möglich. Beispielsweise könnte man Attribute mit Prioritäten versehen und das Element mit dem Attribut höchster Priorität und gleichzeitig kleinster Ordnungsnummer auswählen. Da jeder Empfänger den zu einer Nachrichtenmenge gehörigen Graphen jedoch in einer anderen Abfolge aufbaut (und zwar in Eintreffreihenfolge der Sortiernachrichten), kann es dazu kommen, daß zwei Empfänger mehrere, gleichzeitig vorhandene Verklemmungen in unterschiedlicher Reihenfolge entdecken und auflösen. Dies ist unkritisch, solange diese Verklemmungen unabhängig voneinander sind. Sind sie jedoch gekoppelt, beispielsweise wie im Graphen der Abbildung 67 auf Seite 168, so kann weiterhin eine inkonsistente Auflösung zustandekommen.

Erhält Empfänger 1 zunächst die Nachrichten N_1, N_2, N_3, so wird er eine Verklemmung feststellen und beispielsweise N_1 zur Auflösung verwenden. Später trifft N_4 ein, somit kommt eine weitere Verklemmung zustande und er wählt N_3. Ein zweiter Empfänger erhält zuerst die Nachrichten N_2, N_3, N_4 und wählt N_2 zur Verklemmungsauflösung, wodurch der zweite Verklemmungszyklus nicht mehr zustande kommt. Das Verhalten ist damit bei den Empfängern unterschiedlich, und eine gemeinsame Ordnungssemantik kann nicht gewährleistet werden.

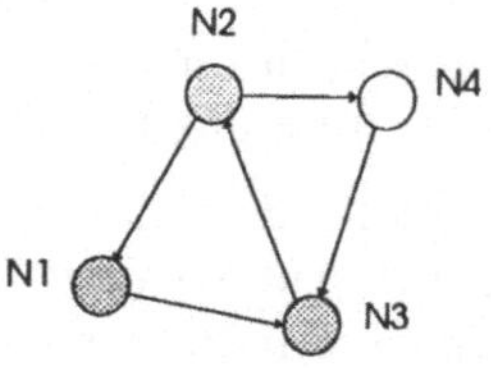

Abbildung 67.   Komplexe Verklemmung

Zur Auflösung eines Verklemmungskonflikts ist eine Einigung aller Empfänger durch Austausch zusätzlicher Synchronisationsnachrichten erforderlich. Ein Protokoll zur Verklemmungsauflösung kann darin bestehen, daß alle beteiligten Instanzen bei Entdeckung einer Verklemmung Listen von Kandidaten austauschen, die für eine Verklemmungsauflösung in Frage kommen. Da jede Verklemmung der Konvergenzbedingung genügt, ist gewährleistet, daß sich nach endlicher Zeit eine nichtleere Schnittmenge der ausgetauschten Kandidaten ergibt und Elemente der Schnittmenge an allen Knoten als Teil derselben Verklemmung erkannt werden.

Auf eine detaillierte Ausgestaltung des Protokolls soll an dieser Stelle verzichtet werden, da aufgrund der notwendigen Komplexität zur Erkennung einer Verklemmung und der Mehrphasigkeit einer Verklemmungsauflösung die Effizienz einer solchen Lösung zweifelhaft ist. Als ein Beispiel für ein Abstimmungsprotokoll zur Entscheidungsfindung für eine geordnete Auslieferung sei auf das Protokoll von Luan und Gligor [110] verwiesen, das in Kapitel 6.7 diskutiert wird.

8.5.2.4 Vermeidung von Verklemmungen

Die Ursache für Verklemmungen durch das oben beschriebene Verfahren liegt darin begründet, daß bei Nachrichten, für die mehrere Sortierinstanzen zuständig sind, zwei gemeinsame Attribute potentiell mit widersprüchlichen Ordnungsnummern versehen werden. Anstatt eine dadurch verursachte Verklemmung nachträglich aufzulösen, besteht ein anderer Ansatz darin, eine Verklemmung gar nicht erst entstehen zu lassen, indem die Ordnungsnummernvergabe unabhängiger Sortierinstanzen abgestimmt wird.

Bei diesem Vorgehen ist darauf zu achten, daß die Optimierung, wie sie durch den Einsatz multipler Sortierinstanzen erreicht wurde, nicht dadurch wieder aufgehoben wird, daß zur Abstimmung der Ordnungsnummernvergabe unakzeptabler zusätzlicher Aufwand entsteht. Wie die Analyse im letzten Kapitel zeigt, treten Verklemmungen nur bei Nachrichten auf, die mehrere

Attribute umfassen, welche unterschiedlichen Sortierinstanzen zugeordnet sind. Die Anforderungsanalyse in Kapitel 2.4 zeigt weiterhin, daß in kooperativen Anwendungen Nachrichten mit mehreren Attributen eher singulären Charakter haben (schwache Checkpoint-Operationen), d.h. in einem Ablauf der Anwendung mit geringerer Frequenz auftreten als Nachrichten mit einem einzelnen Attribut. Um eine generelle Optimierung des Anwendungsablaufs zu erzielen, ist es daher erforderlich, insbesondere die Nachrichten mit einem einzelnen Attribut effizient zu verarbeiten, während die Optimierung von Nachrichten mit mehreren Attributen nur noch einen geringen Beitrag zur Gesamtoptimierung leistet.

Überlegungen zur Verklemmungsvermeidung führen dazu, die konsistente Ordnungsnummernvergabe für M-Nachrichten durch eine einzelne ausgezeichnete Sortierinstanz zu koordinieren, die allen anderen Sortierinstanzen die Reihenfolge vorschreibt, in der diese Ordnungsnummern für Nachrichten vergeben. Man kann diese Sortierinstanz als Verwalter eines virtuellen *Koordinatorattributs (K_Att)* ansehen, das implizit jeder Nachricht zugeordnet ist, die Attribute von mehr als einer Sortierinstanz umfaßt. Das Koordinatorattribut ist an der Dienstschnittstelle des ATCAST-Dienstes nicht sichtbar. Es dient als Konzept der Protokollrealisierung und wird automatisch derjenigen Instanz zur Verwaltung zugeordnet, welche das erste benutzerdefinierte Attribut erzeugt. Die Sortierinstanz für das Koordinatorattribut wechselt ihren Ort während des Protokollablaufs nicht.

Folgende Protokollelemente für das Koordinatorattribut ergänzen den Vorgang der Ordnungsnummernvergabe und machen ihn dadurch verklemmungsfrei:

M1': Werden die Attribute *aset(N)* der durch *at_data.req* übergebenen Nachricht N an unterschiedlichen Orten verwaltet, so wird der Protokollnachricht das Koordinatorattribut beigefügt.

$$NPDU(id(N),\ aset(N)\ \cup\ K\_Att,\ sender(N),\ N)$$

M2': Regel M2 gilt unverändert für eintreffende NPDUs *ohne* Koordinatorattribut $(K\_Att \notin aset(N))$, d.h. für jedes lokal verwaltete Attribut aus aset(N) wird eine SPDU erzeugt.

Für eine eintreffende Nachricht *mit* Koordinatorattribut $(K\_Att \in aset(N))$ werden *keine* Ordnungsnummern erzeugt. Nur der Verwalter von K_Att erzeugt gemäß Regel M2 eine SPDU

$$SPDU(id(N),\ K\_Att,\ on(K\_Att,\ N))$$

und verschickt diese an alle Sortierinstanzen, die weitere Attribute aus *aset*(N) verwalten.

M3′: Der Auslieferungsalgorithmus gemäß Regel R3 bleibt unverändert. Das Auslieferungsprädikat AP2 umfaßt alle Attribute *außer* dem Koordinatorattribut.

Zwei zusätzliche Regeln behandeln das Eintreffen einer Synchronisationsnachricht für ein Koordinatorattribut. Ähnlich wie die Nachrichtenauslieferung wird die Ordnungsnummernvergabe dabei als spontaner Zustandsübergang mittels eines *Ordnungsprädikats OP* modelliert:

```
OP(N) =  NPDU(id(N), aset(N), .., N) eingetroffen.
                und
         SPDU(id(N), K_Att, on(K_Att,N)) eingetroffen.
                und
         Die Ordnungsnummer on(K_Att,N) ist die
         kleinste Ordnungsnummer aller vorliegenden
         SPDUs für Attribut K_Att.
```

Die Verwendung des Prädikats ist durch die Regeln M5 und M6 beschrieben:

M5: Eine SPDU(id(N), K_Att, ..) wird bei den empfangenden Zielinstanzen zwischengespeichert.

M6: Die in M2 verzögerte Ordnungsnummernvergabe für eine Nachricht N findet statt, wenn das Ordnungsprädikat OP wahr ist: Alle Empfänger realisieren für Nachrichten mit Koordinatorattribut $(K\_Att \in aset(N))$ das folgende Protokollelement:

```
while true
   do forany (N)
      if OP(N)
      then forall A ∈ aset(N)  \ {K_Att}
           do if A ∈ athomeset
              then Versende Synchronisationsnachricht für A
                   mit der nächsthöheren bisher noch nicht
                   vergebenen Ordnungsnummer on(A, N) für A.
              fi
           od
      fi
   od
```

In diesem Protokollelement repräsentiert *athomeset* die Menge aller Attribute, für die die jeweilige Instanz Sortierinstanz ist. Abbildung 68 verdeutlicht den Ablauf an einem Beispiel: Dargestellt sind zwei Sortierinstanzen, SI_K für das Koordinatorattribut und SI_A für ein weiteres Attribut A. Drei Nachrichten N_1, N_2 und N_3 werden an alle Gruppenmitglieder versandt. N_1 und N_3 besitzen nur das Attribut A, d.h. SI_A kann nach deren Eintreffen unmittelbar Ordnungsnummern erzeugen und verschicken. N_2 ist M-Nachricht und besitzt ein weiteres Attribut B. SI_A verzögert deshalb die Vergabe von Ordnungsnummern für diese Nachricht, bis sie von SI_K die Ordnungsnummer ihres Koordinatorattributs erfährt. Wenn die Bedingung erfüllt ist, daß die Nachricht N_3 den kleinsten Wert für ihr Koordinatorattribut besitzt, erhält sie die nächste freie Ordnungsnummer für ihr Attribut A. Dies ist im Beispiel die Nummer 2, da die Nummer 1 zuvor für Nachricht N_1 vergeben wurde. Entsprechendes erfolgt für Nachricht N_3.

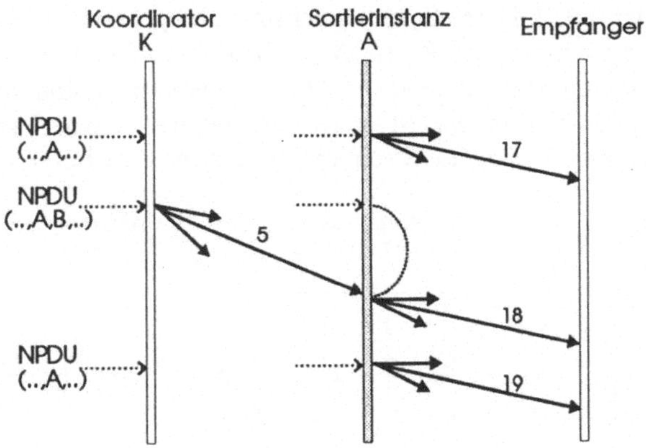

Abbildung 68. Ordnungsnummernvergabe für M-Nachrichten

Man sieht an diesem Beispiel, daß die Ordnungsnummern für die benutzerdefinierten Attribute mit den Ordnungsnummern des Koordinationsattributs nicht übereinstimmen müssen. M-Nachrichten gehorchen jedoch derselben Ordnungsrelation, d.h. eine weitere Nachricht N_4 mit einem größeren Wert, z.B. 6, für das Koordinatorattribut erhält in jedem Fall auch eine größere Ordnungsnummer als N_3 für das Attribut A, z.B. 20.

Die Ordnungstreue der Auslieferung bleibt durch die modifizierten Regeln unberührt, da das Auslieferungsprädikat AP2 weiterhin gültig ist. Zusätzlich ist mit der Einführung des Koordinatorattributs zur Ordnungsnummernvergabe das Ziel der Verklemmungsvermeidung erreicht. Formal kann dies folgendermaßen bewiesen werden:

Verklemmungsfreiheit

Angenommen, es existiert ein Zyklus von Nachrichten $N_0 \rightarrow N_1 \rightarrow .. \rightarrow N_i \rightarrow N_0$, die voneinander abhängen, d.h. je zwei Nachrichten N_k und $N_{k\oplus1}$ ($\oplus$: Addition modulo i) haben mindestens ein gemeinsames Attribut A_k mit

$$on(A_k,N_k) > on(A_k,N_{k+1}).$$

Dann müssen unter diesen Nachrichten mindestens zwei Nachrichten sein, die M-Nachrichten sind (ansonsten wären alle Abhängigkeiten lokal und ein Zyklus aufgrund der strengen zeitlichen Serialität der Ordnungsnummernvergabe unmöglich). Angenommen, N_1 wäre unter allen M-Nachrichten im Zyklus diejenige mit der größten Ordnungsnummer $on(K\_Att, N_1)$ für ihr Koordinatorattribut. Die im Zyklus nächste vorangehende M-Nachricht sei N_2 mit Ordnungsnummer $on(K\_Att, N_2) < on(K\_Att, N_1)$. Alle dazwischenliegenden Nachrichten müssen über Attribute voneinander abhängig sein, die von derselben Sortierinstanz SI verwaltet werden (siehe Abbildung 69, waagrechte Balken: Nachrichten; senkrechte Linien: Attribute).

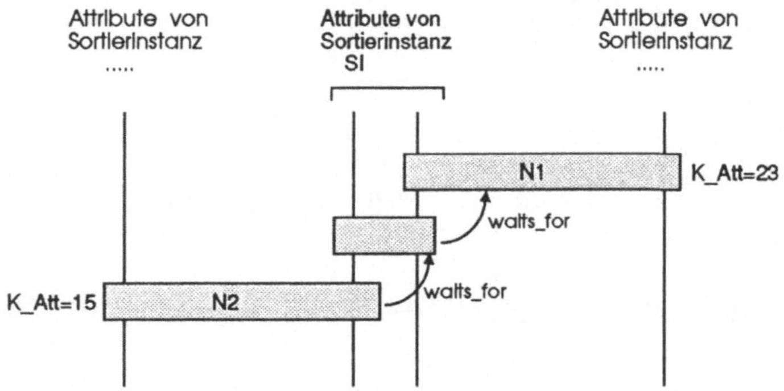

Abbildung 69.   Nachweis der Verklemmungsfreiheit

Aus der Reihenfolge im Zyklus kann man schließen, daß N_2 nach N_1 Ordnungsnummern durch SI zugewiesen wurden (Regel M6). Zum Zeitpunkt t der Ordnungsnummernvergabe für N_1 kann daher die $SPDU(id(N_2), K\_Att, on(K\_Att, N_2))$ noch nicht bearbeitet gewesen sein. Wegen der FIFO-Auslieferung der Basisschicht mußte sie aber zum Zeitpunkt t bereits bei SI vorliegen (Auslieferung mit aufsteigenden Werten für K_Att,

Regel M2'). Dies widerspricht jedoch dem Ordnungsprädikat OP, welches fordert, daß jeweils nur für die Nachricht mit kleinstem Wert von K_Att eine Ordnungsnummer vergeben werden darf. Damit ist bewiesen, daß kein Zyklus existiert und eine Verklemmung unmöglich ist.

Fairness

Der Beweis, daß jede Nachricht irgendwann ausgeliefert wird, erfolgt ähnlich wie der Fairness-Beweis für eine einzelne Sortierinstanz. Die Anzahl der Nachrichten, die vor einer Nachricht N mit Attributmenge *aset(N)* ausgeliefert werden, ist nach oben beschränkt durch

$$\sum_{A \,\in\, aset(N)} on(A, N) - 1.$$

Jeder Empfänger erhält nach endlicher Zeit NPDUs für alle vorangehenden Nachrichten und SPDUs für alle Attribute dieser Nachrichten. Letzteres ist sichergestellt, weil die Koordinatorinstanz für jede eintreffende NPDU unmittelbar eine Synchronisationsnachricht für das Koordinatorattribut erzeugt (M2') und alle übrigen Sortierinstanzen gemäß OP ebenfalls spätestens nach Eintreffen noch ausstehender NPDUs Synchronisationsnachrichten für die übrigen Attribute generieren (M6).

Anmerkung: Spezifiziert der Benutzer im *at_data.req*- Dienstprimitiv das ALL-Attribut als Attributmenge, so wird dieser Platzhalter auf der Sendeseite durch eine aktuelle Liste der verfügbaren Attribute ersetzt. Spezifiziert der Benutzer für eine Nachricht N das NIL-Attribut, so ist die Menge *aset(N)* leer. Dies hat zur Folge, daß keine SPDUs generiert werden und das Auslieferungsprädikat AP2 automatisch nach Eintreffen der NPDU wahr wird. Eine Nachricht mit NIL-Attribut wird daher ohne Synchronisationsverzögerung und ungeordnet zu sonstigen Nachrichten ausgeliefert.

Eine weitere Anmerkung betrifft die Möglichkeit der Optimierung der Anzahl der Nachrichten. Im beschriebenen Protokoll wird für jedes Attribut einer Nachricht eine SPDU erzeugt und unabhängig von den NPDUs übertragen. Eine derartige unabhängige Behandlung der Protokollelemente vereinfacht die Protokollspezifikation und -verifikation. Zur Optimierung des Übertragungsverhaltens soll jedoch davon ausgegangen werden, daß, wo möglich, SPDUs und NPDUs zum Zwecke der Übertragung konkateniert werden. Dies kann durch eine Reihe von Konkatenierungsregeln beschrieben werden.

K1: Ist ein Knoten Sortierinstanz für mehrere Attribute, so erzeugt er zur gleichen Zeit eine SPDU für jedes dieser Attribute (Regel M2). Diese SPDUs können konkateniert übertragen werden.

K2: Ist ein Sender gleichzeitig Verwalter eines der Attribute einer übertragenen Nachricht, so verschickt er gleichzeitig eine NPDU (Regel M1) und eine SPDU (Regel M2). In diesem Fall können NPDU und SPDU ebenfalls konkateniert werden. Dies gilt auch, falls es sich um das Koordinatorattribut K_Att handelt.

K3: Eine Sortierinstanz, die Koordinator und gleichzeitig Sortierinstanz für weitere Attribute ist, kann SPDUs für das Koordinatorattribut und für weitere Attribute konkatenieren. Dies entspricht einer Verknüpfung der Protokollelemente M2' und M6.

8.5.3 Realisierung der dynamischen Attributzuordnung

Kapitel 8.3 zeigte, daß durch gezielte Verschiebung des Ortes einer Sortierinstanz für ein bestimmtes Attribut eine Effizienzsteigerung, insbesondere bezüglich der Selbstauslieferung von Nachrichten, erzielbar ist. In Kapitel 8.4 wurde zur Ausnutzung dieser Optimierungsmöglichkeit an der Dienstschnittstelle das Konzept des Primärbenutzers eingeführt. Im vorliegenden Kapitel soll das Protokoll zur Realisierung des Primärbenutzerwechsels realisiert werden.

8.5.3.1 Basisprotokoll

Soll die Zuordnung eines Attributs A von einer bisherigen Sortierinstanz SI_{old} zu einer neuen Sortierinstanz SI_{new} wechseln, so könnte ein erster Protokollansatz folgendermaßen aussehen:

- Die Kommunikationsinstanz, welche das *at_primary.req* eines Benutzers bearbeitet, versendet eine Protokollnachricht *Transfer_Request* an die Sortierinstanz SI_{old}
- SI_{old} beendet nach Eintreffen dieser Protokollnachricht die Vergabe von Ordnungsnummern für das betroffene Attribut und versendet eine Protokollnachricht *Primary_Transfer* an alle beteiligten Instanzen.
- Das Eintreffen dieser Protokolldateneinheit führt zur Anzeige eines *at_primary.ind* und veranlaßt SI_{new}, künftig Ordnungsnummern für das Attribut A zu generieren.

Dieser Ansatz verletzt die Korrektheit der Dienstrealisierung in zwei Punkten: Zunächst kann es geschehen, daß für die Dauer des Attributtransfers keine

Instanz für die Ordnungsnummernvergabe zuständig ist und deshalb Nachrichten, die in diesem Zeitintervall übertragen werden, unendlich lange blockiert werden (Verletzung der Fairness des Protokolls). Abbildung 70 beschreibt diesen Fall.

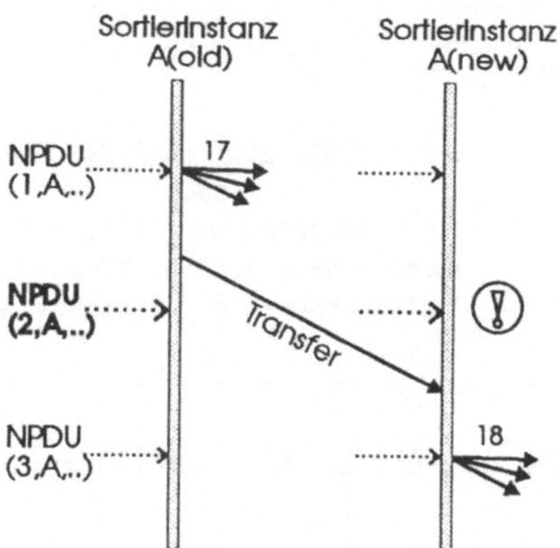

Abbildung 70. **Unsynchronisierter Transfer der Sortierinstanzrolle**

Zum anderen können durch die veränderte Attributzuordnung Nachrichten zu M-Nachrichten werden, die vorher von einer einzelnen Sortierinstanz bearbeitet wurden. Ohne die nachträgliche Einbeziehung der Sortierinstanz für das Koordinatorattribut kann daher ebenfalls eine blockierte Auslieferung zustandekommen.

Beide Probleme stellen offensichtlich Ordnungsprobleme aufgrund nebenläufiger Multicast-Kommunikation dar (in diesem besonderen Fall die Nebenläufigkeit von Protokollnachrichten des *at_data.req* und *at_primary.req*). Es liegt aus diesem Grund nahe, die bisher entwickelten Synchronisationsmechanismen zur Lösung der beschriebenen Probleme selbst einzusetzen. Die Grundidee der Realisierung des Attributtransfers besteht darin, ein *at_primary.req* für ein bestimmtes Attribut A wie ein *at_data.req* mit Attributmenge {*A*} zu verwenden und die bereits realisierte Ordnungssemantik für den Transfer von Nutznachrichten zu verwenden.

Es folgt eine Liste von Protokollelementen, welche die genauere Realisierung des Attributtransfers beschreiben, zunächst für den Fall, daß keine M-Nachrichten beteiligt sind.

Die einzige Änderung beim normalen Datentransfer betrifft das Auslieferungsprädikat. Da durch den Wechsel von Sortierinstanzen die Synchronisationsnachrichten für ein Attribut A nicht mehr unbedingt in der Reihenfolge aufsteigender Ordnungsnummern (FIFO) eintreffen, wird ein modifiziertes Auslieferungsprädikat AP3 verwendet:

```
AP3(N) =  NPDU(id(N), aset, .., N) eingetroffen.
                  und
          forall A ∈ aset(N):


                  SPDU(id(N), att, on(A,N)) eingetrofen.
                          und
                  Die Ordnungsnummer on(A,N) ist die
                  nächsthöhere noch nicht ausgelieferte
                  Ordnungsnummer für Attribut A.
```

Außerhalb eines Attributtransfers ist AP3 identisch mit AP2. Während eines Attributtransfers wird die Abarbeitung von Synchronisationsnachrichten in FIFO-Reihenfolge sichergestellt. Protokolltechnisch wird AP3 durch die Verwaltung eines *next(A)*-Erwartungszählers realisiert, der bei jeder Auslieferung einer Nachricht inkrementiert wird.

Alle Protokollelemente für den normalen Nachrichtenaustausch (M1, M2 etc.) bleiben erhalten. Zusätzlich kommen neue Protokollelemente für den Attributtransfer (T1, T2, etc.) hinzu. Dazu werden die Protokolldateneinheiten für Nutznachrichten (NPDUs) um ein Element *msg_type* erweitert, welches die Werte *at_data* und *at_transfer* haben kann. Die Menge *athomeset(I)* einer Instanz I beschreibe die Menge der Attribute, für die I Sortierinstanz ist.

T1: Ein *at_primary.req (PR)* für ein Attribut A wird an alle Empfänger (einschließlich der sendenden Instanz) als Nutznachricht

$$NPDU\ (at\_transfer,\ id(PR),\ A,\ sender(PR),\ PR)$$

übertragen und zwischengespeichert.

T2: Die aktuelle Sortierinstanz SI_{old} für Attribut A führt bei Eintreffen dieser NPDU dieselben Protokollelemente aus wie für Datennachrichten, d.h. sie erzeugt eine Synchronisationsnachricht

$$SPDU(id(PR),\ on(A,PR))$$

mit der nächsthöheren, bisher noch nicht vergebenen Ordnungsnummer für A. Gleichzeitig beendet SI_{old} die weitere Ordnungsnummernvergabe für Attribut A.

$$athomeset := athomeset \setminus \{A\}$$

T3: Über die Auslieferung der Transfer-NPDU entscheidet das normale Auslieferungsprädikat AP3 (mit Regel M3). Eine Auslieferung findet also statt, wenn neben der NPDU auch eine Synchronisationsnachricht

$$SPDU(id(PR), A, on(A,PR))$$

eingetroffen ist und $on(A,PR)$ die nächstgrößere auszuliefernde Ordnungsnummer für Attribut A repräsentiert $(on(A,PR)=next(A))$. Statt eines $at\_data.ind$ wird ein $at\_transfer.ind$ erzeugt.

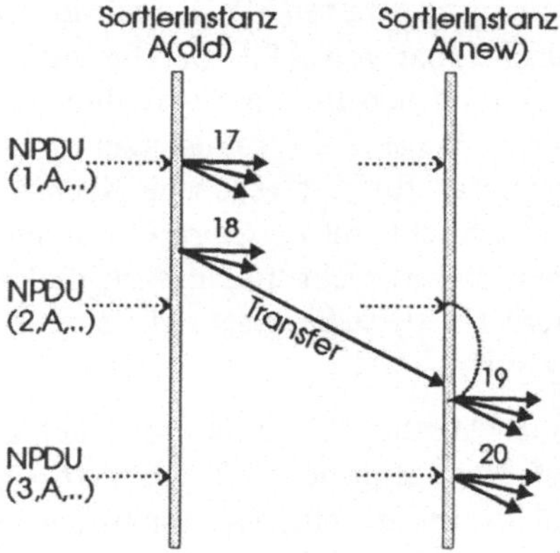

Abbildung 71. **Synchronisierter Transfer der Sortierinstanzrolle**

T4: Gleichzeitig mit der Auslieferung von PR wird die in PR spezifizierte Instanz $(sender(PR))$ Sortierinstanz SI_{new} für Nachricht A.

$$athomeset := athomeset \cup \{A\},$$

Sie vergibt ab diesem Zeitpunkt Ordnungsnummern für Attribut A, beginnend mit der Ordnungsnummer

$$on(A,PR) + 1.$$

T5: Gleichzeitig mit der Auslieferung von PR überprüft SI_{new} außerdem, ob NPDUs mit Attribut A gepuffert sind, die noch keine Ordnungsnummer erhalten haben. Jede dieser Nachrichten wird so behandelt, als wäre sie erst nach der neuen Attributzuordnung eingetroffen, d.h. SPDUs mit Ordnungsnummern $(on(A, PR) + 1, on(A, PR) + 2, ...)$ werden generiert und an alle Empfänger versandt.

Abbildung 71 beschreibt den Ablauf des Attributtransfers.

Die Protokollelemente T1 bis T5 werden nebenläufig zu den Protokollelementen für den normalen Datentransfer (Kapitel 8.5.2) ausgeführt. Die Eigenschaften Ordnungstreue, Verklemmungsfreiheit und Fairness müssen daher unter der Annahme, daß die Zuordnung von Attributen dynamisch stattfindet, neu bewiesen werden.

<u>Ordnungstreue</u>

Für die Auslieferung von Nachrichten gilt das Auslieferungsprädikat AP3. Da AP3 die Abarbeitung von Synchronisationsnachrichten in aufsteigender Reihenfolge der Ordnungsnummern (FIFO) realisiert, ist sein Auslieferungsverhalten nicht unterscheidbar von AP2. Der Beweis der Ordnungstreue läßt sich damit zurückführen auf den Beweis der Ordnungstreue für ein Protokoll ohne Attributtransfer, solange die Voraussetzungen für AP2 erfüllt sind. Hierzu bleibt zu zeigen, daß für eine gegebene Nachricht N jeder Empfänger eine Synchronisationsnachricht mit *derselben* Ordnungsnummer erhält. Es ist insbesondere zu zeigen, daß es nicht möglich ist, daß mehrere Sortierinstanzen Ordnungsnummern für dieselbe Nachricht erzeugen. Dies kann folgendermaßen bewiesen werden:

Einer Nachricht N mit Attribut A werde von einer Sortierinstanz SI_{old} die Ordnungsummer $on(A, N)$ zugeordnet (M2). Gibt SI_{old} das Attribut A niemals ab, so erhält N trivialerweise nur eine Ordnungsnummer. Angenommen, der erste Transfer PR des Attributs nach Vergabe von $on(A, N)$ gehe an Sortierinstanz SI_{new}. Dann erhält die Synchronisationsnachricht für diesen Transfer in jedem Fall eine Ordnungsnummer $on(A, PR)$ mit $on(A, PR) > on(A, N)$ (Regel T2). Bei jedem beliebigen Empfänger kann damit das Auslieferungsprädikat AP3 für die Transfernachricht erst erfüllbar werden, wenn zuvor das Auslieferungsprädikat für N erfüllt wurde. Dies impliziert insbesondere, daß N mit der Ordnungsnummer $on(A, N)$ bereits ausgeliefert wurde, bevor SI_{new} beginnt, neue Ordnungsnummern zu generieren (Regeln T3 und T4). Eine zweifache Ordnungsnummernvergabe für N ist damit ausgeschlossen.

An dieser Stelle soll noch einmal darauf hingewiesen werden, daß für den Protokollentwurf und für den Beweis der Ordnungstreue von einem zuverlässigen Basistransferdienst ausgegangen wurde (Kapitel 5.4). Das beschriebene Protokoll verfügt über keine Elemente zur Fehlertoleranz; geht eine Transfernachricht verloren, so wird von unterliegenden Schichten erwartet, daß die Nachricht wiederholt übertragen wird. Ist dies nicht möglich, so ist dies aus Sicht des ATCAST-Protokolls ein nicht behebbarer Fehler und führt im Extremfall zum Abbruch der Kommunikationsbeziehung (siehe auch Kapitel 8.6.; Fehlererkennung und -behandlung).

<u>Verklemmungsfreiheit</u>

Solange keine M-Nachrichten am Protokoll teilnehmen, ist die Verklemmungsfreiheit garantiert, wenn für *jede* Nachricht irgendwann eine Ordnungsnummer erzeugt wird. Dies wird im folgenden bewiesen:

Betrachtet werde eine Nachricht N mit Attribut A. Ist eine der Instanzen zum Zeitpunkt des Eintreffens der NPDU für N Sortierinstanz für A, so vergibt diese unmittelbar eine Ordnungsnummer $on(A, N)$ (Regel M2). Ist *keine* der empfangenden Instanzen Sortierinstanz für A, so kann die Ursache hierfür nur ein Transfer von Attribut A sein (siehe Abbildung 71). Angenommen, der Transfer geschieht von Sortierinstanz SI_{old} zu Sortierinstanz SI_{new}. Da SI_{new} beim Eintreffen von N noch nicht Sortierinstanz ist, wird N lediglich zwischengespeichert (Regel M1). Damit befindet sich N aber zu dem Zeitpunkt, zu dem SI_{new} Sortierinstanz für A wird, in der Menge der gepufferten Nachrichten und erhält gemäß Regel T5 nachträglich eine Ordnungsnummer.

<u>Fairness</u>

Der Beweis der Fairness umfaßt den Nachweis, daß auch bei häufigem Wechsel von Attributzuordnungen keine der Nachrichten "verhungert", d.h. unendlich lange nicht ausgeliefert wird (*engl. starvation*). Da Nachrichten in aufsteigender Reihenfolge ihrer Attributnummern ausgeliefert werden (AP3), kann dies für eine Nachricht N nur der Fall sein, wenn für mindestens ein Attribut A dieser Nachricht ($A \in aset(N)$) wegen kontinuierlichen Attributtransfers keine Synchronisationsnachricht erzeugt wird. Dies ist aus folgendem Grund nicht möglich: Zum Zeitpunkt, zu dem N beim letzten der Empfänger eingetroffen ist, ist entweder bereits eine Ordnungsnummernvergabe für A erfolgt (Regel M2), oder dies ist nicht der Fall, da A gerade transferiert wird (T2). Im letzteren Fall wird für N eine Synchronisationsnachricht erzeugt, sobald die Transfernachricht ausgeliefert wird (T5). Daß dies irgendwann der Fall ist, folgt wiederum aus der Fairness des Basisprotokolls (Transfernachrichten werden als normale NPDUs übertragen).

Protokollelemente zum Erzeugen (*at_create*) und Löschen (*at_delete*) von Attributen seien hier nicht ausführlicher diskutiert, genügen aber demselben grundsätzlichen Ansatz: Sie werden als normale NPDUs mit *msg_type* = *at_create* bzw. *msg_type* = *at_delete* versandt. Zusätzlich wird das ALL-Attribut spezifiziert. Gekoppelt an den Zeitpunkt der Auslieferung der NPDU wird das Attribut in den Protokollablauf an den einzelnen Orten mit einbezogen bzw. ausgegliedert. Durch das ALL-Attribut ist sichergestellt, daß Erzeugen und Löschen von Attributen Ereignisse sind, die bei allen Instanzen geordnet im Verhältnis zu den übrigen Ereignissen stattfinden.

8.5.3.2 Behandlung von M-Nachrichten

Werden von einer Anwendung nur Nachrichten mit einem Attribut erzeugt, so sind die im letzten Kapitel diskutierten Protokollelemente zur Realisierung beliebiger Transferoperationen zwischen Sortierinstanzen ausreichend. Erzeugt eine Anwendung jedoch M-Nachrichten, d.h. Nachrichten mit mehreren, an unterschiedlichen Orten verwalteten Attributen, so sind zusätzliche Protokollelemente notwendig. Der Grund hierfür liegt darin, daß durch die Veränderung der Attributzuordnung Nachrichten möglicherweise zu M-Nachrichten werden oder diese Eigenschaft verlieren. Sind einer Sortierinstanz SI_1 beispielsweise die Attribute A und B zugeordnet, so wird nach Transfer des Attributs B an eine zweite Sortierinstanz SI_2 die Nachricht N mit Attributmenge $\{A, B\}$ zu einer M-Nachricht. Schwierigkeiten für die Realisierung bereitet dabei wiederum die Tatsache, daß das Versenden von N und der Transfer des Attributs nebenläufig zueinander ablaufen können.

Wie im vorangehenden Kapitel beschrieben, wird für die Synchronisation von M-Nachrichten zur Vermeidung von Verklemmungen eine Koordinationsinstanz verwendet, die den eigentlichen Sortierinstanzen vorgeschaltet ist (Abbildung 68 auf Seite 171). Wird die nebenläufige Umwandlung von Nachrichten zu M-Nachrichten vom Protokoll nicht berücksichtigt, so können Verklemmungen entstehen und Nachrichten unendlich lange nicht ausgeliefert werden. Dies sei an einem Beispiel demonstriert:

- Zum Zeitpunkt des Versendens einer Nachricht N sind A und B beide von SI_1 verwaltet, weswegen die Nachricht nicht als M-Nachricht klassifiziert wird und kein Koordinatorattribut erhält.
- Bei Empfang der Nachricht haben SI_1 *und* SI_2 die Aufteilung der Attribute bereits realisiert und generieren beide, da kein Koordinatorattribut existiert, unabhängig eine Ordnungsnummer für N. Entsprechend dem Beispiel von Kapitel 8.5.2.3 kann dies zu Verklemmungen führen.

Ebenso ist der Fall zu berücksichtigen, daß eine Nachricht während ihrer Bearbeitung im Kommunikationssystem die Eigenschaft verliert, M-Nachricht zu sein - etwa dadurch, daß in obigem Beispiel Attribut A ebenfalls zu Sortierinstanz SI_2 wechselt.

Zur Behandlung dieser Probleme wird eine Reihe zusätzlicher Protokollelemente eingeführt. Die entscheidende Neuerung besteht darin, das Kriterium zu ändern, nach welchem eine Nachricht als M-Nachricht behandelt wird. Bisher entschied der Sender einer Nachricht aufgrund einer statischen Zuordnung von Attributen zu Sortierinstanzen. In einer dynamischen Umgebung, in der nebenläufige Transfers von Attributen kein globales Bild der Attributzuordnung erlauben, muß von einer Minimalannahme ausgegangen werden:

Eine Nachricht N ist M-Nachricht :⇔

> N hat mehrere Attribute.
> **und**
> Der Sender von N ist **nicht** Sortierinstanz
> für alle Attribute aset(N) der Nachricht.

Unter dieser Annahme werden auch Nachrichten als M-Nachrichten eingestuft, die nach der Definition von Kapitel 8.5.2.2 nicht als solche behandelt worden wären. Dies trifft z.B. für eine Nachricht mit mehreren Attributen zu, wobei alle Attribute von einer einzigen entfernten Sortierinstanz verwaltet werden.

Unter Annahme der modifizierten Definition einer M-Nachricht, sind folgende Protokollmodifikationen notwendig, um den Attributtransfer auch bei beliebiger Nebenläufigkeit von Nachrichten zu unterstützen:

T6: Die Koordinatorinstanz versendet die Synchronisationsnachricht für das Koordinatorattribut an *alle* beteiligten Instanzen und nicht nur an die Sortierinstanzen für die Nachrichtenattribute (siehe Regel M2′).

T7: Im Auslieferungsprädikat AP3 wird das Koordinatorattribut ohne Unterschied zu den übrigen Attributen berücksichtigt (d.h. ohne Vorliegen einer SPDU für das Koordinatorattribut wird eine Nachricht nicht ausgeliefert). Dies entspricht einer Abschwächung von Regel M3′.

T8: Ergänzend zu Regel T5 werden mit Anzeige eines *at_transfer.ind* für ein Attribut A, (d.h. nach erfolgtem Transfer) zusätzlich alle gepufferten M-Nachrichten, für die noch keine Synchronisationsnachricht bezüglich A erzeugt wurde, daraufhin überprüft, ob dies *jetzt* gemäß Ordnungsprädikat OP möglich ist.

Das unterschiedliche Verhalten des Koordinators (Regel T6) im Vergleich zum Basisprotokoll (Regel M2′) ist notwendig, weil bei dynamisch wechselnder Attributzuordnung der Koordinator (wie der Sender einer Nachricht) zu keinem Zeitpunkt ein verläßliches Bild der aktuellen Attributzuordnung haben kann. Daher muß die Ordnungsnummer des Koordinatorattributs an die Menge aller *potentiellen* Sortierinstanzen versandt werden. Diese umfaßt alle Instanzen, da jede Kommunikationsinstanz auch Sortierinstanz werden kann.

Aufgrund von Regel T6 ist es möglich, daß Kommunikationsinstanzen, die selbst *keine* Sortierinstanzen sind, eine Koordinatornachricht erhalten. Damit wäre es insbesondere möglich, daß eine Koordinatornachricht eintrifft, *nachdem* die zugehörige Nutznachricht bereits ausgeliefert wurde, (weil die Synchronisationsnachrichten für alle übrigen Attribute schon zuvor angekommen sind). Eine solche Koordinatornachricht würde - nach einem Attributtransfer - die Auswertung des Ordnungsprädikats OP potentiell unendlich lange blockieren. Aus diesem Grund wird Regel T7 eingeführt, die sicherstellt, daß Koordinatornachrichten zusammen mit den zugehörigen Nutznachrichten gelöscht werden (Regel M4).

Regel T8 stellt sicher, daß für jede M-Nachricht und jedes Attribut dieser M-Nachricht in jedem Fall eine Synchronisationsnachricht erzeugt wird. Ohne diese Regel könnte es vorkommen, daß bei Transfer eines Attributs weder die alte noch die neue Sortierinstanz dafür zuständig wären.

Eine Reihe von Optimierungen könnten das Auslieferungsverhalten von M-Nachrichten im Transferfall weiter verbessern. So kann T7 vermieden werden, wenn jede empfangende Instanz kontrolliert, welche Nachrichten sie bereits ausgeliefert hat (nachträglich eintreffende Koordinatornachrichten können damit erkannt und sofort gelöscht werden). Darüber hinaus kann die Erzeugung von Synchronisationsnachrichten durch geeignete Abschwächung des Ordnungsprädikats OP beschleunigt werden. Die Bedingung *"kleinste Ordnungsnummer aller SPDUS für K_Att"* kann ersetzt werden durch eine Bedingung, die *pro Attribut A* vorschreibt, daß Ordnungsnummern für A in derselben relativen Reihenfolge wie Ordnungsnummern für K_Att vergeben werden. Auf eine Vertiefung dieser Optimierungsansätze soll hier jedoch verzichtet werden.

Ordnungstreue

Da das Koordinatorattribut bei der Auswertung des Auslieferungsprädikats wie alle benutzerdefinierten Attribute behandelt wird (T7), ist die Ordnungstreue des modifizierten Protokolls wiederum allein davon abhängig, daß pro Benutzernachricht höchstens *eine* Synchronisationsnachricht erzeugt wird. Für Nachrichten, die *nicht* M-Nachrichten sind, gilt der Beweis des vorhergehenden Kapitels. Für M-Nachrichten wird gemäß Regel T8 nur eine Synchronisationsnachricht für ein Attribut A erzeugt, wenn noch keine solche vorliegt. Zum Zeitpunkt der Anzeige eines *at_transfer.ind* für A müßten aber *alle* Synchronisationsnachrichten für A von *früheren* Verwaltern des Attributs eingetroffen sein.

Verklemmungsfreiheit

Der Beweis der Verklemmungsfreiheit des erweiterten Protokolls gliedert sich in zwei Teile:

1. Für jede Nachricht N und jedes Attribut A dieser Nachricht wird irgendwann eine Ordnungsnummer erzeugt.

Für Nachrichten, die nicht M-Nachrichten sind, ist dies durch den Beweis des Basisprotokolls abgedeckt. Für M-Nachrichten erfolgt der Beweis induktiv über die Ordnungsnummer der Koordinatornachricht: Die *erste* Koordinatornachricht erzeugt (nach den Regeln M6 und T8) in jedem Fall Synchronisationsnachrichten für alle beteiligten Attribute, da OP in jedem Fall wahr ist (kleinste Ordnungsnummer bezüglich K_Att). Angenommen, dies trifft ebenfalls für alle Nachrichten $N_1, N_2, \ldots, N_k$ mit Werten $1, 2, \ldots, k$ für das Koordinatorattribut zu. Dann wird $OP(N_{k+1})$ irgendwann ebenfalls wahr, da alle vorherigen Nachrichten ausgeliefert werden und $k + 1$ zur *kleinsten* Ordnungsnummer an einem Knoten wird. Damit findet in jedem Fall eine Ordnungsnummernvergabe entweder nach Regel M6 oder nach Regel T8 statt.

2. Die Sequenz der Nachrichten mit aufsteigenden Ordnungsnummern für das Koordinatorattribut hat ebenfalls aufsteigende Ordnungsnummern bezüglich jedes seiner Attribute.

Diese Bedingung stellt sicher, daß keine Zyklen der Art, wie sie in Kapitel 8.5.2.3 beschrieben sind, auftreten können. Der Beweis ist bereits erbracht, falls kein Attributtransfer stattfindet. Für den vollständigen Beweis der Korrektheit ist entscheidend, daß das Ordnungsprädikat OP auch während eines Attributtransfers bei *allen* Instanzen für M-Nachrichten in *derselben* Sequenz wahr wird. Insbesondere werden Ordnungsnummern für Attribute einer M-Nachricht nicht erzeugt, solange vorhergehende M-Nachrichten noch nicht Ordnungsnummern für sämtliche ihrer Attribute erhalten haben (AP3).

Der Beweis der Fairness ergibt sich unmittelbar aus dem korrespondierenden Beweis für das Basisprotokoll (Kapitel 8.5.3.1).

8.6 Fehlererkennung und -behandlung

Bei der bisherigen Beschreibung der Protokollelemente wurden Fehlerzustände nicht gesondert erwähnt, um die Komplexität der Zustandsübergänge nicht unnötig zu erhöhen. Grundsätzlich wird durch die Annahme einer zuverlässigen Übertragung durch den Basistransferdienst ein Teil der Protokollelemente zur Fehlererkennung und -behandlung bereits durch diese Schicht erbracht. Zuverlässige Übertragung impliziert insbesondere, daß eine dem Basistransferdienst übergebene Nachricht entweder korrekt ausgeliefert wird oder der Diensterbringer dem Dienstbenutzer, d.h. der ATCAST- (bzw. CCAST-) Synchronisationsschicht, mittels einer

$$error.ind \ (\ <Error\_type> \ , \ <Error\_Parameters> \ )$$

eine Fehlersituation anzeigt. Übertragungswiederholungen, mehrfache Versuche zum Wiederaufbau von Verbindungen usw. sind dadurch für das Synchronisationsprotokoll bereits transparent, und dieses kann im Falle von Fehlern von *permanenten* Fehlerzuständen ausgehen.

Abhängig von der gewünschten Semantik können Fehlersituationen zu zwei Reaktionen des Synchronisationsprotokolls führen:

- zu einem vollständigen Abbruch der Kommunikationsbeziehung zwischen allen Instanzen in der durch *Group_Id* spezifizierten Gruppe.
- zu einem partiellen Abbruch von Kommunikationsbeziehungen mit nachfolgender Ausführung von Protokollelementen zur *Fehlererholung (Error Recovery)*.

Für den zweiten Fall muß analysiert werden, welche Maßnahmen zur Fehlererholung für eine korrekte Weiterführung des ATCAST-Protokolls nach einem Fehler notwendig sind. Es wird dabei von der Annahme ausgegangen, daß Sortierinstanzen ein *Fail-Stop*-Ausfallverhalten besitzen. Netzwerkpartitionen werden nicht berücksichtigt. Je nach Typ der ausgefallenen Instanz sind unterschiedliche Aktionen erforderlich:

1. Ausfall einer Kommunikationsinstanz ohne Sortierinstanzrolle

   Der Ausfall einer normalen Kommunikationsinstanz erfordert für die übrigen Instanzen lediglich die Anpassung der Empfängermenge für ihre zukünftigen Multicast-Nachrichten. Darüber hinaus ist es notwendig, daß Multicast-Nachrichten der ausgefallenen Instanz, die nur noch von einem Teil der Empfänger erhalten wurden, im Rahmen einer Fehlerbehebung an alle übrigen, intakten Knoten übermittelt werden. Für diesen Zweck eigenen sich Protokollelemente zur *atomaren* Auslieferung von Multicast-Nachrichten, z.B. [19] [116] [108].

2. Ausfall einer Sortierinstanz ohne Koordinatorrolle

Bei Ausfall einer Sortierinstanz sind diejenigen Nachrichten nicht mehr auslieferbar, die mindestens ein Attribut dieser Sortierinstanz besitzen. Eine Fehlerbehebung muß in diesem Fall zusätzlich zu den unter *1.* aufgeführten Maßnahmen dafür sorgen, daß die durch die Sortierinstanz verwalteten Attribute in Zukunft durch andere Kommunikationsinstanzen verwaltet werden. Dies kann erreicht werden durch ein implizites *at_primary.req* des Koordinators für alle betroffenen Attribute, d.h. durch einen Transfer der Sortierinstanzrolle zu einer noch intakten Instanz. Den übrigen Anwendungsinstanzen wird ein Transfer durch ein *at_primary.ind* angezeigt.

3. Ausfall der Koordinatorinstanz

Ein Ausfall der Koordinatorinstanz blockiert die Bearbeitung von M-Nachrichten. Da die Koordinatorinstanz die einzige Instanz im ATCAST-Protokoll mit zentralen Funktionen ist, erfordert ihr Ausfall weitergehende Fehlerbehebungsmaßnahmen. Im Normalfall, d.h. wenn es neben der Koordinatorinstanz weitere Sortierinstanzen gibt, kann eine dieser Sortierinstanzen die Rolle des Koordinators übernehmen. Die Auswahl kann durch eine vorgegebene Priorisierung aller Attribute realisiert werden: Diejenige Sortierinstanz mit dem Attribut höchster Priorität wird neuer Koordinator.

Für den Fall, daß die Koordinatorinstanz gleichzeitig einzige Sortierinstanz ist, muß aus der Menge der verbliebenen Kommunikationsinstanzen ein neuer Koordinator gewählt werden. Wie dies geschehen kann, soll hier nicht weiter diskutiert werden. Es sei dazu auf bekannte Protokolle zur Fehlertoleranz bei zentralistischen Verfahren (z.B. [40]) verwiesen.

8.7. Leistungsbewertung

Als Bewertungsmaße für das ATCAST-Protokoll soll wie zuvor die Anzahl zu übertragender Nachrichten, deren Umfang und die generierte Synchronisationsverzögerung (Kapitel 5.6) herangezogen werden. Zur Untersuchung seiner Einsetzbarkeit in kooperativen Systemen soll dabei vor allem das Antwortzeitverhalten (Kapitel 5.6.4) genauer untersucht werden.

8.7.1 Nachweis der Projektionsoptimalität

Zunächst muß die in Kapitel 8.2 geforderte Projektionsoptimalität nachgewiesen werden. Dazu ist es notwendig, für jede der Projektionssemantiken einen Ablauf des ATCAST-Protokolls nachzuweisen, der dieselbe Semantik erbringt und bezüglich seines Leistungsverhaltens nicht schlechter ist als das entsprechende dedizierte Ordnungsprotokoll.

1. Ungeordnete Auslieferung

Die ungeordnete Auslieferung von Nachrichten wird im ATCAST-Protokoll durch eine Spezifikation des NIL-Attributs erreicht. Dies führt zur Versendung einer NPDU mit leerer Attributmenge. Für eine derartige NPDU ist das Auslieferungsprädikat AP2 immer wahr, d.h. unmittelbar nach Eintreffen der Nachricht wird sie ausgeliefert. Im Bewertungsschema nach Kapitel 5.6 bedeutet dies, daß für jeden Empfängerknoten j und jede Nachricht q gilt:

$$A^i(q) = D^i(q)$$

Der S-Delay als Differenz von *Delivery*-Funktion und *Arrival*-Funktion ist somit ein Nullvektor, es entsteht keine Synchronisationsverzögerung. Da keine der Sortierinstanzen eine Synchronisationsnachricht erzeugt, entspricht die Gesamtanzahl der Nachrichten der Anzahl der Nutznachrichten. Die Länge der NPDUs ist gegenüber der Länge der reinen Nutzinformation um einen Anteil für die Nachrichtenidentifikation $id(N)$ und einen Anteil für die Attributmenge $aset(N)$ vergrößert. Beide Teile tragen bei einer mittleren Nachrichtengröße nicht signifikant zur Gesamtlänge bei. Insbesondere ist bei einer Realisierung der Attributmenge durch eine dynamische Datenstruktur die Länge der Darstellung einer leeren Menge als klein anzunehmen.

2. Quellordnung

Die Realisierung einer reinen Quellordnung kann im ATCAST-Protokoll durch die Zuordnung eines einzelnen *Quellordnungsattributs* pro beteiligter Instanz geschehen. Jede Instanz verschickt lediglich Nachrichten mit ihrem lokalen Attribut. Damit ist jede Instanz gleichzeitig Sortierinstanz für die an ihrem Ort generierten Nachrichten und realisiert aufgrund der Ordnungsnummernvergabe in aufsteigender Reihenfolge eine Quellordnungssemantik. Geht man von einer Konkatenierung nach Regel K2 aus, so trifft die NPDU für eine Nachricht N immer gleichzeitig mit der SPDU für diese Nachricht ein und kann gemäß AP2 sofort ausgeliefert werden. Die Gesamtsynchronisationsverzögerung ist daher wie zuvor

$$\overline{\Delta} = 0$$

Die Anzahl der Nachrichten wird bei Konkatenation ebenfalls nicht erhöht, ihre Länge um einen vertretbaren Betrag (die Länge der SPDUs) vergrößert.

3. Abschnittsweise Ordnung

Eine abschnittsweise Ordnung kann mit derselben ATCAST-Spezifikation wie bei der Quellordnung realisiert werden (ein Attribut pro Instanz). Abschnittsnachrichten (Checkpoints) werden durch Nachrichten mit dem ALL-Attribut versandt.

Solange sich keine Checkpoint-Nachrichten im Kommunikationssystem befinden, ist das Verhalten des ATCAST-Protokolls identisch mit dem der Projektionssemantik Quellordnung, d.h. die Gesamtsynchronisationsverzögerung ist ebenfalls

$$\overline{\Delta} = 0.$$

mit denselben Aussagen für Anzahl und Länge der Nachrichten (Kapitel 7.4). Während der Übertragung von Checkpoint-Nachrichten können Benutzernachrichten verzögert werden, und zwar prinzipiell so lange, bis von der Koordinatorinstanz und sämtlichen übrigen Instanzen eine SPDU eingetroffen ist. Dies entspricht damit genau dem in Kapitel 7.3 diskutierten Protokollfluß und produziert das dort diskutierte Leistungsverhalten.

4. Totalordnung

Eine totalgeordnete Auslieferung wird erreicht durch Verwendung eines einzelnen systemweiten Attributs A, mit dem alle Nachrichten aller Sender übertragen werden. Die Sortierinstanz für A erzeugt zentral SPDUs für die Nachrichten, und empfangende Instanzen liefern gemäß AP2 aus, wenn sowohl SPDU als auch NPDU eingetroffen sind. Das Protokoll entspricht damit in allen Teilen dem in Kapitel 6.2 diskutierten und bewerteten Primärempfängerverfahren mit direktem Datentransfer. Das Leistungsverhalten ist identisch und beinhaltet bei gleichbleibendem N-Delay von δ eine mittlere Synchronisationsverzögerung von

$$\overline{\Delta}/N = \delta.$$

Für jede Nachricht wird eine NPDU und eine SPDU erzeugt, d.h. für den Fall, daß kein Hardware-Broadcast zur Verfügung steht, werden $2 \times N$ Nachrichten versandt (N = Anzahl beteiligter Instanzen). Dies entspricht ebenfalls dem Leistungsverhalten eines Primärempfängerverfahrens.

5. Bündelordnung

Eine Bündelordnung wird realisiert, indem jede Nachricht genau mit einer *einelementigen* Attributmenge qualifiziert wird. Für jedes Attribut existiert eine eigene Sortierinstanz, und die Protokollelemente sind so entworfen, daß Nachrichten mit unterschiedlichen Attributen unabhängig voneinander bearbeitet werden (Man kann sich das Auslieferungsprädikat AP2 als einen Vektor von gleichzeitig ausgewerteten Teilprädikaten für jedes Attribut vorstellen.) Die Verteilung der Ordnungsnummernvergabe auf mehrere Sortierinstanzen reduziert damit gegenüber der Totalordnung die von einem Knoten zu erbringende Leistung. Gleichzeitig vermeidet es durch die Unabhängigkeit der Nachrichtenbehandlung unterschiedlicher Attribute eine Erhöhung des Synchronisationsaufwandes. Es realisiert eine mittlere Synchronisationsverzögerung von δ, selbst wenn man die bessere Lastverteilung nicht in Betracht zieht. Dies ist ein signifikanter Leistungsvorteil gegenüber dem einzigen, in der Literatur bekannten Verfahren (ABCAST87 von Birman/Joseph [19]) zur Realisierung der Bündelordnung mit einer Synchronisationsverzögerung von $2 \times \delta$. Die Anzahl übertragener Nachrichten repräsentiert mit $2 \times N$ einen weiteren Leistungsvorteil gegenüber dem Protokoll von Birman und Joseph, das $3 \times N$ Nachrichten zur Realisierung einer Bündelordnung benötigt. (Tabelle 7).

	$\overline{\Delta}/N$	Anzahl Nachrichten
ABCAST87	$2 \times \delta$	$3 \times N$
ATCAST	δ	$2 \times N$

Tabelle 7.   **Leistungsvorteil für Bündelordnung**

8.7.2 Antwortzeitverhalten

Ein wichtiges Kriterium für das Leistungsverhalten von Multicast-Synchronisationsprotokollen zur Unterstützung von kooperativen Anwendungen ist deren Antwortzeitverhalten, d.h. die Synchronisationsverzögerung bis zur Selbstauslieferung einer Nachricht (Kapitel 5.6.4). Existierende Ansätze zur Realisierung von Totalordnung mit Hilfe von zentralen Sortierinstanzen garantieren nur eine gute Antwortzeit ($R = 0$) für Nachrichten, die am Ort der Sortierinstanz generiert werden. Benutzer an anderen Orten erfahren grundsätzlich eine Antwortzeit, die bei gleichbleibender End-zu-End-Verzögerung δ einer zweifachen Nachrichtenlaufzeit $2 \times \delta$ (zur Sortierinstanz und zurück) entspricht. Das ATCAST-Protokoll erbringt hier auf zweifache Weise eine Verbesserung:

I. Durch die Zuordnung von Attributen zu unterschiedlichen Sortierinstanzen kann die Antwortzeit gleichzeitig bezüglich *unterschiedlicher* Orte optimiert werden.

II. Durch den Transfer von Attributen kann das Antwortzeitverhalten dynamisch dem aktuellen *Benutzungsprofil* angepaßt werden.

Diese beiden Optimierungsaspekte sollen am Beispiel von drei Konferenzknoten K_1, K_2, K_3 und zwei Attributen A_1 und A_2 analytisch genauer untersucht werden. Dabei wird von der in Kapitel 8.4 beschriebenen Annahme ausgegangen, daß für jedes der Attribute einer der Knoten Primärbenutzer ist, und zwar in der Zuordnung $A_1 \Leftrightarrow K_1$, $A_2 \Leftrightarrow K_2$. Die Primärbenutzereigenschaft sei für drei Konferenzknoten durch eine Verteilung charakterisiert, in welcher der Primärbenutzer einen Anteil von 0.5 und die restlichen Benutzer einen Anteil von 0.25 der Nachrichten für das betreffende Attribut generieren. Die Summe der Nachrichten pro Attribut sei N.

Tabelle 8 stellt dem ATCAST-Protokoll ein Totalordnungsprotokoll gegenüber, das die Attribute der Nachrichten nicht berücksichtigt. Als *Best Case* für das ATCAST-Protokoll sei angenommen, daß K_1 Sortierinstanz für A_1 ist und K_2 Sortierinstanz für A_2. Im Falle des Totalordnungsprotokolls sei o.B.d.A. K_1 einzige Sortierinstanz. Im *Worst Case* sei K_3 für beide Fälle einzige Sortierinstanz.

Antwortzeit	Totalordnungs-protokoll	ATCAST
Best Case	$1.25 \times \delta$	$0.5 \times \delta$
Worst Case	$1.5 \times \delta$	$1.5 \times \delta$

Tabelle 8.　　**Vergleich des Antwortzeitverhaltens**

Aus der Tabelle wird ersichtlich, daß die Zuordnung von Attributen zu multiplen Sortierinstanzen im *Worst Case* keine Verschlechterung und im *Best Case* eine substantielle Verbesserung bezüglich der durchschnittlichen Selbstauslieferungszeiten ermöglicht. Darüber hinaus ist es möglich, durch dynamischen Transfer der Attribute den *Best Case* des ATCAST-Protokolls als Normalfall zu realisieren. Voraussetzung hierfür ist eine Optimierungsinstanz, die den Transfer von Attributen so durchführt, daß die Primärbenutzerinstanz für ein Attribut gleichzeitig Sortierinstanz für dieses Attribut ist. Ein derartiger Optimierinstanz könnte sowohl in der Kommunikationsschicht als auch in der Anwendungsschicht oder im Netzwerkmanagement angesiedelt sein.

* Bei Ansiedlung im Kommunikationssystem wäre es die Aufgabe einer solchen Optimierungsinstanz, durch Beobachtung des Nachrichtenflusses und der verwendeten Attribute die (möglicherweise dynamisch wechselnden) Primärbenutzer dieser Attribute zu bestimmen und die Zuordnung der Attribute zu Sortierinstanzen durch Transfer zu modifizieren. Dabei müssen *Thrashing*-Effekte [180] durch zu häufigen Transfer desselben Attributs vermieden werden. Dies kann beispielsweise durch ein *Hysterese*-Element in Form einer Totzeit geschehen.

* Im Falle der Optimierung durch die Anwendung kann diese semantisches Wissen über die Operationen des interaktiven Benutzers zur Bestimmung des Primärbenutzers verwenden. Beispielsweise kann eine Bewegung des Mauszeigers auf ein bis dahin unbearbeitetes Objekt bereits das Signal zum Transfer des diesem Objekt zugeordneten Attributs beinhalten. Wird im Anschluß daran eine Operation auf dem Objekt angestoßen (z.B. das Schließen eines Fensters), so kann die ausführende Instanz bereits Sortierinstanz sein und die Operation mit Antwortzeit $R = 0$ realisieren.

8.7.3 Leistungsverhalten bei dynamischer Attributzuordnung

Bei häufig wechselndem Primärbenutzer für ein Attribut müssen für eine Leistungsbewertung die Transferoperationen mit einbezogen werden. Die interessierende Bewertungsgröße in diesem Zusammenhang ist die Zeitdauer Δ_T, die eine Benutzernachricht zusätzlich verzögert wird, weil zu diesem Zeitpunkt gerade eine Transferoperation in Durchführung ist.

Grundsätzlich gilt, daß Nachrichten nur von Transfers beeinflußt werden, die ihre eigenen Attribute betreffen. Eine zusätzliche Verzögerung tritt in dem Moment auf, in dem eine Ordnungsnummernvergabe nach Regel $R5$ geschieht, d.h. eine im Transfer befindliche Nachricht die Erzeugung einer SPDU für bereits eingetroffene Nachrichten auslöst. Bei gleichmäßiger Netzverzögerung δ ist dabei der *Worst Case* derjenige, in dem eine NPDU mit Attribut A genau zu dem Zeitpunkt eintrifft, zu dem eine SPDU für den Transfer von A abgesandt wurde (Abbildung 72). Es werden zunächst nur Nachrichten betrachtet, für deren Attribute eine einzelne Sortierinstanz zuständig ist.

Die Erzeugung von Ordnungsnummern ist, wie aus der Abbildung ersichtlich, so lange verzögert, bis die SPDU für den Transfer von der neuen Sortierin-

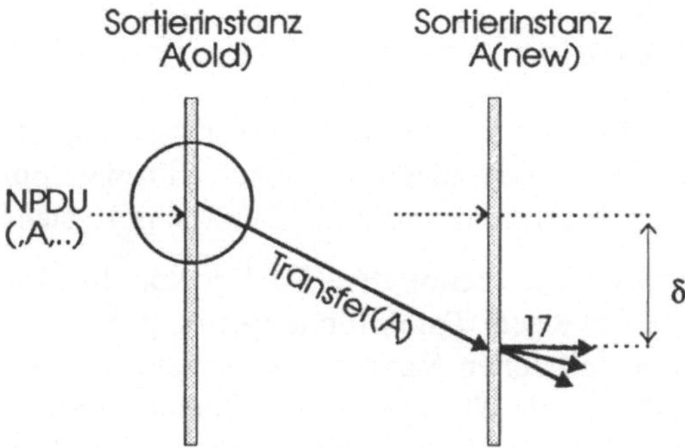

Abbildung 72. Transferverzögerung

stanz empfangen und verarbeitet wurde, d.h. um einen zusätzlichen Wert δ. Erleidet eine Nachricht q bezüglich Empfänger i im Normalfall eine Synchronisationsverzögerung von Δ^i, so ist die Synchronisationsverzögerung bei gleichzeitigem Attributtransfer abschätzbar durch:

$$\Delta^i_T < \Delta^i + \delta.$$

Interessant für das Antwortzeitverhalten ist der Fall, in dem eine Nachricht N für Attribut A gleichzeitig einen Attributtransfer für A auslöst (*implizite Attributzuordnung*). In diesem Fall erfolgt die Selbstauslieferung nach Eintreffen der SPDU für die Transfernachricht, d.h. nach einer Zeitspanne von

$$2 \times \delta.$$

Dies entspricht aber genau der Antwortzeit eines Primärempfängerverfahrens. Das Antwortzeitverhalten wird durch die dynamische Attributzuordnung daher in keinem Fall schlechter.

8.7.4 Leistungsverhalten für M-Nachrichten

M-Nachrichten, d.h. Nachrichten mit mehreren Attributen, die von unterschiedlichen Sortierinstanzen verwaltet werden, dienen zur Realisierung von schwachen Checkpoint-Operationen (Kapitel 2.4.3). Charakteristisch für ihre Behandlung durch das ATCAST-Protokoll ist die Verwendung eines zusätzlichen Koordinatorattributs und einer dieses Attribut verwaltenden Sortierinstanz. Geht man wie in den obigen Beispielen von einer gleichbleibenden Netzwerkverzögerung δ aus, so ergibt sich bei einer Zuordnung des Koordinatorattributs zu Knoten k für eine Nachricht q von Sender i die Synchronisationsverzögerung

$$\Delta^j(q) = \begin{cases} \delta & \text{f\"ur } j = k \\ 2 \times \delta & \text{sonst.} \end{cases}$$

Im allgemeinen Fall ist die Synchronisationsverzögerung damit um δ größer als die Synchronisationsverzögerung eines Primärempfängerverfahrens (Dieses hat $2 \times \delta$ im Maximum und δ im Durchschnitt, siehe Kapitel 6.2.)

Die Anzahl der zusätzlich benötigten Nachrichten für M-Nachrichten ist ebenfalls größer als bei einem Totalordnungsprotokoll. Tabelle 9 beschreibt die Werte, wobei gemäß der in Kapitel 6 verwendeten Notation NPDUs als *Full_Msgs* und SPDUs als *Short_Msgs* bezeichnet werden. Die Variable s beschreibt die Anzahl der Orte, an denen Attribute einer Nachricht verwaltet werden.

Anzahl Nachrichten	Broadcast		Non-Broadcast	
	Full_Msg	Short_Msg	Full_Msg	Short_Msg
Totalordnung	1	1	N-1	N-1
ATCAST mit statischer Attributzuordnung	1	s + 1	N-1	s*N
ATCAST mit dynamischer Attributzuordnung	1	s + 1	N-1	(s + 1)*(N-1)

Tabelle 9.   Nachrichtenaufwand für M-Nachrichten

Man sieht, daß für M-Nachrichten je nach Anzahl verwendeter Attribute ein erheblich größere Anzahl von Nachrichten benötigt wird. Dabei bleibt die Anzahl *Full_Msgs*, d.h. solcher mit umfangreichen Benutzerdaten jedoch konstant. Die Zunahme ist auf *Short_Msgs* mit kleinem Umfang beschränkt. Darüber hinaus ist durch Anwendung der Konkatenierungsregeln (K1-K3, Kapitel 8.5.2.3) und ihrer Erweiterung auf Nachrichten unterschiedlicher Sender, die gleichzeitig bearbeitet werden, diese Anzahl weiter reduzierbar.

Zusammenfassend erscheint der zusätzliche Aufwand zur Behandlung von M-Nachrichten für kooperative Anwendungen vertretbar, sofern diese zur Realisierung schwacher Checkpoint-Operationen eingesetzt werden. Die Anforderungsanalyse hat gezeigt, daß dieser Operationstyp mit wesentlich geringerer Frequenz auftritt als normale Benutzernachrichten mit nur einem Attribut.

9 Dynamische Gruppenverwaltung

Kooperative Systeme unterstützen eine Gruppe von Benutzern bei der gemeinsamen Lösung eines Problems, indem sie für alle Mitglieder der Gruppe (beispielsweise innerhalb einer Arbeitsplatzkonferenz) Werkzeuge zur direkten interaktiven Kooperation zur Verfügung stellen (Kapitel 2). Zum Auf- und Abbau einer gemeinsamen Sitzung und zur dynamischen Veränderung der Gruppenzusammensetzung sind dabei Funktionen notwendig, welche die Integration von Teilnehmern (Abbildung 73) und deren geordneten Austritt realisieren. Die hierfür zuständige Komponente wird als *Kooperations-* bzw. *Konferenzverwaltung* [50] bezeichnet und repräsentiert in der Regel eine zentrale Komponente kooperativer Systeme. (Abbildung 74).

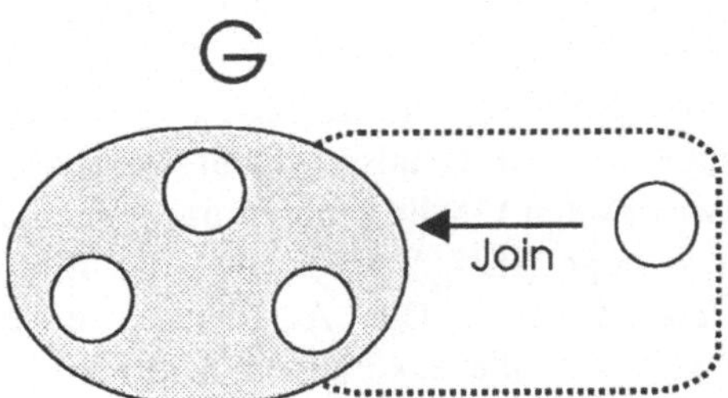

Abbildung 73. Integration neuer Kooperationsteilnehmer

Aus Sicht des Kommunikationssystems sollen alle die Zusammensetzung einer Gruppe verändernden Ereignisse als *Gruppenverwaltungsereignisse* bezeichnet werden. Kommunikationsbezogene Aufgaben bei der Behandlung von Gruppenereignissen werden von einer als *Gruppenverwaltung (Group Management)* bezeichneten Komponente des Kommunikationssystems erbracht

Kapitel 5.4 hat gezeigt, daß Multicast-Basistransferdienste geeignet sind zur Unterstützung replizierter kooperativer Anwendungen. Die Aufgabe der Gruppenverwaltung, insbesondere die Hinzu- und Wegnahme von Anwendungskomponenten, läßt sich im Kontext dieser Lösung darauf abbilden, die Empfängermenge von Multicast-Nachrichten, d.h. die Menge der Anwendungsinstanzen, welche eine Nachricht erhalten, zu steuern [1] [6].

Während es prinzipiell vorstellbar wäre, daß die Anwendung für jede einzelne Multicast-Nachricht die Empfängermenge durch Aufzählung spezifiziert, wird durch die Bereitstellung einer Gruppenverwaltung eine *indirekte* Form der Adressierung ermöglicht. Eine Gruppe, identifiziert durch einen *Gruppenbezeichner (Group_Id)* repräsentiert eine Menge von adressierbaren Anwendungsinstanzen. Bei Angabe eines Gruppenbezeichners als Teil eines Multicast-Dienstprimitivs (z.B. *at_data.req*) ist die Gruppenverwaltung für die Abbildung dieses Bezeichners auf eine dadurch spezifizierte Empfängermenge zuständig. In kooperativen Systemen kann man dabei davon ausgehen, daß alle Anwendungskomponenten Mitglied derselben Gruppe sind und alle Multicast-Operationen einen einzigen hierfür definierten Gruppenbezeichner verwenden.

Eine *statische* Gruppenverwaltung definiert eine Abbildung zwischen Gruppenbezeichner und Empfängermenge, die sich während des Ablaufs einer kooperativen Anwendung nicht verändert. Demgegenüber ist es Aufgabe einer *dynamischen* Gruppenverwaltung, diese Zuordnung während des Kommunikationsgeschehens veränderbar zu machen. Dies geschieht durch *Gruppenverwaltungsereignisse (Group Management Events, GME)*, die an der Dienstschnittstelle des Kommunikationssystems zwischen kooperativer Anwendung und Gruppenverwaltung ausgetauscht werden (Abbildung 74 auf Seite 195). Zu den wichtigsten GMEs gehören das Hinzunehmen eines neuen Elementes zu einer Gruppe (*Add_Member*) und das Entfernen eines Gruppenmitglieds (*Remove_Member*). Die Ausführung eines *add_member(G, NEW)* führt dazu, daß für alle zukünftigen Multicast-Nachrichten an die Gruppe *G* deren Empfängermenge um die Anwendungsinstanz NEW erweitert wird.

Verschiedene Ansätze aus der Literatur [87] [34] unterstützen Gruppenverwaltungsereignisse in einer für die Benutzer transparenten Form, d.h. die Veränderung der Gruppenzusammensetzung wird der Benutzergruppe nicht angezeigt. Im Falle von kooperativen Anwendungen sind die Benutzer jedoch meist daran interessiert, zu jedem Zeitpunkt die aktuelle Zusammensetzung einer Gruppe (*Gruppensicht*) zu kennen [50]. Dazu muß die Gruppenverwaltungskomponente in der Lage sein, der kooperativen Anwendung Gruppenverwaltungsereignisse anzuzeigen.

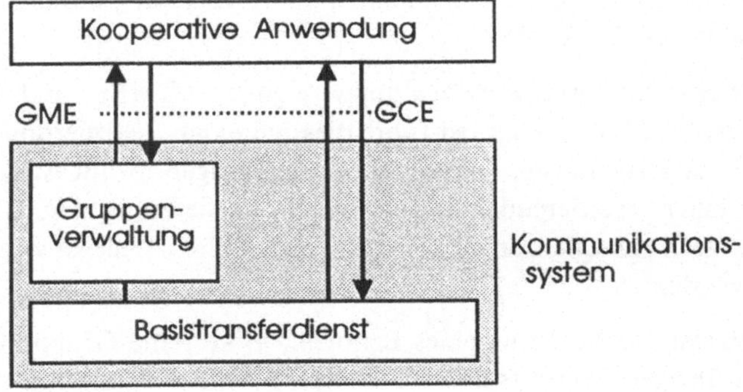

Abbildung 74.   Gruppenverwaltung in kooperativen Systemen

Das Architekturbild von Abbildung 74 wird vervollständigt durch Dienst-primitive zum Austausch von regulären Kooperationsereignissen *(Group Cooperation Events, GCE)*, d.h. solchen Operationen, welche den gemeinsamen Kooperationszustand verändern, ohne die Zusammensetzung der Gruppe zu berühren.

9.1 Spezielle Synchronisationsanforderungen

Eine initiale Realisierung einer dynamischen Gruppenverwaltung für replizierte kooperative Anwendungen könnte von folgenden Protokollelementen ausgehen (Diskussion am Beispiel eines *Join*-Gruppenereignisses):

- Die Kommunikationsinstanz, die ein *Join.req (G)* einer neuen Anwendungsinstanz NEW bearbeitet, versendet eine Protokollnachricht *Join(NEW, G)* als Multicast an alle übrigen, momentan in der Gruppe G befindlichen Kommunikationsinstanzen.

- Diese erzeugen ein *Join.ind* an die jeweilige Anwendungsinstanz und versenden ab jetzt alle Multicast-Nachrichten auch an NEW.

- Eine als *Sponsor* ausgezeichnete Anwendungsinstanz transferiert darüber hinaus ihren aktuellen Anwendungszustand an das neue Gruppenmitglied NEW.

Diese Form der Realisierung ist möglich, wenn gleichzeitig keine nebenläufigen Kooperationsereignisse (GCEs) durch weitere Gruppenmitglieder stattfinden. Genau dies ist jedoch im allgemeinen der Fall, da zum Zwecke der Integration neuer Kooperationsteilnehmer die Arbeit der übrigen Benutzer nicht behindert werden sollte.

Werden gleichzeitig Gruppenverwaltungsereignisse (GMEs) und Kooperationsereignisse (GCEs) erzeugt, so führt dies bei einer Realisierung oberhalb eines Multicast-Basistransferdienstes zu nebenläufiger Multicast-Kommunikation und einer resultierenden ungeordneten Auslieferung von GMEs und GCEs. Um die Konsequenzen zu verdeutlichen, sollen zunächst zwei Begriffe eingeführt werden:

Als *Gruppensicht (Group View)* eines Benutzers B auf eine Gruppe G soll die Menge aller übrigen Benutzer bezeichnet werden, die B zu einem bestimmten Zeitpunkt als Mitglieder von G betrachtet. Die Gruppensicht eines Benutzers ändert sich mit der Benachrichtigung (Indication) über Gruppenverwaltungsereignisse (GMEs), beispielsweise dem *Join* eines neuen Gruppenmitglieds. (Eine Konferenzanwendung kann die aktuelle Gruppensicht eines Benutzers, z.B. in Form eines Fensters mit Videobildern aller anderen Teilnehmer präsentieren.)

Die *Empfängermenge* einer Nachricht N sei die Menge aller Benutzer, an die das Kommunikationssystem N ausliefert.

Die Gruppenverwaltungskomponente ist verantwortlich dafür, daß Gruppenverwaltungsereignisse die Gruppensichten aller Teilnehmer konsistent verändern. Konkret umfaßt dies 3 Anforderungen:

Anforderung 1: <u>Konsistente Gruppensicht beim Senden</u>

> Beim Senden einer Nachricht N durch einen Benutzer B an eine Gruppe G stimmt die Gruppensicht von B auf G überein mit der Empfängermenge für die Nachricht N.

Garantiert eine Gruppenverwaltung Anforderung 1, so ist es beispielsweise nicht möglich, daß die Nachricht eines Benutzers B an einen neuen Benutzer ausgeliefert wird, *obwohl* B von dessen Beitritt zur Gruppe nicht informiert wurde.

Anforderung 2: <u>Konsistente Gruppensicht beim Empfangen</u>

> Beim Empfangen einer Nachricht N für eine Gruppe G durch einen Benutzer B stimmt seine Gruppensicht überein mit der Empfängermenge für die Nachricht N.

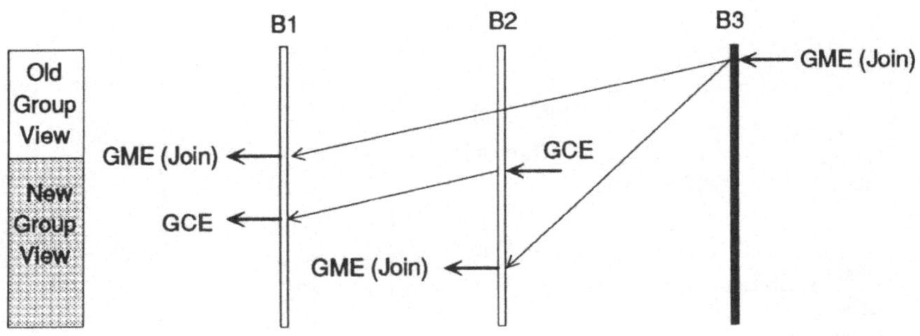

Abbildung 75.   Inkonsistente Gruppensicht beim Empfangen

Abbildung 75 zeigt einen Ablauf, der Anforderung 2 verletzt, weil nebenläufige Multicasts nicht synchronisiert werden: Benutzer 1 erhält eine
Join-Indication, die ihn darüber informiert, daß Benutzer 3 neues Mitglied
der Gruppe ist. Dies modifiziert seine Gruppensicht. Das später eintreffende
Gruppenkooperationsereignis (GCE) ist inkonsistent mit dieser Gruppensicht,
da es *nicht* an das neue Gruppenmitglied ging. Die Ursache dieser Inkonsi-
stenz liegt darin, daß Benutzer 2 die Multicast-Nachricht mit dem *Join*-Er-
eignis erst *nach* dem eigenen Gruppenkooperationsereignis (GCE) erhielt.

Beim Gruppenverwaltungsereignis *Join* ist es zusätzlich zu den obigen Anforderungen erforderlich, den neuen Konferenzteilnehmer einmalig mit einem
aktuellen Konferenzzustand auszustatten (*State Transfer*). Dieser Konferenzzustand muß konsistent sein zu den weiteren Nachrichten, die das neue
Gruppenmitglied erhält:

Anforderung 3:   <u>Konsistenter Zustandstransfer</u>

>   Der übertragene Anwendungszustand repräsentiert *alle*
>   Multicast-Nachrichten, die das neue Gruppenmitglied B
>   noch nicht erhielt, und er repräsentiert *keine* Multicast-
>   Nachrichten, die B in Zukunft noch erhalten wird (d.h.
>   solche, die sich schon in Übertragung befinden).

Diese Bedingung stellt sicher, daß ein neues Gruppenmitglied nach Integration denselben Anwendungszustand wie alle anderen Gruppenmitglieder besitzt.

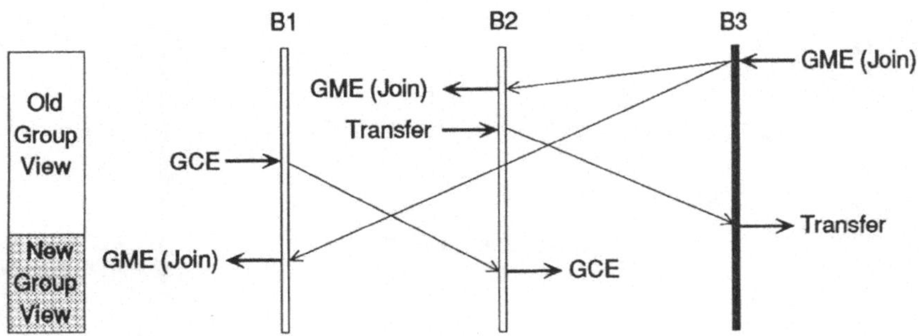

Abbildung 76.   Inkonsistenter Zustandstransfer

Abbildung 76 veranschaulicht einen durch Nebenläufigkeit der Multicast-
Kommunikation verursachten inkonsistenten Zustandstransfer: Benutzer 3
tritt der Konferenz bei, was zur Versendung eines *Join*-Ereignis an alle anderen Mitglieder führt. Nach Anzeige dieses Ereignisses transferiert Benutzer
2 seinen momentanen Zustand an Benutzer 3, welcher diesen zu seinem
Initialzustand macht. Das von Benutzer 1 versandte Gruppenkooperationsereignis (GCE) ist nicht in diesem Zustand enthalten (es war bei Benutzer 2
zum Zeitpunkt des Transfers noch nicht eingetroffen), und Benutzer 3 erhält
es ebenfalls nicht als Nachricht, da das *Join*-Ereignis bei Benutzer 1 zum
Sendezeitpunkt noch ausstand.

9.2 Lösungsansatz

Um die im vorangegangen Kapitel definierten Konsistenzanforderungen zu
befriedigen, muß die Nebenläufigkeit der Multicast-Kommunikation kontrolliert werden. Gleichzeitig sind zur synchronisierten Behandlung nebenläufiger Kooperationsereignisse (GCEs) für kooperative Anwendungen bereits
Multicast-Synchronisationsprotokolle im Einsatz, die unterschiedliche Ordnungssemantiken realisieren (Kapitel 4.4). Es liegt deshalb nahe, die Multicast-Synchronisationsprotokolle *selbst* dazu zu verwenden, um eine synchronisierte Gruppenverwaltung zu realisieren [23]. Abbildung 77 beschreibt
diesen Ansatz.

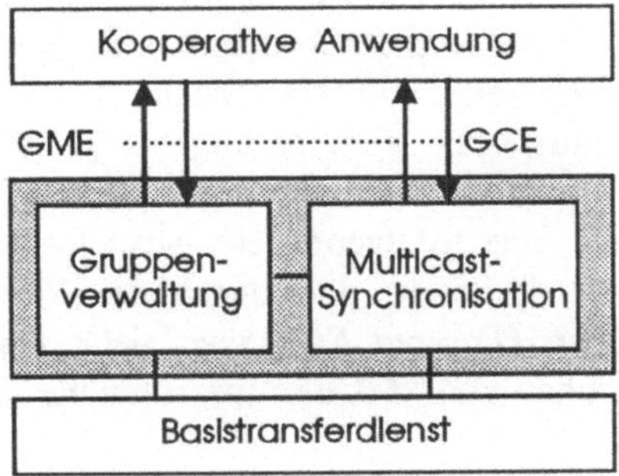

Abbildung 77. Synchronisierte Gruppenverwaltung

Die Abbildung macht deutlich, daß Gruppenverwaltungskomponente und Multicast-Synchronisationskomponente wechselseitig Dienstbenutzer und Diensterbringer sind:

- Die Gruppenverwaltung benutzt den Multicast Synchronisationsdienst, um Verwaltungsereignisse (GMEs) geordnet im Verhältnis zu Kooperationsereignissen (GCEs) auszuliefern.
- Die Multicast-Synchronisationskomponente benutzt die Gruppenverwaltung, um die eigene Gruppensicht bei Verwaltungsereignissen (GMEs) zu aktualisieren. Dies ist u.a. notwendig, damit die Nachrichten neuer Gruppenmitglieder ebenfalls in die Synchronisation mit einbezogen werden.

Beide Komponenten haben außerdem Schnittstellen zu einem Basistransferdienst mit den in Kapitel 5.4 vorausgesetzten Eigenschaften (zuverlässige End-zu-End Multicast-Kommunikation). Neben der Übermittlung von Gruppenverwaltungsereignissen und Kooperationsereignissen benutzen sowohl Gruppenverwaltung als auch Multicast-Synchronisationskomponente die Basiskommunikationsschicht zur Realisierung ihres Synchronisationsprotokolls.

Die Realisierung von Elementen einer Gruppenverwaltung durch Multicast-Ordnungsprotokolle wird zum ersten Mal von Birman und Joseph in [19] vorgeschlagen. Das hierfür zuständige GBCAST-Protokoll verwendet ordnungserhaltende Eigenschaften des zugrundeliegenden ABCAST (Totalordnung) und CBCAST (Kausalordnung). Werden alle Multicasts mit Hilfe eines totalgeordneten Protokolls in der gleichen Reihenfolge an alle Empfänger ausgeliefert, so werden dadurch Gruppenverwaltungsereignisse (GMEs) zwangsläufig geordnet im Verhältnis zu allen Gruppenkooperationsereignissen (GCE). Dies kann unmittelbar zur Erfüllung von Anforderung 2 verwendet werden. Der Nachteil dieser Lösung ist der hohe Protokollaufwand für alle GCEs, sowohl in bezug auf die Anzahl von Nachrichten [78] als auch bezüglich der induzierten Verzögerung [119]. Wie die Synchronisationsanforderungen kooperativer Anwendungen (Kapitel 2.4) zeigen, erfordern GCEs nicht immer eine totalgeordnete Auslieferung. Das Beispiel des *Distributed Sketchpad* [164] zeigt, daß durch die Verwendung geeigneter Anwendungsmechanismen (*Layered Sketching*, siehe Kapitel 1) sogar eine ungeordnete Auslieferung von GCEs für manche Anwendungsklassen tolerabel ist.

Aus diesen Gründen ist es wichtig, daß die zur Realisierung einer synchronisierten Gruppenverwaltung verwendete Ordnungssemantik für die Menge der GCEs nicht stärker ist als die von der Anwendung benötigte.

Daher sieht der in dieser Arbeit vorgeschlagene Ansatz vor, zur Realisierung der synchronisierten Gruppenverwaltung abgeschwächte Ordnungssemantiken zu verwenden, wie sie in den vorangegangenen Kapiteln entwickelt wurden. Geht man von der Minimalanforderung aus, daß GCEs überhaupt nicht geordnet werden müssen, so ist zur Realisierung der synchronisierten Gruppenverwaltung eine abschnittsweise Ordnungssemantik (Kapitel 4.4.4) ausreichend [23]. Gruppenkooperationsereignisse (GCEs) werden dabei auf reguläre Nachrichten und Gruppenverwaltungsereignisse (GMEs) auf Abschnittsnachrichten (Checkpoints) abgebildet. Gemäß der Analyse von Kapitel 7.4 erbringt diese Abschwächung der Ordnungssemantik eine Leistungsverbesserung, wenn die Frequenz der Checkpoints (d.h. der Gruppenverwaltungsereignisse) nicht zu groß ist. Da man davon ausgehen kann, daß sich im Ablauf einer kooperativen Anwendung die Gruppenzusammensetzung nicht sehr häufig ändert, trifft diese Voraussetzung zu. [23] beweist die Abbildbarkeit der Synchronisationsanforderungen 1-3 auf die abschnittsweise Ordnungssemantik und realisiert auf dieser Basis eine synchronisierte Gruppenverwaltung.

Im folgenden soll der Ansatz verallgemeinert werden, indem eine synchronisierte Gruppenverwaltung auf der Basis des attributierten Multicast-Dienstes ATCAST (Kapitel 8) entwickelt wird. Die grundsätzliche Idee besteht darin, jedes Gruppenverwaltungsereignis als normale Benutzernachricht mit dem ALL-Attribut zu versenden. Dies realisiert Konsistenzanforderung 2 und hat keine Auswirkung auf das Leistungsverhalten für GCEs, solange keine Gruppenverwaltungsereignisse stattfinden. Konsistenzanforderung 3 wird durch die im ATCAST-Protokoll realisierte Ordnungssemantik ebenfalls direkt erfüllbar. Während in [23] Konsistenzanforderung 1 für den Fall der abschnittsweise Ordnungssemantik durch ein zusätzliches Anzeigedienstprimitiv realisiert wurde, ist dies bei einer Realisierung als Teil des ATCAST-Protokolls nur für Sonderfälle möglich. Deshalb soll die Realisierung dieser speziellen Anforderung im folgenden nicht weiter ausgeführt werden.

9.3 Dienstschnittstelle

Die Elemente einer Dienstschnittstelle zur Gruppenverwaltung können mit den Betrachtungen des letzten Kapitels in folgender Weise modelliert werden:

Mit dem Dienstprimitiv

    grp_add.req (< Group_Id > , < New_Member_Id >)

wird die durch den Gruppenbezeichner identifizierte Gruppe um ein Element erweitert. Member_Id repräsentiert dabei eine durch das Kommunikationssystem adressierbare Anwendungsinstanz (beispielsweise die Netzwerkadresse dieser Instanz).

Die Ausführung eines *grp_add.req* führt bei allen Mitgliedern der Gruppe, einschließlich der neu hinzugefügten Anwendungsinstanz, zur Anzeige eines

    grp_add.ind (< Group_Id > , < New_Member_Id > , < Do_Transfer >) .

Der synchronisierte Gruppenverwaltungsdienst garantiert, daß ein *grp_add.ind* die Menge der erhaltenen Nachrichten für jeden Dienstbenutzer gleich partitioniert: Alle vor der Anzeige eines *grp_add.ind* empfangenen Nachrichten gingen *nicht* an das neue Gruppenmitglied, alle danach empfangenen Nachrichten werden *ebenfalls* an dieses ausgeliefert (Anforderung 2).

Erhält der Dienstbenutzer den Wert TRUE für die boolsche Variable *Do_Transfer*, so ist er für die Übertragung eines aktuellen Anwendungszustands an das neue Mitglied verantwortlich. Er veranlaßt dies mit dem Dienstprimitiv

    grp_transfer.req (< Group_Id > , < New_Member_Id, < App_State >) .

Die Struktur des Parameters *App_State* muß von der Anwendung bestimmt werden, aus Sicht des Kommunikationssystems ist sie transparent (Oktettstring).

Die Anwendung muß weiterhin sicherstellen, daß der übergebene Zustand alle vom Kommunikationssystem bis zur Anzeige des *grp_add.ind* ausgelieferten Nachrichten und genau diese repräsentiert. Ein *grp_transfer.req* löst bei dem neuen Mitglied ein

$$grp\_transfer.ind\ (<Group\_Id>,\ <App\_State>)$$

aus. Nachfolgende Indications (z.B. at_data.ind) dürfen von der neuen Anwendungsinstanz erst bearbeitet werden, nachdem der in *App_State* übergeb-
bene Zustand zur Initialisierung des eigenen Anwendungszustands übernommen wurde. Gleichzeitig - äquivalent zum Dienstprimitiv *grp_add.ind* -
signalisiert das Dienstprimitiv den Abschluß der Integration. Ab diesem
Zeitpunkt erhält das neue Mitglied alle Multicast-Nachrichten, welche auch
die anderen Gruppenmitglieder nach ihrem *grp_add.ind* erhalten (Anforderung 3).

Die zum *grp_add* komplementären Operationen werden durch die Dienstprimitive

$$grp\_remove.req/ind(<Group\_Id>,\ <Old\_Member\_Id>)$$

der Gruppenverwaltung realisiert. Zur erstmaligen Erzeugung einer Gruppe,
die als einziges Element die aufrufende Instanz enthält, wird darüber hinaus
das Dienstprimitiv

$$grp\_create.req/ind\ (<Group\_Id>)$$

verwendet.

9.4 Realisierung

Zur Realisierung des Dienstes einer dynamischen Gruppenverwaltung soll,
wie im letzten Kapitel motiviert, die Mächtigkeit des bereits zur Verfügung
stehenden ATCAST-Dienstes ausgenutzt werden. Ein solcher Ansatz erlaubt
es, Anzahl und Komplexität der zusätzlichen Protokollelemente klein zu
halten, und für deren Korrektheitsnachweis auf bereits bewiesene Eigenschaften der zugrundeliegenden Mechanismen zurückzugreifen.

Die beteiligten Kommunikationsinstanzen beteiligen sich in vier Rollen am
Protokoll zur Integration eines neuen Mitglieds:

- Neues Mitglied (NEW)

- Koordinatorinstanz (K)

- Sortierinstanz für Attribut A (SI_A)

- Endinstanz (E)

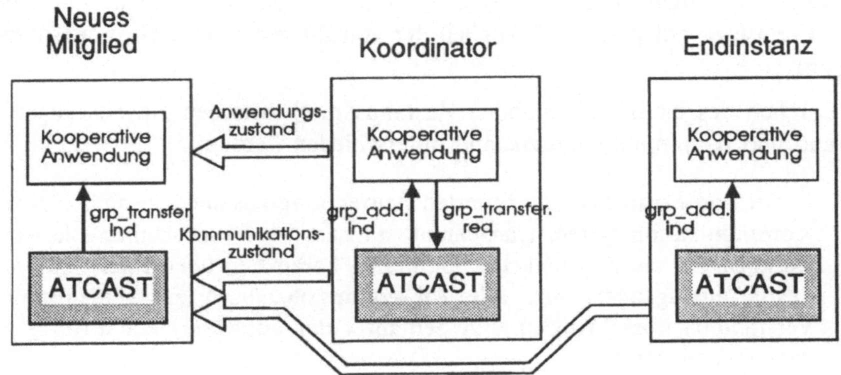

Abbildung 78. Zustandstransfer

Ihr Zusammenspiel über die Schnittstelle zwischen Kommunikationssystem
und Anwendung hinweg, zeigt Abbildung 78 auf Seite 203. Es wird insbesondere deutlich, daß bei der Integration eines neuen Mitglieds sowohl die
Anwendung (durch Anwendungsinstanzen) als auch das Kommunikationssystem (repräsentiert durch Kommunikationsinstanzen) beteiligt sind.

Der Beitritt eines neuen Mitglieds wird an diejenige Anwendungsinstanz gebunden, welche die Rolle der Koordinatorinstanz im ATCAST-Protokoll
innehat. Sie ist verantwortlich für den Transfer des Anwendungszustands
(*App_State*) und (transparent für die Anwendung) für den Transfer des
Kommunikationszustands (inklusive des ATCAST-Synchronisationszustands)
an das neue Mitglied. Dem *grp_add.req* kann ein anwendungsabhängiges
Protokoll vorangegangen sein, in welchem eine neu hinzukommende Instanz
die Autorisierung des Beitritts vom Koordinator erbittet oder umgekehrt
diese durch den Koordinator eingeladen wird. Die Festlegung auf einen einzigen Koordinator, an den alle *grp_add.req* geschickt werden, hat auch zur
Folge, daß konkurrierende Anforderungen durch den Koordinator serialisiert
werden, was die Protokolle zur Gruppenverwaltung erheblich vereinfacht.

Der Anwendung wird an einer Endinstanz die Hinzunahme eines neuen
Mitglieds durch ein *grp_add.ind* angezeigt. Die Kommunikationsinstanz einer
Endinstanz ist dabei verantwortlich für die Aufnahme einer Kommunikationsbeziehung zum neuen Mitglied sowie für den Transfer von Zustandsinformation, die diesen Empfänger betreffen. Sowohl Endinstanzen als auch
Sortierinstanzen müssen ab einem gegebenen Zeitpunkt alle Protokollelemente, die sie realisieren, auch für das neue Gruppenmitglied ausführen. Für
eine Endinstanz bedeutet dies, daß alle Nachrichten, die vom Benutzer

übergeben werden, auch an das neue Mitglied versandt werden. Für eine Sortierinstanz gilt dasselbe bezüglich der von ihr generierten Ordnungsnummern.

Bezüglich des zu transferierenden Zustands muß zwischen Anwendungszustand und Kommunikationszustand unterschieden werden:

- Inhalt und Form des transferierten Anwendungszustands A_T sind für das Kommunikationssystem transparent, d.h. an der Dienstschnittstelle wird lediglich ein als Zeichenkette definierter Parameter übergeben. Es wird davon ausgegangen, daß alle Anwendungsinstanzen ein gemeinsames Verständnis über Struktur und Semantik der ausgetauschten Protokolldateneinheit besitzen.

- Die neu zu integrierende Kommunikationsinstanz ist zunächst weder Sortierinstanz noch Koordinator. Als einfache Endinstanz benötigt sie somit lediglich den Protokollzustand zum Empfangen und Senden von Nachrichten. Beim Empfangen von Nachrichten muß das Auslieferungsprädikat AP2 ausgewertet werden. AP2 definiert die Auslieferbarkeit einer Nachricht anhand aufsteigender Ordnungsnummern der Attribute (Kapitel 8.5). Der zu transferierende *Kommunikationszustand* umfaßt die Menge der Attribute sowie für jedes Attribut die Ordnungsnummer, mit welcher zuletzt eine Nachricht bezüglich dieses Attributs ausgeliefert wurde. Um Nachrichten zu versenden, muß die neue Instanz die Mitglieder der aktuellen Gruppe kennen. Ein weiterer Teil des Transferzustands besteht daher in einer Struktur, welche die Kommunikationsadressen aller beteiligten Instanzen bekanntmacht.

Im folgenden werden die Protokollelemente der dynamischen Gruppenverwaltung für die einzelnen Rollen erläutert (Abbildung 79).

<u>Koordinator</u>

G1: Das *grp_add.req*-Dienstprimitiv wird von der Kommunikationsinstanz des Koordinators als Nutznachricht GA (*Grp_Add-NPDU*) mit neuem Nachrichtentyp *at_grp_add* verschickt:

$$NPDU\ (at\_grp\_add,\ id(GA),\ ALL,\ sender(GA),\ GA)$$

ALL bezeichnet dabei das ALL-Attribut.

G2: Über die Auslieferung der *Grp_Add-NPDU* entscheidet das normale Auslieferungsprädikat AP2 (Regel M3′). Statt eines *at_data.ind* wird ein *grp_add.ind* mit *Do_Transfer = TRUE* erzeugt. Nach Anzeige des *grp_add.ind* werden bis zum *grp_transfer.req* der Anwendung durch die Kommunikationsinstanz keine weiteren Protokollelemente ausgeführt.

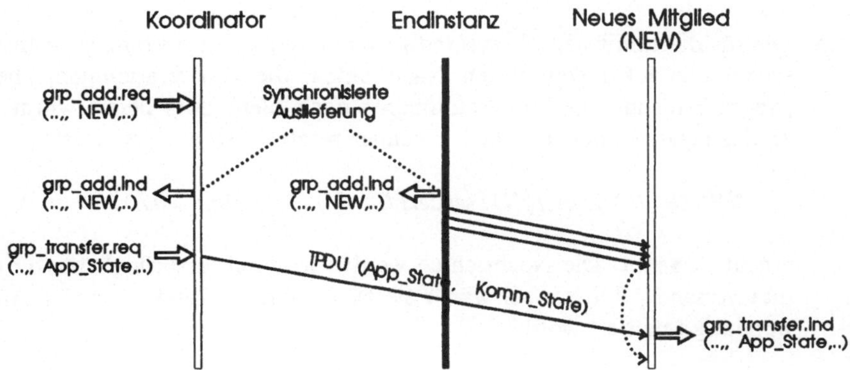

Abbildung 79. Protokoll der dynamischen Gruppenverwaltung

G3: Ein *grp_transfer.req* des Benutzers führt zum Transfer von Anwendungs- und Kommunikationszustand an das neue Mitglied. Dies geschieht mit Hilfe einer TPDU (Transferprotokollnachricht)

$$TPDU\ (App\_State,\ Komm\_State)$$

Der Anwendungszustand *App_State* wird aus dem *grp_transfer.req* direkt übernommen, der Kommunikationszustand *Komm_State* setzt sich aus folgenden Komponenten zusammen:

- einer Liste aller aktuell existierenden Attribute
- einer Liste der aktuellen Gruppenzusammensetzung (in Form von Kommunikationsadressen).

Endinstanz

G4: Über die Auslieferung der *Grp_Add-NPDU* entscheidet das normale Auslieferungsprädikat AP2 (Regel M3'). Statt eines *at_data.ind* wird ein *grp_add.ind* mit *Do_Transfer = FALSE* angezeigt.

Unmittelbar vor Anzeige des *grp_add.ind* werden darüber hinaus die folgenden beiden Protokollelemente ausgeführt:

G5: Zu dem Zeitpunkt, zu dem bei einer Endinstanz E das Auslieferungsprädikat für die *Grp_Add-NPDU* zutrifft, findet vor Erzeugung des *grp_add.ind* ein Nachrichtentransfer an das neue Gruppenmitglied statt.

G6: Die für die Endinstanz E zuständige Kommunikationsinstanz verschickt erneut alle lokal gepufferten Nachrichten, die von E stammen, aber (wegen fehlender Ordnungsnummern) noch nicht ausgeliefert wurden, an das neue Gruppenmitglied. Genauer werden also alle gepufferten

$$NPDU(id(N),\ aset(N),\ sender(N),\ N) \qquad mit\ sender(N)\ =\ E$$

erneut versandt. Die Nachrichten werden in ihrem ursprünglichen Format versandt, d.h. so, als wären sie zu diesem Zeitpunkt von der Anwendung generiert worden.

G7: Ebenfalls zu diesem Zeitpunkt wird das neue Mitglied in die Empfängermenge für alle zukünftigen Nachrichten an die durch *Group_Id* spezifizierte Gruppe aufgenommen (dies kann den Aufbau einer physikalischen Kommunikationsverbindung beinhalten.) Alle zukünftigen Multicast-Nachrichten werden ab diesem Zeitpunkt auch an das neue Mitglied versandt.

<u>Sortierinstanz</u>

G8: Ist eine Instanz Sortierinstanz SI_A für ein Attribut A zuständig, so gibt es einen Zeitpunkt, zu dem SI_A für die *Grp_Add-NPDU* eine Ordnungsnummer vergibt. Ab diesem Zeitpunkt verschickt SI_A alle in Zukunft erzeugten SPDUS mit Ordnungsnummern für Attribut A ebenfalls an das neue Mitglied.

<u>Neues Mitglied</u>

G9: Die Kommunikationsinstanz des neuen Mitglieds N puffert zunächst alle eintreffenden NPDUs und SPDUs, d.h. das Auslieferungsprädikat AP2 bleibt inaktiv.

G10: Mit Eintreffen der TPDU übernimmt die Kommunikationsinstanz den darin enthaltenen Kommunikationszustand *Komm_State* und signalisiert ein *grp_transfer.ind* mit dem in der TPDU übertragenen *App_State*. Gleichzeitig wird die Ausführung spontaner Zustandsübergänge mittels des Auslieferungsprädikats AP2 aktiviert. Ab diesem Zeitpunkt werden eintreffende Nachrichten - beispielsweise die im Rahmen der Integration erneut versandten NPDUs der Endinstanzen - ausgeliefert.

G11: Die Anwendungsinstanz des neuen Mitglieds realisiert den Inhalt des *App_State* als ihren aktuellen Anwendungszustand, bevor sie weitere Indications (z.B. at_data.ind) von der Kommunikationsinstanz entgegennimmt oder selbst Nachrichten generiert.

Auf eine Diskussion der Protokollelemente, die für eine Realisierung der *grp_create/grp_remove*-Dienstprimitive notwendig sind, soll hier nicht weiter eingegangen werden. Ihre Realisierung ist einfacher als die des *grp_add*, da ein Zustandstransfer nicht stattfinden muß. Da ein *grp_create* eine neue Gruppe mit der aufrufenden Instanz als einzigem Mitglied erzeugt, existiert hier kein Nebenläufigkeitsproblem. Darüber hinaus kann verlangt werden, daß ein *grp_remove* nur von einer Anwendungsinstanz angestoßen wird, die nicht mehr Primärbenutzer von Attributen ist (d.h. lediglich eine Endinstanzrolle einnimmt). Der grundsätzliche Ansatz zur Realisierung des *grp_remove* ist dann derselbe wie schon mehrfach angewandt: Das Ereignis wird als normale NPDUs mit *msg_type = at_grp_remove* und ALL-Attribut versandt. Gekoppelt an den Zeitpunkt der Auslieferung der NPDU wird die spezifizierte Instanz aus der Empfängermenge der übrigen Instanzen entfernt. Durch das ALL-Attribut ist sichergestellt, daß dies bei allen Instanzen geordnet im Verhältnis zu den übrigen Ereignissen stattfindet.

9.5 Korrektheit

Der Nachweis der Korrektheit des beschriebenen Protokolls setzt sich aus zwei Komponenten zusammen. Zunächst muß nachgewiesen werden, daß die Ordnungssemantik des bisherigen Nutzdatenprotokolls weiterhin realisiert wird. Dies ist einfach zu beweisen, da das Auslieferungsprädikat AP2 unabhängig von den Protokollelementen T1-T8 formuliert ist. Die Eigenschaft der Ordnungstreue leitet sich somit automatisch aus der Ordnungstreue des Basisprotokolls (M1-M5) ab.

Darüber hinaus müssen die aus Anwendungssicht definierten Konsistenzbedingungen für eine synchronisierte Gruppenverwaltung nachgewiesen werden (Kapitel 9.1). Durch das Versenden der *Grp_Add-NPDU* als Nutznachricht mit ALL-Attribut kann dabei auf bereits bewiesene Eigenschaften des Basisprotokolls zur attributierten Multicast-Synchronisation zurückgegriffen werden: Eine Nachricht mit ALL-Attribut wird geordnet im Verhältnis zu allen anderen Nachrichten ausgeliefert. Alle empfangenden Instanzen haben also zum Zeitpunkt zu dem ihnen das *grp_add.ind* angezeigt wird, dieselbe Nachrichtenmenge erhalten (*Multicast-Checkpoint* [118]) und verfügen deshalb über dieselbe Gruppensicht. Für den Beweis der Konsistenzanforderung 1 (konsistente Gruppensicht beim Empfangen) muß daher lediglich noch gezeigt werden, daß diese Gruppensicht auch derjenigen des neuen Gruppenmitglieds NEW entspricht. Der Beweis gliedert sich in zwei Teile.

1. Alle vor der grp_add.ind ausgelieferten Nachrichten werden NICHT an die neue Anwendungsinstanz NEW ausgeliefert.

Angenommen, eine Nachricht N werde bei einer Anwendungsinstanz *vor* dem *grp_add.ind* ausgeliefert. Dann ist dies aufgrund der beschriebenen Semantik des All-Attributs bei allen Anwendungsinstanzen der Fall, d.h. auch bei der Anwendungsinstanz A, die N generiert hat. Die Kommunikationsinstanz von A hatte daher zum Zeitpunkt der Anzeige des *grp_add.ind* die Nachricht N nicht mehr zwischengespeichert. Das heißt, N wird bei Ausführung des Protokollelementes G6 nicht mehr nachträglich an NEW versandt. N kann auch nicht zuvor an NEW verschickt worden sein, da die Kommunikationsinstanz von A erst zum Zeitpunkt des *grp_add.ind* das neue Mitglied in die Empfängermenge aufnimmt (G7).

2. Alle nach der grp_add.ind ausgelieferten Nachrichten werden auch an die neue Anwendungsinstanz NEW ausgeliefert.

Wird eine Nachricht N bei einer Anwendungsinstanz *nach* dem *grp_add.ind* ausgeliefert, so trifft dies (wiederum wegen der Semantik des ALL-Attributs) auch bei derjenigen Anwendungsinstanz A zu, die N generiert hat. Es gibt zwei Möglichkeiten: Im ersten Fall hatte A die Nachricht N zum Zeitpunkt des *grp_add.ind* noch nicht an das Kommunikationssystem übergeben. Dann wird N aber bei der Übergabe nach Protokollelement G6 behandelt, d.h. ebenfalls an die Kommunikationsinstanz von NEW versandt. Im zweiten Fall hatte A die Nachricht N bereits übergeben. Da N noch nicht ausgeliefert war, muß sie deshalb innerhalb der Kommunikationsinstanz von A gepuffert sein. Somit wird sie durch das Protokollelement G6 nachträglich an NEW versandt.

Damit ist bewiesen, daß die Kommunikationsinstanz von NEW genau diejenigen Nachrichten erhält, die alle anderen Anwendungsinstanzen *nach* der Anzeige des *grp_add.ind* erhalten. Es bleibt zu zeigen, daß diese Nachrichten durch die Kommunikationsinstanz auch tatsächlich an die Anwendungsinstanz von NEW übergeben werden. Voraussetzung hierfür ist Fairness und Verklemmungsfreiheit des erweiterten Protokolls. Dies ist Inhalt des nächsten Kapitels.

Der Beweis der Konsistenzanforderung 2 (konsistenter Zustandstransfer) baut auf dem vorherigen Beweis auf:

Nach Protokollelement K5 übergibt der Koordinator per *grp_transfer.req* seinen Anwendungszustand zu dem Zeitpunkt, zu dem das *grp_add.ind* angezeigt wird. Der Zustand repräsentiert damit die Menge aller Nachrichten, die *vor* dem *grp_add.ind* ausgeliefert wurden, d.h. (gemäß Konsistenzanforderung I) alle Nachrichten, die NEW *nicht* erhielt. Umgekehrt werden alle Nachrichten, die an NEW gehen, *nach* der Anzeige des *grp_add.ind* ausgeliefert (Konsistenzanforderung I), d.h. sie sind nicht Teil des übergebenen Anforderungszustands.

9.6 Verklemmungsfreiheit

Wie bei den bisherigen Protokollteilen ist zu zeigen, daß das erweiterte Protokoll zur dynamischen Gruppenverwaltung verklemmungsfrei arbeitet, d.h. daß jede an das Kommunikationssystem übergebene Nachricht irgendwann an jeden der Empfänger ausgeliefert wird. Dazu muß nachgewiesen werden, daß die Kommunikationsinstanz jedes Empfängers

- die NPDU für die Nachricht, sowie
- eine SPDU mit der Ordnungsnummer für jedes Attribut der Nachricht

erhält. Erfolgt die Ordnungsnummernvergabe nach dem gleichen Schema wie im Basisprotokoll, so ist damit die Verklemmungsfreiheit (mit der gleichen Beweisführung wie beim Basisprotokoll) gegeben.

Der Beweis kann in zwei Teilen geführt werden.

1. Jede an das neue Mitglied versandte Nachricht erhält für alle ihre Attribute eine Ordnungsnummer.

Angenommen, eine Nachricht N wird durch das Kommunikationssystem an das neue Gruppenmitglied versandt. Dann geschieht dies gemäß den Protokollelementen G6 oder G7, d.h. auf jeden Fall *nachdem* das *grp_add.ind* auslieferbar wurde. Dies bedeutet, daß die für N generierten Ordnungsnummern bezüglich aller Attribute größer sein müssen als die Ordnungsnummern der *Grp_Add-NPDU* Das heißt, für ein beliebiges Attribut A hat die Sortierinstanz die Ordnungsnummer für die *Grp_Add-NPDU vor* der Ordnungsnummer für die Nachricht N vergeben. Nach Protokollelement S2 wurde die Ordnungsnummer für N damit aber auch an NEW verschickt.

2. Jede von dem neuen Gruppenmitglied versandte Nachricht erhält für alle ihre Attribute eine Ordnungsnummer.

Gemäß Protokollelement G11 kann eine neue Anwendungsinstanz erst Nachrichten erzeugen, nachdem zuvor ein *grp_transfer.ind* stattfand, d.h. nachdem die zugehörige Kommunikationsinstanz eine TPDU erhielt

(Protokollelement G10). Um eine TPDU zu erzeugen, muß ein Koordinator Ordnungsnummern für die *Grp_Add-NPDU* von allen Sortierinstanzen erhalten haben. Dies impliziert, daß zu dem Zeitpunkt zu dem NEW eine Nachricht N versendet, bereits alle Sortierinstanzen über dessen Beitritt informiert sind. Für N werden daher gemäß dem Basisprotokoll Ordnungsnummern generiert und an alle Gruppenmitglieder (einschließlich NEW) versandt.

Die Fairness des Protokolls läßt sich analog zu den Überlegungen in Kapitel 7 und Kapitel 8 daraus herleiten, daß jede Nachricht nur endlich viele Vorgänger bezüglich ihrer Attributordnungsnummern haben kann. Eine unendlich lange Nichtbearbeitung (*starvation*) einzelner Nachrichten ist deshalb nicht möglich.

10 Implementierung

Die im folgenden vorgestellte Implementierung des ATCAST-Dienstes erfolgte in der Abteilung *Cooperative Multimedia Applications* am Europäischen Zentrum für Netzwerkforschung der IBM. Eine ausführlichere Beschreibung wesentlicher Teile der Implementierung ist in [69] zu finden.

10.1 Basistransferdienst

Durch Definition einer systemunabhängigen Schnittstelle zur unterliegenden Schicht wird der ATCAST-Dienst über mehreren, austauschbaren Basistransferdiensten realisierbar, die einen Betrieb sowohl im LAN als auch im WAN ermöglichen (Abbildung 80).

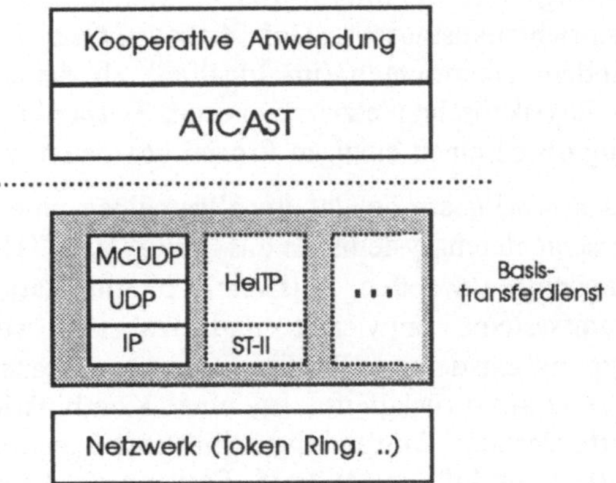

Abbildung 80. Implementierung: Basistransferdienst

Der Basistransferdienst *MCUDP* ist ein verbindungsloser Multicast-Transferdienst, der Zuverlässigkeit auf der Basis eines von Mockapetris [124] für LAN-Umgebungen entwickelten *Saturationsverfahrens* realisiert.

Der Dienst beruht auf dem *UDP*-Transportprotokoll der *TCP/IP*-Protokoll-familie [44] und nutzt Broadcast-Eigenschaften in lokalen Netzwerken wie dem Token Ring aus. Die systemtechnische Realisierung der Schnittstelle basiert auf *AIX-Sockets*, einer Realisierung des *Port*- bzw. *Tor*-Konzeptes von Betriebssystemen [180].

Am Europäischen Zentrum für Netzwerkforschung der IBM ist weiterhin ein auch für WAN-Umgebungen geeigneter, zuverlässiger Multicast-Transport-dienst (*HeiTS* [84]) in Entwicklung, der auf dem Hochgeschwindigkeitspro-tokoll ST-II [36] basiert. Dieser Dienst ist verbindungsorientiert und dazu geeignet, große Datenmengen zu übertragen, wie sie z.B. beim Austausch graphischer Darstellungen (z.B. *Bitmaps*) in einem Konferenzsystem auftre-ten. Der Prototyp ist, wie in Abbildung 80 angedeutet, offen für die Reali-sierung des Basistransferdienstes durch *HeiTS* oder weiterer, in der Zukunft verfügbarer Multicast-Transportdienste.

10.2 Prozeßarchitektur und Schnittstellenrealisierung

Für die Realisierung von geschichteten Kommunikationssystemen sind in der Praxis zwei Modelle gebräuchlich [170]: Ein nach dem *Server-Modell* reali-siertes Kommunikationssystem realisiert jede Schicht der Protokollarchitektur durch einen eigenen Prozeß. Der Austausch von Dienstprimitiven zwischen den Schichten erfolgt mittels Interprozeßkommunikation in Form eines asynchronen Nachrichtenaustauschs. Das *Activity-Thread-Modell* vermeidet Prozeßgrenzen, indem Nachrichten (im Idealfall) ab dem Zeitpunkt ihrer Ankunft über das physikalische Netzwerk bis zum Zeitpunkt der Auslieferung an die Anwendung durch einen einzigen Prozeß bearbeitet werden.

Das *Activity-Thread-Modell* ermöglicht im allgemeinen eine effizientere Re-alisierung eines geschichteten Systems als das *Server-Modell* [170]. Es läßt sich jedoch nur durchgängig anwenden, falls *alle* Kommunikationsschichten als Teil eines Gesamtsystems entwickelt und realisiert werden. Da der ATCAST-Prototyp auf existierende Realisierungen von Transportprotokollen (*UDP/IP* bzw. *HeiTS*) zurückgreift, ist eine Kombination der beiden Prozeßmodelle erforderlich. Anwendung, Multicast-Synchronisationsproto-koll und Schnittstellenmodul des Multicast-Basistransferdienstes sind als *ein* Prozeß realisiert, der Schichtübergänge auf Prozeduraufrufe abbildet. Weitere Prozesse (z.B. ein *IP*-Prozeß auf Netzwerkebene in *TCP/IP*) erbringen die Basiskommunikation.

Die Realisierung der Schnittstellen zwischen den einzelnen Schichten der ATCAST-Protokollarchitektur wird deutlich anhand von Abbildung 81. Alle dargestellten Komponenten sind Teil eines einzigen Prozesses.

Ein Sendevorgang wird durch eine schichtübergreifende Folge von Prozeduraufrufen realisiert (*Down Calls*). *Upcalls* [37] werden eingesetzt für das Empfangen von Nachrichten. Die Basistransferschicht erzeugt bei Eintreffen einer Nachricht einen Aufruf an eine Prozedur *Receive_Handler* der Multicast-Synchronisationsschicht. Diese Prozedur realisiert die durch den Empfang von Nachrichten ausgelösten Zustandsübergänge des Protokollautomaten (entsprechend den Regeln M1, M2, ..).

Als Ausgaben erzeugt der im *Receive_Handler* realisierte Protokollautomat die folgenden Aktionen:

I.   das Versenden von Synchronisationsnachrichten (SPDUs) und

II.   die Auslieferung von Nachrichten an die Anwendung (Indications).

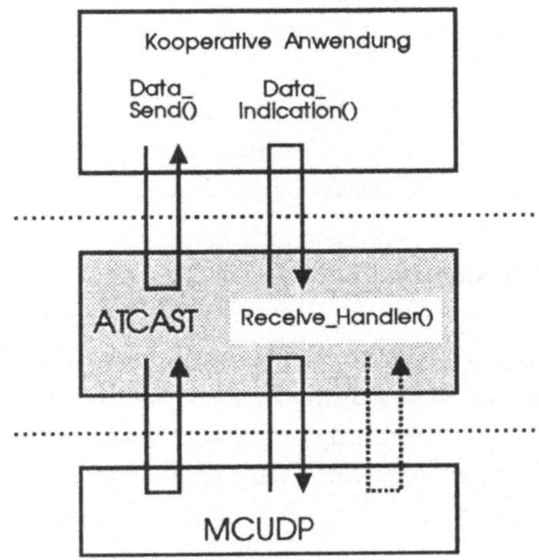

Abbildung 81.   Upcall-Aufrufabfolge

Bei der Realisierung von Aktion I muß darauf geachtet werden, daß der Multicast-Synchronisationsschicht in jedem Fall mindestens einen Pufferplatz in Größe einer SPDU zur Verfügung steht. Wäre dies nicht der Fall, so könnte es zu Verklemmungen kommen, indem ein Upcall bei der Anforderung eines Puffers blockiert wird (und somit gleichzeitig die Freigabe anderer Puffer verhindert ist.)

Aktion II ist gebunden an die Auswertung des Auslieferungsprädikats AP2. Die Anzeige von Nachrichten erfolgt durch einen weiteren *Upcall* der Multicast-Synchronisationsschicht an die Anwendung. Bei der Initialisierung wird der Multicast-Synchronisationsschicht hierzu die Adresse einer anwendungs-

definierten Funktion *data_indication* übergeben, die im bei der Auslieferung
aufgerufen wird. Diese Prozedur ist parameterlos und teilt der Anwendung
die Adresse der nächsten ausgelieferten Nachricht mit.

10.3 Pufferverwaltung

Um das Kopieren von Nachrichten an den Schichtgrenzen eines Kommuni-
kationssystem zu vermeiden, wird üblicherweise eine schichtübergreifende
Pufferverwaltung eingesetzt. Diese kann nach dem *Scatter-Gather-* oder dem
Offset-Ansatz realisiert sein (für eine Diskussion siehe [170]).

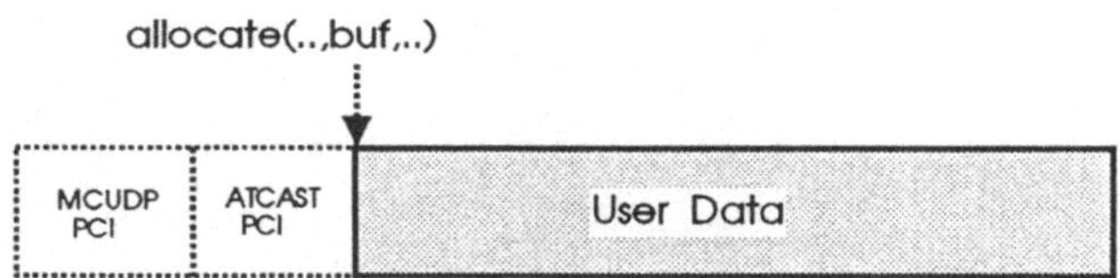

Abbildung 82.   Offset-Ansatz

Im ATCAST-Prototyp wurde der *Offset*-Ansatz gewählt, d.h. vor Senden
einer Nachricht muß die Anwendung einen Sendepuffer allokieren. Dieser ist
(transparent für die Anwendung) groß genug, um alle zusätzlichen
Protokollkontrollinformationen der Multicast-Synchronisationsschicht (beispielsweise die Attribute der Nachricht) aufnehmen zu können
(Abbildung 82).

Zur Allokierung von Puffern beim Empfang von Nachrichten bestehen
grundsätzlich zwei Möglichkeiten: Entweder die Anwendung reserviert einen
Puffer und übergibt dem Kommunikationssystem dessen Adresse, oder das
Kommunikationssystem realisiert die Pufferallokierung dynamisch bei Eintreffen einer Nachricht. Aus Effizienzgründen wurde für das ATCAST-
Protokoll die zweite Realisierungsvariante gewählt. Während in diesem Fall
ein Kopieren der Benutzernachricht vermieden werden kann, ist dies bei
Allokierung durch die *Anwendung* nicht immer möglich. Dies ist ein prinzipieller Unterschied zu traditionellen Kommunikationsschnittstellen und ist
folgendermaßen zu erklären:

• Im Falle der Allokierung durch die Anwendung beschafft sich diese einen
  Puffer von der Pufferverwaltung und übergibt die Pufferadresse anschlie-

ßend als Parameter der Empfangsoperation an das Kommunikationssystem. Das Kommunikationssystem vermeidet Kopiervorgänge, indem es diesen Puffer direkt für die Aufnahme der Nachricht vom physikalischen Netzwerk verwendet.

- Durch die Notwendigkeit der Umordnung von Nachrichten zur Herstellung einer bestimmten Ordnungssemantik kann ein Multicast-Synchronisationsprotokoll dieses Verfahren nicht anwenden. Trifft eine Nachricht vom Netzwerk ein, die nicht sofort ausgeliefert werden kann (weil eine andere Nachricht entsprechend der Ordnungssemantik vorangeht), so muß das Kommunikationssystem diese zunächst in eigenen Puffern zwischenspeichern. Dies erfordert zum Zeitpunkt der Auslieferung einen Kopiervorgang in den bereitgestellten Anwendungspuffer.

Eine besondere Bedeutung im Hinblick auf eine effiziente Implementierung des Protokollautomaten hat die Verwaltung gepufferter Nachrichten innerhalb der Multicast-Synchronisationsschicht. Dies trifft besonders für die Realisierung des Auslieferungsprädikats AP2 nach Regel M3 bzw. M3' zu.

Entscheidend für die Effizienz ist in diesem Fall die möglichst schnelle Entscheidbarkeit, ob. Nachrichten ausgeliefert werden können und welche Nachricht die jeweils nächste ist. Dies erfordert effiziente Zugriffsstrukturen für die Menge der zu einem Zeitpunkt gepufferten Nachrichten.

Für jede Nachricht N existiert ein *Deskriptor*, der über eine *Suchstruktur* mittels des Schlüssels *id(N)* zugreifbar ist (Abbildung 83). Der Nachrichtendeskriptor wird erzeugt (und in die Suchstruktur eingefügt), wenn eine NPDU oder eine SPDU für eine Nachricht N erstmalig eintrifft. Die Ordnungsnummern aller weiteren SPDUs werden zum Zeitpunkt des Eintreffens in den Deskriptor eingefügt.

Zur Auswertung des Auslieferungsprädikats wird die FIFO-Eigenschaft der Nachrichtenübertragung für Synchronisationsnachrichten, die von derselben Sortierinstanz stammen, ausgenutzt. Für jedes Attribut existiert eine *Attributliste*, die Nachrichtendeskriptoren verknüpft, welche dieses Attribut beinhalten. Treffen SPDUs ein, so wird der entsprechende Nachrichtendeskriptor hinten in die Liste eingefügt (Abbildung 83 auf Seite 216).

Da Synchronisationsnachrichten für ein gegebenes Attribut mit aufsteigenden Ordnungsnummern eintreffen, ist jede Liste zwangsläufig geordnet. Die Auswertung des Auslieferungsprädikats muß somit nur die Anfangselemente aller Attributlisten berücksichtigen. Trifft eine NPDU oder eine SPDU ein, so muß zur Auswertung von AP2 lediglich entschieden werden, ob der korrespondierende Nachrichtendeskriptor vorderstes Element in allen Attributlisten ist.

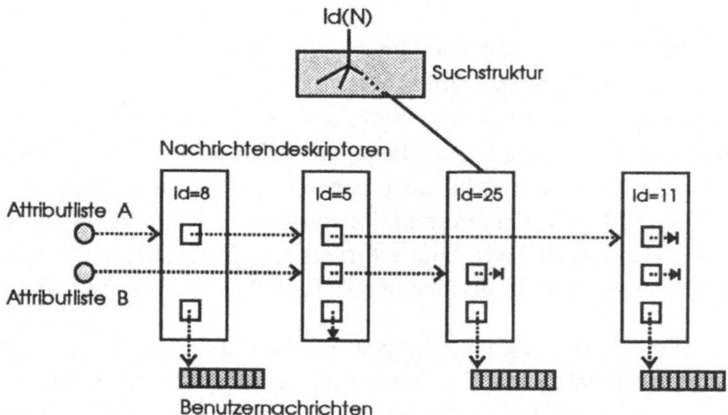

Abbildung 83.   Zugriffsstrukturen auf Nachrichtendeskriptoren

10.4 Status der Implementierung und Erfahrungen

Der in der Programmiersprache C implementierte Prototyp des ATCAST-Synchronisationsprotokolls ist auf Rechnern des Typs *IBM RISC System/6000* unter dem Betriebssystem *AIX* ablauffähig. Der Synchronisationsdienst ist, neben anderen Basisbausteinen wie einem Mehrparteien-Dateitransfer, integraler Bestandteil einer am ENC entwickelten Konferenzarchitektur.

Teilkomponenten der Realisierung werden in einem Kooperationsprojekt mit der Universität Erlangen zur Entwicklung eines Arbeitsplatz-Konferenzsystems [22] verwendet. Darüber hinaus wird im Rahmen eines *RACE*-Projektes eine Integration des Multicast-Synchronisationsprotokolls in das *Distributed Sketchpad* [164] der Fraunhofer Gesellschaft, Darmstadt, realisiert.

Beim Entwurf und der Realisierung des Prototypen konnten eine Reihe von Erfahrungen, sowohl bezüglich einer problembezogenen Implementierung als auch im Hinblick auf die Verwendung der Programmierschnittstelle durch einen Anwender, gewonnen werden:

Die Entscheidung, die Funktionskomponenten zur *zuverlässigen Datenübertragung* und zur *Synchronisation* durch ihre Realisierung in übereinanderliegenden Protokollschichten zu entkoppeln (Kapitel 5.4), hat sich auch aus dem Blickwinkel des *Software Engineering* als sinnvoll herausgestellt. Sie erlaubte eine Modularisierung und die softwaretechnische Aufteilung der Entwicklungsarbeiten auf zwei Programmierteams mit einer klaren Schnittstelle. Dies erhöhte die Entwicklungseffizienz, insbesondere bei der Fehlersuche in Modul- und Integrationstests.

Die Verwendung von *Upcalls* für die Übergabe von Dienstdateneinheiten zwischen den Protokollschichten erlaubte die weitestgehende Vermeidung von Prozeßgrenzen. Dadurch konnte der Aufwand für Prozeßwechsel und Interprozeßkommunikation eingespart werden. Dies war für die Realisierung unter AIX besonders deshalb ein wichtiger Effizienzgesichtspunkt, weil *Threading*-Mechanismen zur Realisierung von *leichtgewichtigen* Prozessen nicht Bestandteil des Betriebssystems sind und Interprozeßkommunikation generell teuer ist. Die zukünftige Verfügbarkeit von *Threading*-Paketen, z.B. in *OSF/DCE*, könnte hier zwar Verbesserung schaffen, doch existieren auch in diesem Fall *Scheduling*-Kosten, welche einen Nachteil gegenüber der Verwendung von *Upcalls* repräsentieren.

Der Entwurf des Testbetts kann als exemplarische Benutzung der Programmierschnittstelle *(Application Programming Interface; API)* gesehen werden. Der problemlose und im Vergleich zu den übrigen Systemkomponenten geringe Realisierungsaufwand für das Testbett zeigt, daß die realisierte Ordnungssemantik aus der Sicht des Anwendungsprogrammierers effektiv einsetzbar ist.

11 Zusammenfassung und Ausblick

Leistungsfähige Arbeitsplatzrechner und ihre breitbandige Vernetzung machen den Weg frei zu einer neuen Klasse von Anwendungen, die Benutzer bei der Kooperation über räumliche Entfernungen hinweg unterstützen. Wie zahlreiche nationale und internationale Projekte zeigen, stellt die Realisierung dieser Anwendungen neuartige Anforderungen an eine Entwicklungsplattform. Das in der Planung befindliche Projekt *POLIKOM*, welches die Zusammenarbeit von Regierungsstellen in Bonn und Berlin durch geeignete kooperative Systeme unterstützen soll, ist nur ein Beispiel dafür.

Als verteilte Mehrbenutzeranwendungen haben kooperative Anwendungen das Problem, konkurrierende Benutzeraktionen auf eine für die Anwendung konsistente Weise zu realisieren. Für die in der Praxis besonders wichtigen replizierten kooperativen Anwendungen erfordert dies die Synchronisation der Operationen auf den Replikaten des Kooperationszustands.

In der vorliegenden Arbeit wurden Synchronisationsanforderungen replizierter kooperativer Anwendungen abgeleitet, und es wurde gezeigt, wie ein Kommunikationsdienst als Teil einer Entwicklungsplattform diese Anforderungen auf effiziente Weise erfüllen kann. Kern der Lösung war dabei der Entwurf von Multicast-Synchronisationsprotokollen, die es dem Anwendungsentwickler gestatten, durch eine verfeinerte Spezifikation der benötigten Ordnungssemantik den Synchronisationsaufwand gegenüber existierenden Protokollen zu optimieren.

Zur formalen Beschreibung der Synchronisationsanforderungen kooperativer Anwendungen wurde zunächst ein Konsistenzbegriff für den replizierten Kooperationszustand hergeleitet. Dieser hat die Ordnung der Operationsausführung zur Grundlage und verlangt, daß Operationen, die zueinander in Konflikt stehen, auf allen Replikaten in derselben Reihenfolge ausgeführt werden.

Für die Synchronisation von Operationen auf replizierten Datenbeständen existieren bereits anwendungsspezifische Lösungen und Verfahren aus dem Datenbankbereich. Eine Überprüfung auf deren Eignung im Bereich kooperativer Systeme zeigt jedoch, daß die Realisierung der Synchronisation durch Kommunikationsdienste entscheidende Vorteile mit sich bringt. Sie ist flexibler und vermeidet es insbesondere, alle Elemente des Kooperationszustands als Datenobjekte modellieren zu müssen. Um die spezifischen Synchronisationsanforderungen kooperativer Anwendungen auf Kommunikationsebene zu erfüllen, wurden die *abschnittsweise Ordnung* und die *attributierte Ordnung* als neue Ordnungssemantiken eingeführt. Ihre Realisierung erfolgte in Form von zwei Kommunikationsprotokollen, die eine im Vergleich zur Totalordnung abgeschwächte Ordnungssemantik mit einem verbesserten Leistungsverhalten verknüpfen. Die mit *CCAST* und *ATCAST* bezeichneten Protokolle beinhalten neue Realisierungskonzepte, insbesondere die Verwendung multipler Sortierinstanzen und den dynamischen Wechsel der Sortierinstanz-Rolle.

Zusätzliche Anforderungen an einen Multicast-Synchronisationsdienst treten auf, wenn sich die Zusammensetzung einer Gruppe dynamisch, d.h. bei gleichzeitig stattfindender Datenkommunikation, verändert. Beispielsweise muß der Transfer des Anwendungszustands an ein neues Gruppenmitglied mit den übrigen, gleichzeitig übertragenen Multicast-Nachrichten konsistent sein. CCAST und ATCAST wurden eingesetzt, um die Synchronisation dynamischer Gruppenoperationen, wie etwa das Aufnehmen eines neuen Gruppenmitglieds, zu realisieren. Dazu wurde ein Dienst und ein Protokoll zur *synchronisierten Gruppenverwaltung* entworfen.

Um Multicast-Synchronisationsprotokolle bezüglich ihrer Architektur und ihres Leistungsverhaltens vergleichbar zu machen, wurde ein Architekturmodell und ein Bewertungsschema eingeführt. Kennzeichnend und neu an diesem Ansatz ist die strenge Unterscheidung zwischen Netzverzögerung und Synchronisationsverzögerung von Nachrichten. Letztere beinhaltet ausschließlich den Anteil an der Gesamtverzögerung, der durch das Zwischenspeichern einer Nachricht zur Erbringung einer bestimmten Ordnungssemantik verursacht wird. Die Synchronisationsverzögerung abstrahiert somit von zeitlichen Verzögerungen, die durch den Transport der Benutzernachricht über das physikalische Netzwerk entstehen, und ist deshalb besonders für den Protokollvergleich geeignet. Die Nützlichkeit des Bewertungsschemas konnte im Rahmen der Arbeit bei seiner Anwendung sowohl auf existierende Multicast-Synchronisationsprotokolle als auch auf neu entwickelte Protokolle gezeigt werden.

Die Implementierung der attributierten Multicast-Ordnungssemantik erfolgte am *IBM European Networking Center (ENC)* auf einer Plattform von IBM RISC System/6000-Arbeitsplatzrechnern unter dem Betriebssystem AIX. Der Prototyp befindet sich momentan in der abschließenden Testphase. Im Hinblick auf weitergehende Realisierungen wird als nächster Schritt die Integration einer Hochgeschwindigkeitsplattform auf der Basis des *Internet-ST-II Protokolls* angestrebt. Die entwickelten Synchronisationsprotokolle CCAST und ATCAST sind neben anderen Basisbausteinen, wie einer Komponente für den Mehrparteien-Dateitransfer und einer Mehrparteien-Verhandlungskomponente, integraler Bestandteil einer am ENC entwickelten Konferenzarchitektur. Als solche ist ihr Einsatz in verschiedenen europäischen und nationalen Projekten vorgesehen. Insbesondere ist der Multicast-Synchronisationsdienst Bestandteil des *POLIKOM*-Projektvorschlags zum Aufbau einer Kooperationsinfrastruktur für die Regierungsarbeit Bonn-Berlin.

Der Schwerpunkt der vorliegenden Arbeit lag in der Realisierung *indefiniter* Ordnungssemantiken von Multicast-Synchronisationsprotokollen. Weiterer Forschungsgegenstand wird es sein, indefinite Ordnungssemantiken mit *definiten* Ordnungssemantiken, wie etwa der Kausalordnung [27], zu kombinieren. Eine wichtige Themenstellung ergibt sich dabei aus der Frage, inwieweit mehrere Multicast-Dienste mit unterschiedlicher Ordnungssemantik geschichtet, d.h. in übereinanderliegenden Ebenen einer Protokollhierarchie, ausgeführt werden können.

Die Einbringung von Multicast-Synchronisationsprotokollen in die Standardisierung ist ein weiterer wichtiger Aspekt für die Zukunft. Generell ist die Mehrparteienkommunikation bisher nur in geringem Maße standardisiert worden. Im Bereich der ISO repräsentiert die MACF-Komponente der Anwendungsschicht [89] die einzige abschließend standardisierte Komponente zur Integration von Gruppenkommunikationsdiensten oberhalb der Transportschicht. Die *Study Group VIII* der *CCITT* schlägt mit ihrer *Recommendation T.122* erstmals einen Gruppenkommunikationsdienst mit Totalordnungssemantik vor. Er könnte sowohl in die ISO-Anwendungsschicht als auch in die ISO-Kommunikationssteuerungsschicht (*Session Layer*) integriert werden. Letztere ist nach ISO zumindest im Zweiparteienfall für Synchronisationsfunktionen vorgesehen. Eine abschließende Klärung der Zuordnung und der genauen Funktionalität ist noch offen. Dieselbe Aussage gilt für den *Internet*-Bereich, wo einzelne Aktivitiäten, wie das *ST-II-Protokoll* , Standardisierungen auf oder unterhalb der Transportschicht vorantreiben.

Abschließend soll ein kurzer Ausblick auf die künftige Rolle von Multicast-Synchronisationsdiensten in verteilten kooperativen Systemen gegeben werden. In Analogie zu einem einfach benutzbaren Kommunikationskonzept wie dem *Remote Procedure Call* werden dem Entwickler von kooperativen Anwendungen durch einen Multicast-Synchronisationsdienst einfache Abstraktionen in Form von Ordnungssemantiken zur Verfügung gestellt. Sie unterstützen ihn bei dem komplexen und fehleranfälligen Prozeß des Programmierens von nebenläufigen Anwendungen. Gehorcht die Auslieferung von Multicast-Nachrichten einer von ihm definierten Ordnungssemantik, so kann er, statt zahllose Sonderfälle nebenläufigen Ablaufverhaltens zu berücksichtigen, konzentriert an der Entwicklung der von ihm gewünschten Anwendungssemantik arbeiten.

Synchronisationsdienste für kooperative Systeme repräsentieren somit Schlüsselkomponenten zur Entwicklung von *Groupware*-Anwendungen der Zukunft. Sie ergänzen traditionelle Synchronisationsmechanismen für verteilte Systeme und sind besonders geeignet, die Objekt- und Operationstypen von kooperativen Anwendungen effizient zu unterstützen.

Glossar

ABCAST: (Atomic Broadcast); ISIS-Protokoll zur Realisierung einer Totalordnungssemantik.

abschnittsweise Ordnung: Ordnungssemantik, bei der zwei Multicast-Nachrichten bei allen gemeinsamen Empfängern in derselben Reihenfolge ausgeliefert werden, sofern eine von beiden eine Abschnittsnachricht (Checkpoint) ist.

Annotation: Ergänzung eines Dokuments um textuelle oder graphische Anmerkungen auf Metaebene.

Antwortzeit (Response Time): Zeitliche Verzögerung einer Multicast-Nachricht bis zu ihrer Selbstauslieferung.

Arbeitsplatz-Konferenzsystem: Kooperative Anwendung, die es einer Gruppe interaktiver Benutzer ermöglicht, zur gleichen Zeit über räumliche Entfernungen hinweg mit denselben Dokumenten und Anwendungen zu arbeiten.

Arrival-Funktion: N-wertige Funktion, die für einen gegebenen Multicast-Vorgang den Vektor der Übergabezeitpunkte vom Basistransferdienst an die empfängerseitigen Multicast-Synchronisationsinstanzen beschreibt.

ATCAST: (Attributed Multicast); Protokoll zur Realisierung einer attributierten Ordnungssemantik.

atomares Multicast: Multicast-Dienstsemantik, die garantiert, daß eine Multicast-Nachricht entweder an alle oder an keinen der Empfänger ausgeliefert wird.

Attribut: Allgemein: Trippel bestehend aus Attributbezeichner, -typ und -wert. Speziell: boolsches Attribut, das einer Nachricht zugeordnet ist (TRUE) oder nicht (FALSE).

attributierte Ordnung: Ordnungssemantik, bei der zwei Multicast-Nachrichten bei allen gemeinsamen Empfängern in derselben Reihenfolge ausgeliefert werden, sofern sie über ein gemeinsames Attribut verfügen.

Broadcast: Kommunikationsvorgang, um die Nachricht einer Sendeinstanz an alle über ein gegebenes Netzwerk oder Subnetzwerk erreichbaren Instanzen zu übermitteln (1 : N).

Bündelordnung: Ordnungssemantik, bei der zwei Multicast-Nachrichten bei allen gemeinsamen Empfängern in derselben Reihenfolge ausgeliefert werden, sofern sie demselben Bündel angehören.

CBCAST: (Causal Broadcast); ISIS-Protokoll zur Realisierung einer Kausalordnung.

CCAST: (Checkpointed Multicast); Protokoll zur Realisierung einer abschnittsweisen Ordnungssemantik.

Checkpoint (Abschnittsnachricht): Speziell gekennzeichnete Multicast-Nachricht, die in derselben relativen Reihenfolge zu allen anderen Nachrichten mit gleicher Empfängermenge ausgeliefert wird (abschnittsweise Ordnung).

conference aware: Klasse von Anwendungen, die als Mehrbenutzeranwendung für den Gebrauch innerhalb einer Konferenz entworfen wurden.

conference unaware: Klasse von Anwendungen, die als Einbenutzeranwendungen entworfen wurden, jedoch durch Bereitstellung geeigneter Mechanismen in einer Konferenz als Mehrbenutzeranwendung verfügbar gemacht werden können.

Conference Management (Konferenzverwaltung): Systemkomponente, welche statische und dynamische Attribute von Konferenzen und Teilnehmern realisiert. Dazu gehören z.B. Konferenztyp, Zusammensetzung der Gruppe und Rolle der Teilnehmer.

CSCW: Computer Supported Cooperative Work.

Darstellungssicht: Teil des privaten kooperativen Zustandes, der bestimmt, welcher Teil des globalen Zustandes auf welche Weise an der Benutzeroberfläche dargestellt wird.

definite Ordnung: Klasse von Ordnungssemantiken, die für Multicast-Nachrichten eine vorgegebene Reihenfolge der Auslieferung vorschreiben.

Delivery-Funktion: N-wertige Funktion, die für einen gegebenen Multicast-Vorgang den Vektor der Auslieferungszeitpunkte an eine Empfängergruppe (der Größe N) beschreibt.

Einbenutzeranwendungen: Klasse von Anwendungen, die zur gleichen Zeit immer nur einen interaktiven Benutzer unterstützen.

Fairness: Protokolleigenschaft, die garantiert, daß jede Multicast-Nachricht irgendwann an jeden der Empfänger ausgeliefert wird. Diese Definition entspricht einer *schwachen* Form von Fairness; sie ist äquivalent zu dem ebenfalls gebräuchlichen Begriff *Freedom of Starvation*.

FIFO: First-In-First-Out.

Filter: Hard- oder Softwarekomponente, die auf unterer Kommunikationsebene darüber entscheidet, ob und in welcher Form eine Multicast-Nachricht an einen Empfänger ausgeliefert wird.

Flooding: Broadcast-Protokoll, das darauf basiert, daß jeder beteiligte Knoten neu eintreffende Nachrichten an alle seine Nachbarknoten (bis auf den Herkunftsknoten) weiterleitet.

Floorpassing: Synchronisationsverfahren für kooperative Anwendungen, welches sicherstellt, daß zu jedem Zeitpunkt nur ein einzelner Benutzer aktiv sein kann. Der Floor (Floor = Rednerpult im Parlament) wird dabei zwischen den einzelnen Benutzern ausgetauscht (Floorpassing).

Gastanwendung: *siehe Einbenutzeranwendung*

GBCAST: (Group Broadcast); ISIS-Protokoll zur Realisierung von synchronisierten Gruppenoperationen.

GCE: (Group Cooperation Event); Gruppenkooperationsereignis.

GME: (Group Management Event); Gruppenverwaltungsereignis.

Gruppensicht (Group View): Menge aller Benutzer, die von einer bestimmten Instanz zu einem bestimmten Zeitpunkt als Mitglieder einer Gruppe betrachtet werden.

Gruppenverwaltung (Group Management): Systemkomponente, die aufgrund von Gruppenverwaltungsereignissen (GMEs), wie etwa der Aufnahme oder des Ausscheidens von Mitgliedern, Kommunikationsbeziehungen auf- und abbaut.

Halbordnung: Menge die bezüglich einer gegebenen Ordnungsrelation (z.B. der *Vor/Nach*-Relation) unvergleichbare Elemente enthalten kann.

IGMP: (Internet Group Management Protocol, IGMP); Gateway-Protokoll zur Verwaltung von Gruppen im Internet.

indefinite Ordnung: Klasse von Ordnungssemantiken, die für Multicast-Nachrichten zwar die gleiche aber keine vorgegebene Reihenfolge der Auslieferung vorschreiben.

IP: (Internet Protocol); Internet-Protokoll, das einen verbindungslosen, unzuverlässigen Netzwerkdienst zur Verfügung stellt.

ISIS: Familie von Multicast-Protokollen und Werkzeugen zur Unterstützung von fehlertoleranten verteilten Anwendungen (Cornell-Universität).

ISO: International Organization for Standardizations.

Kausalordnung: Ordnungssemantik, bei der zwei Multicast-Nachrichten N_1 und N_2 bei allen gemeinsamen Empfängern in der Reihenfolge $N_1 \rightarrow N_2$ ausgeliefert werden, sofern N_2 kausal abhängig ist von N_1.

Konferenzsystem: *siehe Arbeitsplatz-Konferenzsystem*

Konferenzverwaltung: *siehe Conference Management*

Konflikt: Zwei Operationen stehen in Konflikt zueinander, wenn die Reihenfolge ihrer Ausführung signifikant für das resultierende Ergebnis ist.

Kooperationsschale: Systemkomponente, welche die Nutzung von Einbenutzeranwendungen innerhalb einer Konferenz ermöglicht.

kooperative Anwendung: verteilte Mehrbenutzeranwendung, welche dazu dient, die Zusammenarbeit einer Gruppe interaktiver Benutzer in einer gemeinsamen Umgebung zu ermöglichen.

kooperatives System: Gesamtheit aus Hard- und Software-Komponenten zur Realisierung rechnergestützter Gruppenarbeit. Neben kooperativen Anwendungen gehören dazu anwendungsunabhängige Komponenten, wie

Synchronisation, Kooperationsverwaltung und Multimedia-Unterstützung.

MACF: (Multiple Association Control Function); Instanz in Schicht 7 des ISO-Referenzmodells zur Verwaltung multipler Verbindungen.

Mehrbenutzeranwendungen: Klasse von Anwendungen, die zur gleichen Zeit mehrere interaktive Benutzer unterstützen.

Mehrparteienprotokoll: Protokoll, an dem mehr als zwei Kommunikationsinstanzen beteiligt sind.

Mehrparteien-File-Transfer: Mehrparteiendienst, der die simultane Übertragung einer Datei von einem Ursprungsrechner an mehrere Zielrechner realisiert.

Mehrparteien-Remote-Procedure-Call: Spracheinbettung eines Mehrparteiendienstes, der einen einzelnen Prozeduraufruf umsetzt in mehrere simultane *Remote Procedure Calls*. Die Ergebnisse dieser Aufrufe werden gesammelt und in aggregierter Weise an die Anwendung zurückgegeben.

Multicast: Kommunikationsvorgang, um eine Nachricht einer Sendeinstanz an eine definierte Menge von Empfängerinstanzen zu übermitteln (1 : N).

Multicast-Checkpoint: *siehe Checkpoint*

Multicast-Synchronisationsprotokoll: Mehrparteienprotokoll zur Realisierung einer gegebenen Ordnungssemantik.

Multicast-Transaktion: Einheit, bestehend aus: Senden einer Multicast-Nachricht (Request), Beantwortung der Nachricht durch alle Empfänger (Reply) und gefilterte Rückgabe an die sendende Instanz (Response).

M(ultiple)-Nachricht: Multicast-Nachricht einer attributierten Ordnungssemantik, deren Attribute durch mehr als eine räumlich getrennte Sortierinstanz verwaltet werden.

nebenläufige Multicast-Kommunikation: zeitlich verschränkte Übertragung von Multicast-Nachrichten unterschiedlicher Sender an überlappende Empfängermengen.

One-Copy-Serialisierbarkeit: Konsistenzbedingung, die verlangt, daß die verschränkte Ausführung mehrerer Transaktionen auf einem replizierten

Objekt der seriellen Ausführung auf einem nichtreplizierten Objekt entsprechen muß.

Ordnung: Reihenfolge, in der Multicast-Nachrichten bei gemeinsamen Empfängern ausgeliefert werden. Im Falle nebenläufiger Multicast-Nachrichten ist die Auslieferungsordnung i.d.R. eine Halbordnung.

Ordnungsnummer: von einer Sortierinstanz vergebene, eindeutige Kennung einer Nachricht, die aufgrund ihrer Eigenschaften zur Realisierung der geordneten Auslieferung der Nachricht eingesetzt werden kann.

Ordnungssemantik: Menge von Regeln, welche die Auslieferungsordnung nebenläufiger Multicast-Nachrichten einschränken.

Ordnungstreue: Protokolleigenschaft und Voraussetzung für die Korrektheit eines Multicast-Synchronisationsprotokolls. Sie garantiert, daß die konkrete Auslieferungsordnung der spezifizierten Ordnungssemantik genügt.

P2P: (IBM Person to Person); Konferenzsystem

Primärbenutzer: Benutzer einer kooperativen Anwendung, der über ein gegebenes Zeitintervall hinweg die Mehrheit der globalen Operationen initiiert.

Primärempfänger: (Primary Receiver); Kommunikationskomponente zur Realisierung einer Totalordnungssemantik basierend auf einer einzelnen zentralen Sortierinstanz.

Quellordnung: Ordnungssemantik, bei der Multicast-Nachrichten *desselben Senders* bei allen Empfängern in der Sendereihenfolge ausgeliefert werden.

Replikationskontrollverfahren: Verfahren zur Realisierung von Änderungsoperationen auf replizierten Datenobjekten unter Wahrung von Konsistenzbedingungen (*siehe One-Copy-Serialisierbarkeit*).

Rolle: Attribut eines Benutzers einer kooperativen Anwendung, das diesem ein Bündel von Zugriffsrechten und erlaubten Operationstypen zuordnet.

Selbstauslieferung: Zur Realisierung der Synchronisation notwendige Auslieferung einer Multicast-Nachricht an die diese Nachricht erzeugende Instanz.

Shared Pointer: Kooperationswerkzeug, das einer Gruppe von Benutzern einen Pointer (Cursor) an derselben relativen Stelle auf ihrer jeweiligen Fensteroberfläche sichtbar macht.

Sortierinstanz: Komponente zur Realisierung von Ordnungssemantiken auf der Basis von Ordnungsnummern.

State Transfer: Übertragung des aktuellen Anwendungszustands an einen neuen, zu einer Konferenz hinzukommenden Teilnehmer.

ST-II: In der Standardisierung befindliches Internet-Protokoll, das auf Netzwerkebene einen verbindungsorientierten Multicast-Dienst mit garantierter Dienstgüte bereitstellt.

Synchronisation: Eine Einschränkung der Reihenfolge von Ereignissen in einem System gemäß einer Menge von Regeln.

Synchronisationsverzögerung: N-wertige Funktion (N = Kardinalität der Empfängermenge), die für einen gegebenen Multicast-Vorgang und für jeden der Empfänger beschreibt, welcher Anteil der Gesamtverzögerung einer Nachricht durch die Synchronisation zur Erreichung einer bestimmten Ordnungssemantik zustande kommt (Differenzvektor Delivery-Funktion - Arrival-Funktion).

synchronisierte Gruppenverwaltung: Gruppenverwaltungskomponente, die sicherstellt, daß Gruppenverwaltungsereignisse und Kooperationsereignisse wechselseitig synchronisiert werden.

Totalordnung: Ordnungssemantik, bei der je zwei Multicast-Nachrichten bei allen gemeinsamen Empfängern in derselben Reihenfolge ausgeliefert werden.

UIM: (User Interface Manager); Systemkomponente zur Realisierung der Benutzeroberfläche.

Verklemmungsfreiheit: Protokolleigenschaft und Voraussetzung für die Korrektheit eines Multicast-Synchronisationsprotokolls. Sie garantiert, daß keine zyklischen Wartezustände auftreten, welche die Auslieferung von Nachrichten unendlich lange blockieren.

WYSIWIS: (What You See Is What I See); Konsistenzeigenschaft kooperativer Anwendungen, die garantiert, daß alle Benutzer einen identischen Bildschirminhalt sehen.

Literaturverzeichnis

[1]   Ahamad, M., Bernstein, A.J.: Multicast Communication in UNIX 4.2BSD, Proceedings of the 5th International Conference on Distributed Computing Systems, May 1985, pp. 80-87.

[2]   Abdel-Wahab, H.M.: Multiuser tools architecture for group collaboration in computer networks, Computer Communications, 13, 3(May 1990), pp. 165-169.

[3]   Alsberg, P.A., Day, J.D.: A Principle for Resilient Sharing of Distributed Resources, 2nd Intl. Conf. on Software Engineering, San Francisco, 1976.

[4]   Ahuja, S.R., Ensor, J.R., Lucco, S.E.: A Comparison of Application Sharing Mechanisms in Real-Time Desktop Conferencing Systems, Conference on Office Inf. Systems, Cambridge, 1990.

[5]   Abdel Wahab, H., Guan, Sh., Nievergelt, J.: Shared Workspaces for group collaboration, IEEE Communications Magazine, Nov. 1988, pp. 10-16.

[6]   Amano, H.: RSM (Receiver Selectable Multicast), Proceedings International Conference on Computers and Applications, Peking, China, June 1987, pp. 149-156.

[7]   Andrews, G.R., Schneider, F.B.: Concepts and Notations for Concurrent Programming, ACM Computing Surveys, Vol 15, No.1, 1983.

[8]   Barrat, J.: Broadtalk:end-to-end communications with data broadcasting, Computer Communications, 14, 1(Jan 1989), pp. 53-54.

[9]   Bair, J.H.: Supporting cooperative work with computers: Adressing meeting mania, Proceedings of the 1989 IEEE COMPCON, San Francisco, pp. 208-217.

[10]   Berglund, E.J., Cheriton, D.R.: Amaze: A multiplayer computer game, IEEE Software, May 1985, pp. 30-39.

[11]   Birman, K.P., Cooper, R.: The ISIS Project: Real experience with a fault-tolerant programming system, ACM Operating System Review, 25, 2(April 1991), pp. 103-107.

[12]   Birman, K.P., Cooper, R., Gleeson, B.: Programming with Process Groups: Group and Multicast Semantics, Technical Report, TR-91-1185, Cornell University, NY.

[13]   Bernstein, P.A., Goodman, N.: Concurrency Control in Distributed Database Systems, ACM Computing Surveys, Vol. 13, 2, 1981.

[14]   Bernstein, P.A., Goodman, N.: Serializability Theory for Replicated Databases, J. Comput. Syst. Sci. Vol 31(3), Dec. 1985.

[15]   Bishop, M.: Collaboration using roles, Software Practice & Experience, 20, 5(May 1990), pp. 485-497.

[16]   Birman, K.P.: Maintaining Consistency in Distributed Systems, Technical Report, TR-91-1240, Cornell University, NY.

[17]   Birman, K.P.: Fault-Tolerance in Sixth Generation Operating Systems, Proceedings Workshop on Operating Systems, March 29th, 1991.

[18]   Bui, T.X., Jarke, M.: Communications design for Co-op: A group decision support system, ACM Trans. O.-Information Systems, 4, 2(April 1986), pp. 81-103.

[19]   Birman, K.P., Joseph, T.A.: Reliable communication in the presence of failures, ACM Trans. Comput. Syst. 5, 1(Feb. 87), pp. 47-76.

[20]   Birman, K.P., Joseph, T.A.: Exploiting virtual synchrony in distributed systems, Proc. of ACM the 11th SOSP, pp. 123-138, Nov. 1987.

[21]   Birman, K.P., Joseph, T.A.: Exploiting Replication in Distributed Systems, In: Distributed Systems, S. Mullender (Ed.), Addison-Wesley Publishing Company, 1989.

[22]   Bever, M.,Kirsche, T.,Lenz, R., Lührsen, H., Meyer-Wegener, K., Schäffer, U.: Schottmüller, C., Wedekind, H., Communication Support for Cooperative Work, Computer Communications, Special Issue on Group Communications, 1993.

[23]   Bever, M., Mayer, E.: Ein Multicast-Synchronisationsprotokoll zur Unterstützung kooperativer Anwendungen, Proceedings Kommunikation in Verteilten Systemen, GI/ITG Fachtagung, März 1993, München.

[24]   Beard, D., Palanlappan, M.: A visual calendar for scheduling group meetings, Proceedings of the Conference on Computer-Supported Cooperative Work, Oct 1990, Los Angeles, Ca., pp. 279-290.

[25] Brothers, L., Sembugamoorthy, V., Muller, M.: ICICLE: Groupware for code inspection, Proceedings of the Conference on Computer-Supported Cooperative Work, Oct 1990, Los Angeles, Ca., pp. 169-181.

[26] Bever, M., Noll, S., Rix, J., Schottmüller, C.: Kooperative Graphische Anwendungen in Hochgeschwindigkeitsnetzen, 21. GI Jahreskonferenz, Oktober 1991, Darmstadt.

[27] Birman, K.P., Schiper, A., Stephenson, P.: Lightweight Causal and Atomic Group Multicast, ACM Trans. Comput. Syst. 9, 3(Aug. 91), pp. 272-314.

[28] Borenstein, N.S., Thyberg, C.A.: Cooperative Work in the Andrew Message System, Proceedings of the Conference on Computer-Supported Cooperative Work, September 26-28, 1988, Portland, Oregon.

[29] Burgsdorff, B. K.v.: Software für das Team, Personal Computer 5/90, pp. 118-120.

[30] Byrne: Broadband ISDN Technology and Architecture, IEEE Network, Vol. 3, 1 (Jan 89).

[31] Chess, D.M., Cowlishaw, M.F.: A large-scale computer conferencing system, IBM Syst. Journal, 26, 1 (Jan 87), pp. 138-153.

[32] Cheriton, D.R., Deering, S.E.: Host groups: a multicast extension for datagram internetworks, Proceedings 9th Data Comm. Symposium (April 84), Computer Communcation Review 4/85, pp. 172-179.

[33] Calo, Easton: A broadcast protocol for file transfer to multiple sites, IEEE Trans. on Communications, 29, 11(Nov 1981).

[34] Cheriton, D.R.: VMTP: a transport protocol for the next generation of communication systems, Proc. of ACM SIGCOMM 86, pp. 406-415.

[35] Chen, M.S., Shae, Z.Y., Kandlur, D.D., Barzilai, T.P., Vin, H.: A Multimedia Desktop Collaboration System, IEEE Globecom 1992.

[36] CIP Working Group: Experimental Internet Stream Protocol, Version 2 (ST-II), RFC 1190, October 1990.

[37] Clark, D.D.: The Structuring of Systems Using Upcalls, Proc. 10th Symposium on Operating System Principles, Washington, Dec 1985.

[38] Carson, C., Lochovsky, F.: Supporting distributed office problem solving in organizations, ACM Trans. O.-Information Systems, 4, 3(July 1986), pp. 185-204.

[39] Ceri, S., Pelagatti, G.: Distributed Databases - Principles and Systems, McGrawHill, Computer Science Series, 1984.

[40] Chang, J.-M., Maxemchuk, N.F.: Reliable broadcast protocols, ACM Trans. Comput. Syst. 2, 3(Aug. 84), pp. 251-273.

[41] Chandy, K.M., Misra, J.: Parallel Program Design, Addison-Wesley, 1988.

[42] Cooper, E.C.: Replicated Distributed Programs, 10th ACM Symp. on Operating Systems Principles, Dec. 86.

[43] Cooper, E.C.: Replicated Procedure Call, ACM Operating System Review, 20, 1(Jan 1986), pp. 44-56.

[44] Comer, D.: Internetworking with TCP/IP, Prentice Hall, 1987.

[45] Cooper, E.C.: Programming Language Support for Multicast Communication in Distributed Systems, Proceedings of the 10th International Conference on Distributed Computing Systems, May 1990, Paris.

[46] Comer, D.E., Peterson, L.L.: Conversation-based mail, ACM Trans. Comput. Syst. 4, 4(Nov. 86), pp. 299-319.

[47] Crowcroft, J., Paliwoda, K.: A multicast transport protocol, Proceedings of SIGCOMM 88, Stanford, California, pp. 247-256.

[48] Cristian, F., Aghili, H., Strong, R.: Atomic broadcast: From simple message diffusion to Byzantine agreement, IBM Research Report RJ 5244(54244), July 1986.

[49] Crowston, K., Malone, T.W.: Computational agents to support cooperative work, Working Paper No. 2008-88, Center for Information Systems Research, MIT, Cambridge, Mass., 1988.

[50] Crowley, T., Milazzo, P., Baker, E., Forsdick, H., Tomlinson, R.: MMConf: An infrastructure for building shared multimedia applications, Proceedings of the Conference on Computer-Supported Cooperative Work, Oct 1990, Los Angeles, Ca., pp. 329-342.

[51] Cristian, F.: Basic Concepts and Issues in Fault-Tolerant Distributed Systems, Proceedings Workshop on Operating Systems, March 29th, 1991.

[52] Cristian, F.: Understanding Fault-Tolerant Distributed Systems, Commun. ACM 34, 2(Feb. 91), pp 56-78.

[53] Cheriton, D.R., Zwaenepoel, W.: Distributed process groups in the V-kernel, ACM Trans. Comput. Syst. 3, 2(May. 85), pp. 77-107.

[54] Deering, S.E., Cheriton, D.R.: Host Groups: A Multicast Extension to the Internet Protocol, RFC966, December 1985.

[55] Deering, S.E., Cheriton, D.R.: Multicast Routing in Datagram Internetworks and Extended Lans, ACM Trans. on Computer Systems, 8, 2 (May 1990), pp. 85-110.

[56] Dijkstra, E.: Cooperating Sequential Processes, Technical Report EWD-123, Eindhoven, NL, 1965.

[57] Dadam, P., Schlageter, G.: Recovery in Distributed Databases Based on Non-Synchronized Local Checkpoints, North Holland, 1980.

[58] Ellis, C.A., Gibbs, S.J.: Concurrency control in groupware systems, ACM SIGMOD, 6/89, Portland, Oregon, pp. 399-407.

[59] Ellis, C.A., Gibbs, S.J., Rein, G.L.: Groupware - Some Issues and Experiences, Commun. ACM 34, 1(Jan 91), pp 38-58.

[60] Engelbart, D.C.: Collaboration support provisions in AUGMENT, OAC 84 digest., Proceedings of the 1984 AFIPS Office Automation Conference (Los Angeles, Feb 20-22) AFIPS, Reston, Va., 1984, pp 51-58.

[61] Eswaran et al.: On the Notions of Consistency and Predicate Locks, CACM, Vol. 19, 11, 1976.

[62] Fischer, G.: Communication requirements for cooperative problem solving systems, Information Systems, 15, 1(1990), pp. 21-36.

[63] Fleischmann, A.: PASS-The Parallel Activity Specification Scheme, IBM European Networking Center, Technical Report No. 43.8715.

[64] Francez, N.: Fairness, Springer Verlag, 1986.

[65] Foster, G., Stefik, M.: Cognoter, theory and practice of a Colab-orative tool, Proceedings of the Conference on Computer Supported Cooperative Work, MCC, Austin, Tx, Dec. 3-5, 1986.

[66] Frank, A.J., Wittie, L.D., Bernstein, A.J.: Multicast communication on network computers, IEEE Software, Vol. 2, 3(1985), pp. 49-61.

[67] Garcia-Molina, H.: Performance of Update Algorithms for Replicated Data, UMI Research Press, 1981.

[68] Garfinkel: The SharedX multi-user interface user's guide, Technical Report STL-TM-89-07, Hewlett Packard Laboratories, Palo Alto, March 1989.

[69] Gauger, M.: Entwicklung und Implementierung eines ordnungserhaltenden Multicast-Protokolls, Diplomarbeit, Universität Frankfurt, November 1992.

[70] Gehani, N.: Broadcasting Sequential Processes (BSP), IEEE Trans. on Software Engineering, 10, 4(July 1984), pp. 343-351.

[71] Garcia-Molina, H., Kogan, B.: Reliable broadcast in networks with nonprogrammable servers, Proceedings of the 8th International Conference on Distributed Computing Systems, June 1988, San Jose, Ca., pp. 428-437.

[72] Goldman, K.J.: Highly concurrent logically synchronous multicast, Distributed Computing, 4 (1991), pp. 189-207.

[73] Gray, J.N.: The Transaction Concept: Virtues and Limitations, Proc. 7th International Conf. on VLDB. Cannes, France, Sept. 1981.

[74] Greif, I.: Computer support for cooperative office activities, Proceedings of the 1982 Office Automation Conference, AFIPS, San Francisco, California, April, 1982.

[75] Greenberg, S.: Sharing Views and Interactions with Single-User Applications, Conf. on Office Information Syst., Cambridge, Ma, April 1990, ACM Press.

[76] Greif, I., Sarin S.: Data sharing in group work, ACM Transactions on Office Information Systems, 5, No. 2(Apr. 87), pp. 187-211.

[77] Garcia-Molina, H., Spauster, A.: Message ordering in a multicast environment, Proceedings of the 9th International Conference on Distributed Computing Systems, June 1989.

[78] Garcia-Molina, H., Spauster, A.: Ordered and Reliable Multicast Communication, ACM Trans. on Comp. Sys., Vol. 9, 3 (Aug. 1991), pp. 242-271.

[79] Greif I., Seliger R., Weihl, W.: Atomic data abstractions in a distributed collaborative editing system, Proceedings of the 13th Annual Symposium on Principles of Programming Languages (St. Petersburg, Fla., Jan 13-15). ACM, New York, 1986, pp 160-172.

[80] Gopal, A., Toueg, S.: Reliable broadcast in synchronous and asynchronous environments, 3rd Intl Workshop on Distributed Algorithms, Nice (F), Sept. 1989, Lecture Notes in Computer Science 392(Springer Verlag), pp. 110-123.

[81] Hailpern, B.: Verifying Concurrent Processes Using Temporal Logic, Lecture Notes in Comp. Science 129, Springer Verlag, Heidelberg, 1982.

[82] Hagsand, O.: A Multi User Draw Editor, Proceedings, 1st MultiG Workshop, Stockholm, Nov. 1st 1990.

[83] Hall, K.: A Framework for Change Management, Dissertation, Stanford University, USA, August 1991.

[84] Herrtwich, R. G.: The HeiProjects: Support for Distributed Multimedia Applications, IBM European Networking Center, Technical Report No. 43.9206.

[85] Hughes, L.: Chat: an N-party talk facility for the Unix 4.2 operating system, Computer Communications, 11, 1(Feb 1988), pp. 20-23.

[86] Hughes, L.: Multicast response handling taxonomy, Computer Communications, 12, 1(Feb 1989), pp. 39-46.

[87] Hughes, L.: A multicast interface for UNIX 4.3, Software Practice & Experience, 18, 1(Jan 1989), pp. 15-27.

[88] Hughes, L.: Gateway designs for internetwork multicast communication, Computer Communications, 12, 3(June 1989), pp. 123-130.

[89] ISO: International Standard 7498: Information Processing Systems - Open Systems Interconnection, Basic Reference Model, 1984.

[90] ISO: International Standard 8072: Information Processing Systems - Open Systems Interconnection, Transport Service Definition, 1986.

[91] ISO: International Standard 9545: Information Processing Systems - Open Systems Interconnection, Application Layer Structure, 1989.

[92] ISO: International Standard 8326: Information Processing Systems - Open Systems Interconnection, Connection Oriented Session Services, ISO, 1986.

[93] IEEE International Standard 802.3: Carrier Sense Multiple Access with Collision Detection, IEEE, New York, 1985.

[94] IEEE International Standard 802.5: Token Ring Access Method, IEEE, New York, 1985.

[95] IEEE International Standard IS 9074: Estelle - A Formal Description Technique Based on an Extended State Transition Model, IEEE, New York, 1988.

[96] Jarrel, N., Barrett., W.: Network-Based systems for asynchronous group communication, Proceedings of the Conference on Computer Supported Cooperative Work, MCC, Austin, Tx, Dec. 3-5, 1986.

[97] Joseph, T.A., Birman, K.P.: Reliable broadcast protocols, In: Distributed Systems, S. Mullender (Ed.), Addison-Wesley Publishing Company, 1989, pp. 293-317.

[98] Johansen, R.: Groupware: Computer Support for Business Teams, The Free Press, N.Y., 1988.

[99] Jones, M., Sorensen, S.-A., Wilbur, S.: Protocol design for large group multicasting: the message distribution protocol, Computer Communications, 14, 5(June 1991), pp. 313-318.

[100] Knister, M., Prakash, A.: DistEdit: A distributed toolkit for supporting multiple group editors, Proceedings of the Conference on Computer-Supported Cooperative Work, Oct 1990, Los Angeles, Ca., pp. 343-355.

[101] Kraemer, K., King, J.: Computer-based systems for cooperative work and group decision making, ACM Computing Surveys, 20, 2(June 1988), pp. 115-146.

[102] Kaashoek, M.F., Tanenbaum, A.S., et al.: An Efficient Reliable Broadcast Protocol, ACM Operating System Review, 23, 4(Oct 1989), pp. 5-19.

[103] Kaashoek, M.F., Tanenbaum, A.S.: Group Communication in the Amoeba Distributed Operating System, Proceedings of the 11th International Conference on Distributed Computing Systems, 1991, Texas.

[104] Kaashoek, M.F., Tanenbaum, A.S.: Fault Tolerance Using Group Communication, ACM Operating System Review, 25, 2(April 1991), pp. 71-74.

[105] Lamport, L.: Time, Clocks and the Ordering of Events in a Distributed System, Communications of the ACM, Vol. 21, 7 (1978).

[106] Lantz, K.E.: An Experiment in Integrated Multimedia Conferencing, Proceedings of the Conference on Computer Supported Cooperative Work, MCC, Austin, Tx, Dec. 3-5, 1986.

[107] Liang, L., Chanson, S., Neufeld, G.: Process groups and group communication: Classifications and requirements, COMPUTER 2/1990, pp. 56-66.

[108] Le Lann, G.: Reliable Atomic Broadcast in distributed systems with omission faults, ACM Operating System Review, 25, 2(April 1991), pp. 80-86.

[109] Leland, M.D.P., Fish, R.S., Kraut, R.E.: Collaborative Document Production Using Quilt, Proceedings of the Conference on Computer-Supported Cooperative Work, September 26-28, 1988, Portland, Oregon.

[110] Luan, S.-W., Gligor, V.D.: A Fault-Tolerant Protocol for Atomic Broadcast, IEEE Transactions on Parallel and Distributed Systems, Vol. 1, 3(July 1990).

[111] Little, M.C.: Object Replication in a Distributed System, Dissertation (TR 376), University of Newcastle, UK, 1992.

[112] Lanceros, A.G., Saras, J.A.: Group communication support in the MHS environment, European Teleinformatics Conference - EUTECO '88 on Research into Networks and Distributed Applications, Vienna; R. Speth (Ed.); pp. 311-322.

[113] Kum-Yew, L., Malone, W., Keh-Chiang, Y.: Object lens: A spreadsheet for cooperative work, ACM Trans. O.-Information Systems, 6, 4(Oct 1988), pp. 332-353.

[114] Malone, T.W., Grant, K.R., Lai, K.-Y., Rao, R., Rosenblitt, D.: Semi-structured messages are surprisingly useful for computer-supported coordination, ACM Trans. O-.Inf.Syst. 5, 2(April 87).

[115] Mattern, F.: Verteilte Basisalgorithmen, Informatik-Fachberichte No. 226, Springer-Verlag, 1989.

[116] Minet, Anceaume: Atomic Broadcast in one Phase, ACM Operating System Review, 25, 2(April 1991), pp. 87-90.

[117] Mayer, E. (Ed.): Multicast-Kommunikation in Verteilten Systemen, Seminarband, Hauptseminar WS 91/92, Universität Mannheim.

[118] Mayer, E.: Concurrent Multicast Checkpointing, Proceedings IFIP Upper Layer Architecture and Applications, Vancouver, Canada, May 1992.

[119] Mayer, E.: An Evaluation Framework for Multicast Ordering Protocols, SIGCOMM 92, Baltimore, USA, August 1992.

[120] Minneman, S.L., Bly, S.A.: Managing a trois: a Study of a Multiuser Drawing Tool in Distributed Design Work, Proceedings of the Conference on Computer and Human Interaction, May 1991, New Orleans, LA.

[121] Melliar-Smith, P.M., Moser, L.E.: Fault Tolerant Distributed Systems Based on Broadcast Communication, Proceedings 9th Conference on Distributed Computing Systems, Newport Beach, Ca, June 1989, pp. 129-134.

[122] Melliar-Smith, P.M., Moser, L.E., Agrawala, V.: Broadcast Protocols for Distributed Systems, IEEE Transactions on Parallel and Distributed Systems, Vol. 1, 1(Jan 90), pp. 17-25.

[123] Moss, E.: Nested Transactions and Reliable Distributed Computing, 2nd Symp. on Reliability in Distributed Software and Database Systems, 1982.

[124] Mockapetris, P.V.: Analysis of Reliable Multicast Algorithms for Local Networks, Proceedings 8th Data Commun. Symp., Silver Spring, MD, Oct 1983, pp. 150-157.

[125] Marzullo, K., Schmuck, F.: Supplying High Availability with a Standard Network File System, Proceedings of the 8th International Conference on Distributed Computing Systems, June 1988, pp. 101-107.

[126] Navaratnam, S., Chanson, S., Neufeld, G.: Reliable group communication in distributed systems, Proceedings of the 1988 IEEE COMPCON, pp. 439-446.

[127] Neske, R.: Kooperation in Datenbanksystemen, Diplomarbeit, Universität Karlsruhe, 1990.

[128] Nakajima, A., Fin T-H.: A telepointing tool for distributed meeting systems, Proceedings of the 1990 IEEE GLOBECOM (to be published).

[129] Nunamaker, J.F., Dennis, A.R., Valacich, J.S., Vogel, D.R., George, J.F.: Electronic Meeting Systems to Support Group Work, Commun. ACM 34, 7(July 91).

[130] Ohmori, T., Maeno, K., Sakata, S., Fukuoka, H., Watabe, K.: Distributed Cooperative Control for Sharing Applications Based on Multiparty and Multimedia Desktop Conferencing System: MERMAID, Proceedings International Conference on Distributed Computing Systems, IEEE, 1992.

[131] Opper, S.: A groupware toolbox, BYTE, Vol. 13, 13 (Dec 1988), pp. 275-282.

[132] Oszu, M.T., Valduirez, P.: Principles of Distributed Database Systems, Prentice Hall, 1990.

[133] IBM Person to Person/2 User's Guide, IBM Document Number 10G6437.

[134] Paliwoda, K.: Transactions involving multicast, Computer Communications, 11, 6(Dec 1988), pp. 313-318.

[135] Peterson, L.L., Buchholz, N.C., Schlichting, R.D.: Preserving and Using Context Information in Interprocess Communication, ACM Trans. on Comp. Syst., Vol. 7, 3 (Aug 1989).

[136] Pehrson, B., Gunningberg, P., Pink, S.: Distributed Multimedia Applications on Gigabit Networks, IEEE Network Magazine, January 1992.

[137] Protocol Engines, Inc.: XTP Protocol Definition, Rev. 3.4, July, 1989.

[138] Patterson, J.F., Hill, R.D., Rohall, S.L.: Rendezvous: An architecture for synchronous multi-user applications, Proceedings of the Conference on Computer-Supported Cooperative Work, Oct 1990, Los Angeles, Ca., pp. 317-328.

[139] Postel, J.B.: Transmission Control Protocol, RFC793, September 1981.

[140] Powell, M.L., Presotto, D.L.: Publishing: A reliable broadcast communication mechanism, Proceedings 9th ACM Symposium on Operating System Principles, Operating Systems Review 17, 5 (October 1983), pp. 100-109.

[141] Palme, Speth: Group communication in message systems/The Amigo project, Proceedings of the 8th Int. Conf. on Comp. Comm., Munich, Sept 1986, pp. 98-102.

[142] Randall, S.: The shared graphic workspace: interactive data sharing in a teleconference environment, Proceedings of the 1982 IEEE COMPCON, Washington D.C.

[143] Raynal, M.: Order Notions and Atomic Multicast in Distributed Systems: A short survey, Proceedings IEEE Workshop Future Trends Distributed Computing, Piscataway, NJ, 1990, pp. 420-425.

[144] Ricardi, A., Birman, K.P.: Using Process Groups to Implement Failure Detection in Asynchronous Environments, Technical Report, TR-91-1188, Cornell University, Ithaca, NY.

[145] Rodden, T., Blair, G.S.: Distributed Systems Support for Computer Supported Cooperative Work, Computer Communications, Vol 15, 8(Oct 1992).

[146] Rüdebusch, T., Mühlhäuser, M.: Ein Unterstützungssystem für Gruppenarbeit in verteilten Systemen, Proceedings Kommunikation in Verteilten Systemen, GI/ITG Fachtagung, Februar 1991, Mannheim.

[147] Rose, M.: The Open Book, Prentice Hall, 1990.

[148] Robinson, J., et al.: A Multimedia Interactive Conferencing Application for Personal Workstations, IEEE Trans on Comm., Vol 39, 11(Nov 1991).

[149] Ravindran, K., Samdarshi, S.: A Flexible Causal Broadcast Communication Interface for Distributed Applications, Journal of Parallel and Distributed Computing, October 1992.

[150] Rüdebusch, T.: Generische Unterstützung von Teamarbeit in verteilten DV-Systemen, Dissertation, Universität Karlsruhe, November 1992.

[151] Segall, A., Awerbuch, B.: A Reliable Broadcast Protocol, IEEE Trans. on Communications, 31, 7(July 1983), pp. 896-901.

[152] Sakata, Sh.: Development and Evaluation of an In-House Multimedia Desktop Conference System, IEEE Journal on Sel. A. in Comm., Vol. 8, 3(April 1990).

[153] Siegel, A., Birman, K.P., Marzullo, K.: Deceit: A Flexible Distributed File System, Workshop on the Management of Replicated Data, 1990.

[154] Stephenson, P., Birman, K.P.: Fast Causal Multicast, ACM Operating System Review, 25, 2(April 1991), pp. 75-79.

[155] Sluizer, S., Cashman, P.M.: XCP: An experimental tool for managing cooperative activity, Proceedings of the 1985 ACM Computer Science Conference (New Orleans, La., Mar. 12-14) ACM, New York, 1985, pp. 251-258.

[156] Shrimpton, D., Cooper, C.: Multicast communication on the Unison network, Computer Communications, 13, 8(Oct 1990), pp. 460-468.

[157] Schmitt, A.: Dialogsysteme, BI Reihe Informatik, Nr. 40, 1983.

[158] Schricke, P.: Verfahren zur Benutzersynchronisation in verteilten kooperativen Anwendungen, Hausarbeit, Berufsakademie Mannheim, Dezember 1991.

[159] Schiper, A., Eggli, J., Sandoz, A.: A new algorithm to implement causal ordering, 3rd Intl Workshop on Distributed Algorithms, Nice (F), Sept. 1989, Lecture Notes in Computer Science 392 (Springer Verlag), pp. 219-232.

[160] Sarin, S., Greif, I.: Software for Interactive On-Line Conferences, Proceedings of the Second Conference on Office Information Systems, ACM, Toronto, Canada, June, 1984, pp. 46-58.

[161] Sarin, S., Greif, I.: Computer-based real-time conferences, IEEE Comput. 18, 10 (Oct. 1985), pp. 33-45.

[162] Scheifler, Gettys: The X Window System, ACM Trans. on Graphics 5, 2 (April 1986), pp. 79-109.

[163] Schneider, F.B., Gries, D., Schlichting, R.D.: Fault-Tolerant Broadcasts, Science of Computer Programming 4 (1984), North-Holland.

[164] Schendel, M., Noll, S., Rix, J.: Distributed SketchPad System - A Tool for Cooperative Sketching in a Network Environment, Proceedings of the COMICS Workshop, June 1991, Toulouse.

[165] Satyanarayanan, M., Siegel, E.H.: Parallel Communication in a Large Distributed Environment, ACM Trans. on Computer Systems, 39, 3 (March 1990), pp. 328-348.

[166] Schnell, E., Sandkuhl, K.: Konzeptionelle Ansaetze für kooperative Applikationen, Informationstechnik IT, 4/1990, pp. 231-240.

[167] Stefik et al.: Computer support for collaboration and problem solving in meetings, Commun. ACM 30, 1(Jan. 87), pp 32-47.

[168] Stefik, et al.: WYSIWIS revised: Early experiences with multiuser interfaces, ACM Transactions on Office Information Systems, 5, (1987) pp. 147-167.

[169] Sunderam, V.S.: An Inclusive Session Level Protocol for Distributed Applications, Proceedings SIGCOMM Symposium on Communication Architecture & Protocols, 1990.

[170] Svoboda, L.: Implementing OSI systems, IEEE Journal on Selected Areas in Communications, Sept. 1989.

[171] Tanenbaum, A.S.: Computer Networks, Second Edition, Prentice Hall, Englewood Cliffs, 1988.

[172] Thomas, R.H.: A Solution to the Update Problem for Multiple Copy Data Bases Which Uses Distributed Control, BBN Report 3340 (1976).

[173] Thomas, R.H.: A Majority Consensus Approach to Concurrency Control for Multiple Copy Databases, ACM Transactions on Database Systems, Vol. 4., 2(June 1979).

[174] Takizawa, M., Nakamura, A.: Reliable Broadcast Communication, Proceedings of InfoJapan, Oct 1990, Tokyo, pp. 325-332.

[175] Trigg, R., Suchman, L., Halasz, F.: Supporting collaboration in NoteCards, Proceedings of the Conference on Computer-Supported Cooperative Work, MCC, Austin, Tx, Dec. 3-5, 1986.

[176] Vin, H., Chen, M.S., Barzilai, T.: A Framework for Modeling Collaborations, Proceedings IFIP Upper Layer Architecture and Applications, Vancouver, Canada, May 1992.

[177] Vonderweidt et. al.: A Multipoint Communication Service for Interactive Applications, IEEE Trans. on Comm., Vol. 39, 12 (Dec. 1991).

[178] Watabe, K., Sakata, S., Maeno, K., Fukuoka, H., Ohmori, T.: Distributed multiparty desktop conferencing system: MERMAID, Proceedings of the Conference on Computer-Supported Cooperative Work, Oct 1990, Los Angeles, Ca., pp. 27-38.

[179] Waters, G., Tony Chan, C.W.: Three-party talk facility on a computer network, Computer Communications, 10, 3(June 1987), pp. 115-120.

[180] Wettstein, H.: Architektur von Betriebssystemen, Hanser Verlag Studienbücher, 1984.

[181] Wong, J.W., Gopal, G.: Reliable Broadcast on Local-Area Networks, Proceedings of IEEE ICC 85, pp. 43.4.1-43.4.5.

[182] Whitescarver, J. et al.: A network environment for Computer-Supported Cooperative Work, Proceedings of the 1987 ACM SIGCOM, Vermont.

[183] Winograd, T.: A language/action perspective on the design of cooperative work, Human Computer Interaction 3, 1 (1988), pp. 3-30.

[184] Winograd, T.: Groupware: The next wave or just another advertising slogan? Proceedings of the 1989 IEEE COMPCON, San Francisco, pp. 198-200.

[185] Wosnitza, L.: Gruppenkommunikation im MHS-Kontext, Proceedings Kommunikation in Verteilten Systemen, Karlsruhe, March 1985, Informatik-Fachberichte, Springer-Verlag.

[186] Wybranietz, D.: Multicast-Kommunikation in verteilten Systemen, Informatik-Fachbericht No. 242, Springer-Verlag, 1990.

[187] Yukimatsu, Watanabe, Honda: Multicast communication facilities in a High Speed packet switching network, Proceedings of the 8th Int. Conf. on Comp. Comm., Munich, Sept 1986, pp. 276-281.

[188] Ziegler, C., Weiss, G.: Multimedia Conferencing on Local Area Networks, IEEE Computer, Sept. 1990.

Index

M

N

O

P